高等教育"十三五"规划教材

新编安全科学与工程专业系列教材

安全管理学

（第 2 版）

主　编　周　延　姜　威

副主编　刘美英　苗德俊

参　编　黄战峰

主　审　唐敏康

中国矿业大学出版社

· 徐州 ·

内 容 提 要

本书阐明了安全管理中"安全"与"管理"各自的地位和作用,进而从基本概念、基础理论和基本实践方法3个层面对安全管理学的内容体系进行了一定的整理和完善。全书共分9章,包括:绪论、安全管理基础理论、安全制度管理、事故统计分析管理、事故应急与后果管理、安全目标管理、系统安全管理、职业健康安全管理体系、安全管理信息系统。

本书可供安全科学与工程及相关专业作为本科教材使用,也可供从事安全管理工作的技术和管理人员参考。

图书在版编目（ＣＩＰ）数据

安全管理学 / 周延,姜威主编. —2 版. —徐州:
中国矿业大学出版社,2022.5
　　ISBN 978 - 7 - 5646 - 5385 - 9

　　Ⅰ. ①安… Ⅱ. ①周… ②姜… Ⅲ. ①安全管理学—
高等学校—教材 Ⅳ. ①X915.2

　　中国版本图书馆 CIP 数据核字(2022)第 073649 号

书　　名	安全管理学（第 2 版）
主　　编	周　延　姜　威
责任编辑	陈红梅
出版发行	中国矿业大学出版社有限责任公司
	（江苏省徐州市解放南路　邮编 221008）
营销热线	(0516)83884103　83885105
出版服务	(0516)83995789　83884920
网　　址	http://www.cumtp.com　E-mail:cumtpvip@cumtp.com
印　　刷	徐州中矿大印发科技有限公司
开　　本	787 mm×1092 mm　1/16　**印张** 12　**字数** 300 千字
版次印次	2022 年 5 月第 2 版　2022 年 5 月第 1 次印刷
定　　价	42.00 元

（图书出现印装质量问题,本社负责调换）

前　言

安全问题是人类永远无法回避的问题。安全管理是保障安全的重要手段、度量安全的重要指标、实践安全科学的重要途径。

人类意识的发展经历了一个由蒙昧到开化,再到今天高度文明的长期的历史过程。相应地,蕴涵在人类活动中的、受人的意识所支配的安全管理也不可能是突然产生的,其形成和发展也必然要经历一个长期的历史演变过程。在这一过程中形成和积累起来的、丰富的安全管理知识构成了人类文化宝库中的重要组成部分。同时,在安全问题日益突出、人的安全意识不断提升的大背景之下,社会生产实践对安全管理知识的需求也变得更加迫切,这就为安全管理学科学体系的形成奠定了基本前提和基础。

长期以来,无数专家、学者及安全管理人员对安全管理学的建立和完善寄予了无限的期盼,并付出了大量艰辛的努力。安全管理学这一概念的提出,本身就是对人们的这种长久期盼的鲜明反映,同时也促进了人们更加自觉主动地思考如何从大量的、零散的安全管理知识中提炼出一个较系统的专业科学体系。

经过不懈的努力,安全管理学的体系已逐渐形成,并且有多部优秀的相关教材或专著出版。为了适应"安全管理"课程教学改革需求,在中国矿业大学出版社的组织下,我们结合近年来的教学及研究实践,编写了《安全管理学》一书,希望从基本概念、基础理论和基本实践方法 3 个层面上对安全管理学的内容体系进一步加以整理和完善。目前,虽然距这一目标的达成尚有一定差距,但我们仍希望通过这部教材的出版为安全管理学这一新兴科学体系的不断完善略尽绵薄之力。

全书共分 9 章,包括:绪论、安全管理基础理论、安全制度管理、事故统计分析管理、事故应急与后果管理、安全目标管理、系统安全管理、职业健康安全管理体系、安全管理信息系统。多所院校的教师参与了本书的编写,其中:第 1、2 章由周延(中国矿业大学)编写;第 3章由黄战峰(河南城建学院)编写;第 4 章由刘美英(湖南工学院)编写;第 5 章由姜威(中南财经政法大学)和刘美英共同编写;第 6 章由苗德俊(山东科技大学)编写;第 7 章由刘美英、黄战峰共同编写;第 8、9 章由姜威编写。全书由周延、姜威统稿,由江西理工大学的唐敏康教授担任主审。

本书引用了大量的文献资料,在此谨向原作者表示最诚挚的谢意!

由于编者水平有限,书中不当之处在所难免,敬请读者批评指正。

编　者

2022 年 4 月

目　　录

1　绪　论

1.1　安全管理的基本概念

　　基本概念是学科体系的基石,建立起明晰且统一的概念体系是一个学科走向成熟的必要条件和重要标志。与安全问题由来之久远相比,包括安全管理在内的整个安全学科都还很年轻,其概念体系在形成过程中不可避免地受到各种已经在一定范围内散播开来并产生影响的传统认识或观念的影响。不可否认的是,这些能够得到传播并为人们所接受的传统观念代表着人类在特定历史阶段对安全问题的思考和认识水平。同时也必须承认,在这些传统观念和认识中,有些是深刻的,有些是粗浅的,有些是相互协调的,有些则是相互矛盾的。事实上,一个学科体系的形成和发展必然要经历对传统思想或观念的去粗取精、去伪存真的过程,安全学科也不例外。当前我们所面临的现实是,安全学科还远未达到成熟的阶段,其基本概念体系虽已基本建立,但相关概念的定义还很不统一,人们对许多概念的本质属性的把握还存在欠缺。本书作为本科教材,这里我们并不准备对这一问题进行深入讨论,但还是愿意将这个问题提出来,希望同学们在学习的过程中通过自己的思考,加深对安全学科的基本概念体系及其定义的理解和认识。

1.1.1　安全和事故

　　安全这一概念对于安全学科的重要性是不言而喻的。但到底什么是"安全",却又不是一个很容易说清楚的问题。在 ISO 11014 中有如下的安全定义:安全是免除不可接受的损害风险(safety is the freedom from unacceptable risk of harm)。这一定义的最值得肯定之处在于它明确了安全的基本属性,即安全是有标准的、不是绝对的,安全和危险实际是一个事物的两个方面。安全标准就是用以判明损害风险是否可以接受的依据;而接受一定的风险水平在任何时间、任何空间都是必要的,将风险绝对地降低到零是不可能的。

　　事故是人们在实现其目的的行动过程中突然发生的,迫使其有目的地行动,暂时或永远地终止意外事件。

　　根据事故致因理论,事故是"人的不安全行为和物的不安全状态"所导致的结果。"人的不安全行为或物的不安全状态"都是"不安全"的表现形式。因此,事故也可以说是"不安全"的结果。

　　如果将事故看作一种小概率事件,那么从统计意义上讲,以下命题是成立的,即"对某系统,如其中发生了事故,则说明该系统是不安全的。"但按照逻辑原则,其否命题"对某系统,如其中未发生事故,则说明该系统是安全的"却未必成立。因此,"不安全"与事故、安全与"无事故"并不是绝对的一一对应的。从安全科学的角度分析,事故的发生既有必然性又有偶然性。在"不安全"的状态下,事故的发生是必然的;但事故会在何时发生、发生后会造成何种后果,这些又带有随机性。在过去的一段时期内没有发生事故,无论是 1 个月还是 1 年、10 年,或者是 20 年,并不意味着这段时期就一直是安全的,也可能只是侥幸而已。如果不能清醒地认识到这一点,就难以主动地识别出可能已经存在的"不安全"。当你还沉浸在"安全月""安全年",甚至"安全十年"胜利实现"安全形势一片大好"的喜悦中时,事故也许就会不期而至。

1.1.2 安全管理

关于"管理",许多学者给出了多种不同的定义。从不同的"管理"定义出发可引出不同的"安全管理"定义。例如,如果将管理定义为社会组织中为了实现预期目标,以人为中心进行的协调活动,那么安全管理就可以定义为社会组织中为实现安全目标、以人为中心进行的协调活动。但要真正理解"安全管理"的含义,还必须要理解在安全管理中"安全"的地位以及"管理"的作用。

就安全管理中"安全"的地位而言,安全既是管理的目标,同时也是管理的出发点。说安全是管理的目标,就是说安全管理要通过计划、组织、领导、控制等一系列职能活动的循环往复,不断地追求新的、更高的安全目标,实现安全绩效的持续改进。说安全是管理的出发点,就是说安全管理要以全面系统的危险源辨识和安全现状分析为基本前提。危险源(来自人、物、环境等多个方面)是导致事故发生的根源,当然也是决定"安全"或"不安全"的根源。只有正确认识危险源的存在,才能准确地把握系统的安全现状、制定恰当的安全管理目标,这是做好安全管理工作的基础;否则,安全绩效的持续改进就无从谈起,安全管理就只能是盲目管理。

就安全管理中"管理"的作用而言,可从以下 3 个方面加以理解。

1) 管理是保障安全的重要手段

由事故预防的"3E"原则可知,通过改进工程技术(engineering)可以改善物的状态,通过加强教育(education)和制度约束(enforcement)可以改善人的行为。因此,为实现安全绩效的持续改进,就必须有计划地改进工程技术、加强安全教育和安全制度建设,而这一切都必须通过有效的管理才能实现。首先,安全问题的复杂性和动态性决定了任何安全技术改进都是一项系统工程,都不可能一蹴而就、一劳永逸,从哪里开始改、改到什么程度、动用哪些资源,这些都需要通过系统的决策分析来确定,而决策就是管理;其次,教育和制度约束本身就是以人为中心进行的协调活动,也就是管理。通过安全管理可以控制事故风险,从而起到预防事故和降低事故损失的作用;还可以提高安全水平,从而保护人的有目的的活动(生产)过程使之可持续,并使人在这一过程中保持乐观和积极的心态,进而提高活动的效率。

2) 管理是度量安全的重要指标

事故的发生总是间断的,任意两起相邻事故之间总是存在着或长或短的间断期。那么,在事故间断期内还存在安全风险吗? 答案显然是肯定的。因为安全风险不是只在事故发生时才存在的,而是伴随着人类活动的全过程。管理作为保障安全的手段,就是要调动各方面的资源,对安全风险实施全过程的控制,将其限制在可接受的水平之下。如果将事故看作度量安全的"负"指标,那么管理就是度量安全的"正"指标。安全管理不断完善,本身就是安全绩效持续改进的重要表现。因此,在度量安全时必须要同时兼顾"正""负"两类指标。如果忽视管理作为安全指标的重要作用,那么这种安全度量不仅是不全面的,而且还将导致人们在事故间断期内失去持续改进的动力和方向,使人"居安"而不"思危",难以掌握安全工作的主动权。

3）管理是实践安全科学的重要途径

作为一门研究安全的本质、运动变化规律及其保障条件的科学,安全科学的"软"科学性质决定了它的主要作用不在于解决某一具体的安全问题,而在于使人们树立正确的安全观,并为人们提供科学的安全方法论,使人们能够在实践中更好地协调人与人的关系、人与物的关系、物与物的关系。简单地说,安全科学的根本作用就是使人们能够在安全活动中更好地完成以人为中心的协调活动,以实现安全目标。因此,安全科学是安全管理的指南,而安全管理就是安全科学的实践。安全管理实践需要安全科学的指导,必须按安全科学规律办事,而安全科学理论也需要在安全管理实践中加以检验和完善。人们就是要在安全管理实践中不断地加深对安全本质的认识和理解,从而推动安全科学的发展。

基于以上分析,本书将"安全管理"定义为:以安全科学理论为指导,通过以人为本的系统管理来保障组织安全绩效持续改进的活动过程。

1.2　安全管理的形成和发展

1.2.1　安全管理的起源和历史演变

人类意识的发展经历了一个由蒙昧到开化,再到今天高度文明的长期的历史过程。相应地,蕴涵在人类活动中的、受人的意识支配的安全管理也不可能是突然产生的,其形成和发展也必然要经历一个长期的历史演变过程。

远古时期,人类以采摘、渔猎为生,过着茹毛饮血的原始生活。我们虽然无法考证远古人类对安全的理解,但可以肯定的是,在对自然规律的认识水平、对自然力的控制能力都十分低下的情况下,远古人类时刻都面临着严重的、足以对其生存构成巨大威胁的安全问题。我们甚至可以想象:在当时,为了获得一时温饱而甘冒生命危险甚至付出生命代价应该是一种常态(这实质也是安全相对性的具体表现)。安全需求之于人类,与其说是理性,不如说是本能。按照马斯洛的需求层次理论,在温饱尚不能得到满足的情况下,理性的安全需求也不可能成为支配行为的主要驱动力。即使在某些活动如集体狩猎中,远古人类也会展现出一定的相互协作机制,但这种协作主要是出自于趋利避害和保护同类的本能,而不是出自于明确的安全目标和事先计划,安全管理的基本要素尚未形成。

从学会用火开始,人类告别了茹毛饮血的时代,智力的进化空前加速。伴随着对自然规律的认识水平、对自然力的控制能力的提高,人类体验了无数次成功的喜悦,也经历了无数次失败的打击。正如"火的使用,使人支配了一种自然力,从而最终把人同动物界分开",这是人类发展史上一次巨大的飞跃,同时也把人类活动与"火灾"紧紧地联系在了一起。在长期的实践过程中,人类社会的经验和知识逐步丰富起来,尤其是随着文字的出现,经验和知识的积累速度极大加快,经验和知识的传播范围不再局限于"口耳相传",社会得以迅速发展,人类自此进入有史时期。文字的出现奠定了文明的基础,也使通过事先的计划和统一的安排来解决安全问题(安全管理)成为可能。因此,安全问题是伴随着人类的出现就已存在的,而安全管理却是人类进入文明社会之后才有的事情。

尽管人类文明史迄今仍十分短暂,但是人类已经积累了相当丰富的管理文化,其中也蕴涵了安全管理思想的起源。

《史记》中记载："轩辕乃修德振兵,治五气,艺五种,抚万民,度四方,教熊罴貔貅貙虎,以与炎帝战于阪泉之野。"已体现出较高的计划性和系统性;到了舜帝,命伯禹为司空,命禹平水土,命后稷教民播时百谷,命契为司徒,命皋陶主管司法,命垂为共工,命益为朕虞,命伯夷为秩宗,命夔为典乐,命龙为纳言,则形成了更加系统的管理层次和分工。

在春秋战国时期,中国涌现了一大批卓越的思想家,推动我国古代管理思想到达了一个令后世仰止的巅峰。

儒家学派的创始人孔子基于"以民为本、为政以德"的管理理念和"维护稳定和秩序"的管理目标,提出了"举贤育才、正名、正己、仁爱、信"的管理原则和"中庸之道"的管理策略。

道家学派的创始人老子,基于"以人为本"的管理理念,提出了"道法自然"的管理原则、"无为而治、治大国若烹小鲜"的管理策略,形成了"负阴而抱阳"的辩证管理思维。

法家学派的集大成者韩非子更是"喜刑名法术之学",提出了"事异备变"的管理原则、"乱世重典"的管理策略和"治吏不治民"的管理体制。

军事家孙武在其著作《孙子兵法》中所提出的"未战庙算,以道为首""知己知彼,百战不殆""因敌制胜,践墨随敌""治众如治寡"等军事思想也被后世挖掘出了重要的管理思想价值。

我国古代的上述思想成就,无论其出发点是治国还是治军,从中都可以体现出现代安全管理的人本原理、系统原理、风险控制原理等基本要旨。

安全管理作为一类特殊的管理过程,其目的是要解决安全问题,而安全问题总是和灾害或事故、防灾或减灾联系在一起的。伴随着人类文明的形成和发展,灾害的种类、形式及作用范围也在不断地发生变化。

以火灾为例,火是促使人类文明形成的最重要的外部因素,各种各样的火灾也与人类文明相伴至今。在用火和与火灾斗争的实践中,人们很早就开始总结火灾的发生、发展规律及消防安全管理策略。

公元前700年周朝人所著的《周易》中就有"水火相济""水在火上,既济"的记载,阐明了用水可以灭火这样的"以阴克阳、以阳克阴"的安全技术原理。

《韩非子·内储说上》记载:"殷之法,刑弃灰于街者。"《汉书·五行志》记载:"商君之法,弃灰于道者,黥。"这就是历史上著名的"弃灰之法"。人们对"弃灰之法"的立法原意有不同的解读,其中有一种说法就是"弃灰或有火,火则燔庐舍,故刑之也"。若此说法成立,则说明在我国战国时期,甚至商朝时期,火灾安全管理问题就已经被上升到法律层面加以规定了。

公元前221年,秦灭六国建立秦朝以后,有关防火法令得到了发展和加强。1975年12月,在我国湖北省云梦县睡虎地秦墓中出土了大量竹简,从中整理出了《秦律十八种》《法律答问》等关于秦律的珍贵史料。其中,《秦律十八种·内史杂》就有对仓储、府库防火的安全管理规定:

有实官高其垣墙。它垣属焉者,独高其置刍膚及仓茅盖者。令人勿(近)舍。非其官人殹,毋敢舍焉。

善宿卫,闭门辄靡其旁火,慎守唯敬。有不从令而亡、有败、失火,官吏有重罪,大啬夫、丞任之。

毋敢以火入臧(藏)府、书府中。吏已收臧(藏),官啬夫及吏夜更行官。毋火,乃闭门户。令令史循其廷府。节新为吏舍,毋依臧(藏)府、书府。

《法律答问》中还对失火的赔偿责任做出了规定:

舍公官，爑火燔其舍，虽有公器，勿责。

今舍公官，爑火燔其叚乘车马，当负不当出？当出之。

爑火延燔里门，当赀一盾；其邑邦门，赀一甲。

在我国的宋朝时期，都城汴京(今河南开封)更是建立了相当严密的消防组织管理体系。据孟元老所著的《东京梦华录》(卷三)记述，在开封城内：

每坊巷三百步许，有军巡铺屋一所，铺兵五人，夜间巡警收领公事。又于高处砖砌望火楼，楼上有人卓望。下有官屋数间，屯驻军兵百余人，及有救火家事，谓如大小桶、洒子、麻搭、斧锯、梯子、火叉、大索、铁猫儿之类。每遇有遗火去处，则有马军奔报。军厢主马步军、殿前三衙、开封府各领军级扑灭，不劳百姓。

除了防火的安全管理以外，人们也很早就在其他领域探索有效的安全管理措施。

《考工记》中在介绍"车人为车"时有"行泽者欲短毂，行山者欲长毂，短毂则利，长毂则安。行泽者反鞣，行山者仄鞣。反鞣则易，仄鞣则完"的记载。这里所讲的车辆制作规范不仅可以保证车辆的舒适性，而且对行车安全也是有好处的。

《法律答问》中载："者侯客来者，以火炎其衡厄。炎之可？当者侯不治骚马，骚马虫皆丽衡厄靯辕，是以炎之。"这里的"以火炎其衡厄"就是为了消灭外来寄生虫而制定的安全措施。

明代宋应星所著《天工开物》中叙述了我国古代采煤业针对煤层瓦斯和顶部所采取的安全技术措施："初见煤端时，毒气灼人。有将巨竹凿去中节，尖锐其末，插入炭中，其毒烟从竹中透上，人从其下施钁拾取者。或一井而下，炭纵横广有，则随其左右阔取。其上支板，以防压崩耳。"《天工开物》中的"砒石"一章还介绍了有关烧砒的安全注意事项："凡烧砒时，立者必于上风十余丈外。下风所近，草木皆死。烧砒之人，经两载即改徒，否则须发尽落。"

在国外，安全管理制度的历史也很悠久。公元前24年，奥古斯塔统治罗马时期，创立了警戒人员"值夜"制度。值夜人员要装备消防工具，如水桶、斧子等。872年，英国牛津城宣布了一项宵禁命令，要求在晚上规定时间内熄灭火。12世纪英国颁布了《防火法令》。1566年，英国曼彻斯特城的《防火法令》中规定，面包师傅的炉灶必须安全储存燃料。17世纪，英国颁布了《人身保护法》。1631年，美国波士顿城通过了防火的有关法令，禁止用茅草做房顶和用木头做烟囱。美国建国初期，波士顿城规定市民见火不报警、不救火要受到10美元的罚款。

18世纪中叶，最早从英国开始的西方工业革命(第一次工业革命)为生产力的发展带来了巨大飞跃。大机器生产排挤手工劳动，使城市手工业和农村家庭手工业迅速衰败，大批的手工业者和失去土地的农民成为雇佣工人。但在当时的资本主义制度下，资产阶级发展大工业是为了给自己增加利润。因此，为了使自己在机器上的投资更快地收回，并榨取最大利润，工厂主千方百计地提高机器转速，增加工人的劳动强度，延长工人的劳动时间，并大量地雇用女工和童工。繁重的劳动和恶劣的劳动条件，不仅严重地摧残了工人的身心健康，同时也导致伤亡事故频繁发生。资产阶级的残酷压榨激起了工人阶级的激烈反抗，工人们发起了包括以捣毁机器、罢工、小规模暴动为斗争形式的工人运动。虽然这些运动最终都遭到残酷镇压而以失败告终，但资产阶级也因此遭受了沉重打击，从而迫使资产阶级统治集团不得不考虑采取一些措施来改善工人的生存环境，以缓解工人阶级和资产阶级之间的矛盾。例如，英国1802年议会通过了一项限制纺织厂童工工作时间的《学徒健康与道德法》；1802—1833年先后颁布了五种劳动法，1833年的《工厂法》规定成年人、少年和童工的工作时间分别为15 h，12 h和8 h，其中包括吃饭时间1.5 h；1842年颁布了《煤矿法》，禁止妇女和10岁以下儿童在井下工作。尽管这些法案在当时的社会背景下确有其积极意义，但由于没有监督实行的机构，因此并未从根本上改善工人的劳动条件和生活状况。据1844年的调查资料显示，在英国合帕尔和拉纳克几个工厂的1 600名工人中，超过45岁的工人只有10人。仅1843年这一年到曼彻斯特城来医治的因在机器上受伤并致残废的就有962人。从19世纪30年代开始，英国工人争取10 h工作日的呼声越来越高，在宪章运动的压力下，英国议会颁布了10 h工作日法，该法规定：从1847年7月1日起，13岁以上的少年和所有女工的工作时间缩短为11 h，从1848年5月1日起最终限制为10 h。为监督法律的执行，英国政府内务部设置了专门的工厂视察员，但工厂延长工人劳动时间的现象仍然普遍。有文献报道，1852—1861年英国煤矿共死亡8 466人。但是，这个数字被大大缩小了，因为在设立视察员的最初几年，他们的管区太大，大量伤亡事故根本没有呈报。尽管死亡事故仍然很多，视察员的人数不够，他们的权力又太小，但是自从视察员制度建立后，事故的数量还是大大减少了。

自19世纪中叶至第一次世界大战之前，随着第一次工业革命的完成和第二次工业革命的兴起，西方资产阶级民主制度形成，城市小资产阶级和城市工人、农业工人以及妇女先后获得了选举权，促使安全立法和对工厂安全的政府监管得到进一步加强，安全科技也得到了发展。

在这一时期，美国的安全立法和安全研究尤为活跃。1864年《宾夕法尼亚州矿山安全法》获得通过；1867年马萨诸塞州建立了美国第一个工厂检查部门；1868年美国第一家合作保险协会（联合工人兄弟会）成立；1877年马萨诸塞州颁布了《工厂核查法》；1878年有一个劳工组织提出了"职业安全健康法"的立法要求；1880年陆续出版有关职业病的刊物；1896年美国防火协会成立；1902年马里兰州通过了第一部工人赔偿法案；1908年建立了匹兹堡采矿与安全研究所；1910年美国成立了煤矿管理局；1911—1915年先后有30个州通过了《工人赔偿法》；1911年10月美国安全工程师协会成立（最初为事故调查员联合会）；1912年美国安全委员会的前身成立。

1916年，法国的管理学家法约尔在其《工业管理和一般管理》一书中提出了"安全管理"这一概念。

经过第一次世界大战（1914—1918）和第二次世界大战（1939—1945），欧洲经济受到重创，而美国经济却由此而崛起。尽管美国在两次世界大战中最终也都成了参战国，但战火基本没有影响到美国本土，而在战争初期，美国还从军火贸易中获得了巨大的利益，世界经济中心逐步由欧洲转移到了美国，这也为现代安全理论在美国的诞生奠定了社会经济基础。1931年美国工程师海因里希的《工业事故预防》一书出版。虽然该书的一些具体结论后来受到了很多的质疑，但其在现代安全理论建立过程中所发挥的历史作用还是需要加以肯定的。

进入20世纪中叶，在美国兴起的第三次工业革命再一次改变了世界经济格局，安全管理的发展呈现出了多极化的态势，美国、日本和欧洲一些国家走在了世界前列。20世纪70年代初，出现了针对劳动安全卫生的立法高潮，美、英、日等国的劳动安全卫生法或职业安全卫生法都是在这一时期建立的。

到了20世纪80年代，现代工业和航天技术飞速发展，在为人类创造了巨大财富的同时，也埋下了重大安全事故的祸根。1984年12月3日，印度博帕尔市美国联合碳化物公司的农药厂发生爆炸泄漏事故，45 t异氰酸甲酯致使近2万人死亡，20万人受到不同程度的伤害,空气、水等被严重污染,损失数以亿计;1986 年 1 月 28 日,美国航天飞机"挑战者"号在起飞 73 s 后由于机械事故不幸爆炸,7 名宇航员遇难,造成宇航史上最大的悲剧;1986 年 4 月 26 日,切尔诺贝利核电站第 4 号反应堆爆炸起火,大量放射性物质外溢,造成 31 人因巨量辐射当场死亡,200 多人受到严重的放射性辐射,之后 15 年内有 6 万~8 万人死亡,13.4 万人遭受各种程度的辐射疾病折磨。这些震惊世界的惨祸在社会上引起强烈的反响,也使得人们要求安全的呼声日益高涨。

20 世纪 90 年代以来,国际上又进一步提出了"可持续发展"的口号,人们也充分认识到了安全问题与可持续发展间的辩证关系,进而又提出了职业安全卫生管理体系(OHSMS)的基本概念和实施方法,使现代安全管理工作走向了标准化。

1.2.2　我国安全管理的发展历程

中华人民共和国成立以来,我国的安全生产管理工作经历了一个动荡曲折的发展过程,大致可分为 6 个阶段:

1)三年初创阶段(1949—1952)

在这一时期,我国尚处于私营企业、集体企业、国有企业并存的局面,工业生产条件十分恶劣,伤亡事故及职业病情况十分严重。私营企业普遍存在着"重视机器不重视人"的思想观念;即使是国有企业,一些企业领导也存在着"重生产、轻安全"的思想。针对这种情况,我国着重开展了如下几项工作:

(1)树立"搞生产必须注意安全"的思想,批判了"重视机器不重视人"的错误观念。

(2)发动群众开展安全卫生大检查,查出不安全、不卫生的问题达 100 多万件,依靠群众解决的占 60%~70%。这种方式对改善劳动条件起到了很大的作用,并形成了一种行之有效的方法沿用至今。

(3)积极组建安全职能机构,开展安全干部培训。

(4)确定了"生产必须安全,安全为了生产"的安全生产方针。各级劳动部门和产业部门陆续颁布了一些安全法规和条例。

经过三年的努力,我国国民经济获得全面恢复,安全生产管理有了初步的基础,劳动条件有所改善,工伤事故和职业病逐年减少。到了 1952 年,死亡和重伤事故分别比 1950 年下降了 49.8% 和 47.9%。

2)巩固与稳定阶段(1953—1957)

在第一个五年计划期间,我国开始大规模经济建设,国家对安全管理工作也更加重视,安全投入逐年增加,主要安全管理制度初步建立,主要表现在以下几个方面:

(1)明确安全管理原则。确立了"管生产必须管安全"的原则,明确提出企业领导人在计划、布置、检查、总结和评比生产工作的同时,必须要计划、布置、检查、总结、评比安全工作,要求将安全工作贯穿到生产的各个环节中去("五同时"原则)。

(2)建立安全管理机构。各企业单位普遍建立了专职安全管理机构,设立了专职安全管理人员,安全工作从组织上得到保证。

(3)强化安全立法。由国家颁布的重要法规达 15 种,如著名的"三大规程"。此外,国务院所属各产业部门和各个地区制定的法规等达 300 余种,这些法规在相当一段时期内对我国的安全管理工作发挥了重要作用。

(4)推行安全技术措施计划制度。要求企业在编制生产技术财务计划的同时,编制安全技术措施计划,并有针对性地逐步实施专项技术措施计划,国家对安全的投入资金也在逐年增加。

(5) 开展专业性、季节性安全大检查。据不完全统计,国家在"一五"期间共拨款项达 49 亿元,用于解决检查中发现的重大安全技术问题。据 24 个省(市)的部分统计资料显示,仅 1954—1957 年,增加的重大安全卫生设施和设备就达 8 100 多件。

经过上述努力,三年初创的成果得到了巩固,基本稳定住了安全生产局面。1955 年我国工伤事故死亡人数降低到中华人民共和国成立后的最好水平,随后两年虽略有增加,但基本保持平稳。

3) 受挫与调整阶段(1958—1965)

在的"大跃进"期间,由于忽视经济发展的规律,提出了过高的生产指标要求,大量企业"土法上马",因陋就简,盲目追求产量,边设计、边施工、边生产,破坏了正常的生产秩序,严重地削弱了安全生产管理,工伤事故骤然增加,死亡人数从 1957 年的 3 704 人猛增到 1958 年的 12 850 人,1960 年达到 21 938 人,职业病也日趋严重,形成了中华人民共和国成立后的第一个事故高峰期。1958—1961 年,工伤事故年平均死亡人数高达 16 189 人。1961—1965 年,国家采取了一系列紧急调整措施,其工作的重点是总结经验教训,整顿规章制度,加强安全管理,重建安全生产秩序。为了扭转伤亡事故上升的局面,国家开展了"十防一灭"活动("十防":防撞压、防坍塌、防爆炸、防触电、防中毒、防粉尘、防火灾、防水淹、防烧烫、防坠落;"一灭":力争消灭伤亡事故)。1963 年,国务院颁布了《关于加强企业生产中安全工作的几项规定》(简称《五项规定》),要求各部门、各地区和各企业把做好安全工作作为整顿企业、建立正常生产秩序的重要内容之一。经过一段时期的努力,安全生产有了较大改观,工伤事故迅速减少,1965 年又恢复到历史较好水平。

4) 动荡与倒退阶段(1966—1978)

"文化大革命"时期,安全生产法规和方针、政策遭到严重破坏,安全生产管理全面瘫痪。1971 年,全国工伤事故死亡人数又上升到 17 610 人,形成了中华人民共和国[①]成立后第二个事故高峰期。

1976 年"文化大革命"结束,国民经济百废待兴,但"左"倾错误思想并没有得到有效纠正。加之当时急于恢复生产,一些部门与企业领导人只抓生产,忽视安全,以致安全工作的局面继续恶化,到 1978 年出现了新中国成立后第三个事故高峰期。

5) 恢复与发展阶段(1979—1992)

1978 年,中共中央发布了《关于认真做好劳动保护工作的通知》,1979 年国务院批转劳动总局、卫生部《关于加强厂矿企业防尘防毒的工作报告》,这两个文件对扭转当时安全卫生状况严重不良的局面起到关键性的作用,成为安全工作的指导性文件和依据。

1983 年,劳动人事部、国家经济委员会、中华全国总工会在《关于加强安全生产和劳动安全监察工作的报告》的通知中,提出了在我国安全生产工作中实行"国家劳动安全监察、行政管理和群众(工会组织)监督相结合"的工作体制,后来经过国务院的批转,正式确立为我国的安全生产管理体制。

1987 年,我国将安全生产方针调整为"安全第一、预防为主",把安全工作的重点放在了预防上。

---

① 注:本书带有"中华人民共和国"的法律名称一律采用简写。

在这一阶段,我国立法工作进展很快,先后颁布了《海上交通安全法》《中外合作经营企业法》《全民所有制工业企业法》《标准化法》《铁路法》《未成年人保护法》《工会法》《妇女权益保障法》《矿山安全法》以及 150 多项安全卫生标准,强化了安全管理的法律基础和具体依据。

6) 转变与提高阶段(1993—)

从 1993 年开始,我国经济形势明显好转,安全管理工作却没有跟上经济连年高速增长的步伐,反而因经济管理体制转换等各种原因而有所停滞,企业事故频繁发生。1993 年工伤事故死亡人数从 1992 年的 17 994 人骤然上升到 19 820 人,1994—1995 年连续两年超过 2 万人,形成了第四个事故高峰期。虽然从 1998 年起工伤事故死亡人数降低到 1993 年的水平以下,但重特大事故仍时有发生,在 2003 年还出现了一次工伤事故的小高峰。

为了适应政府转变职能、企业转换机制的形势,1993 年《国务院关于加强安全生产工作的通知》(国发〔1993〕50 号)提出,将我国的安全生产管理体制调整为"企业负责、行政管理、国家监察和群众监督",明确了企业在安全生产管理中的主体责任地位。

1993 年以后,随着立法工作的加强和改进,立法质量进一步提高,先后颁布或修订了一系列的安全生产基本法或相关法,如《产品质量法》《公司法》《劳动法》《母婴保健法》《行政处罚法》《行政监察法》《公路法》《防震减灾法》《消防法》《职业病防治法》《进出口商品检验法》《安全生产法》《水法》《行政许可法》《突发事件应对法》《保险法》等,使我国形成了一个较为完整的安全管理法律法规体系。2001 年 12 月,我国正式颁布了《职业健康安全管理体系—规范》(GB/T 28001—2001),我国职业健康安全管理体系标准的实施工作得以全面、正规化地展开。目前,该标准已被《职业健康安全管理体系　要求及使用指南》(GB/T 45001—2020)替代。

从 2000 年开始,随着国家机构和行政体制改革,国家安全生产监督管理总局、国家煤矿安全监察局以及国务院安全生产委员会先后成立并直属国务院领导。国务院安全生产委员会主要负责协调安全生产监督管理中的重大问题。国家安全生产监督管理实行分级管理,在各级地方政府设置专门机构,具体承担安全生产监督管理和综合协调职能。煤矿安全监察实行垂直管理体制,下设办事机构,专司煤矿安全监察执法。2018 年 3 月,中华人民共和国应急管理部设立。随着以安全生产责任制为主体的安全管理制度的不断强化,安全培训和教育工作的不断拓展和深入,安全科学研究取得了显著进展,现代安全管理体制在我国已基本形成。

思 考 题

1.1　理解"安全"和"事故"的定义。

1.2　"未发生过事故就是安全"这种观点是否正确?请说明理由。

1.3　如何理解"安全管理"中"安全"的地位?

1.4　如何理解"安全管理"中"管理"的作用?

1.5　了解中外安全管理的起源和历史演变。

1.6　简述新中国成立后我国安全管理的发展历程。

2 安全管理基础理论

2.1 安全行为科学

行为科学是研究人类行为规律的科学,是一门 20 世纪 50 年代兴起和发展起来的、跨社会科学与自然科学的综合性、边缘性应用科学。行为科学应用心理学、社会学、人类学、生理学、经济学、政治学等学科的理论和方法,来探讨人类行为产生的动力、原因以及影响人类行为的内在和外在因素,人类行为的控制和改造,人与物的配合,人与人的协调等。其研究目的在于通过掌握人的行为规律,提高对人的行为的预见性和控制力。这里,预见性是指根据人的行为规律预测人在某种环境中可能产生的言行;控制力是指根据行为规律纠正人的不良行为,引导人的行为向社会规范的方向发展。

行为科学理论于 20 世纪 90 年代被引入到安全科学之中,到了 90 年代中期逐渐发展成为一门独立的学科——安全行为科学。安全行为科学的研究对象是以安全为内涵的个体行为、群体行为和领导行为,其基本任务是通过对安全活动中各种与安全相关的人的行为规律的揭示,有针对性地建立科学的安全行为激励理论以及对不安全行为的控制理论和方法,并应用于对人的安全心理状态的分析、探索事故原因与控制、安全教育及培训等方面,从而使安全管理水平获得提升。

2.1.1 安全心理与行为

2.1.1.1 心理现象

心理学是研究人的心理现象及其规律的科学。人的心理现象包括心理过程和个性心理特征两大部分。心理过程是指人的认知、情感、意志等心理活动过程。个性心理特征是指个人身上表现出来的本质的、经常的、稳定的心理特征。这些特征反映了一个人的基本精神面貌和意志倾向,具有鲜明的个性差异性,体现在个体的能力、气质和性格等方面。其结构关系如图 2.1 所示。

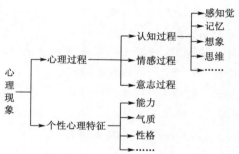

图 2.1 心理现象的结构关系

2.1.1.2 人的行为模式:"S—O—R"循环

人的行为是指人受思想支配而表现在外面的活动,是人类在社会活动和日常生活中所表现出来的一切动作的总称。行为科学认为,人的行为一般都是有目的的或有意识的。目的是心理的内在活动,行为是心理的外在表现。尽管人们也常有一些看起来不知目的的无意识行为,实质上这些行为都存在着某种潜意识。例如,眼睛遇到飞来物会自动闭上眼皮,手碰到滚烫的物体会自动缩回来等。对于有意识行为,心理学研究认为其产生过程如图2.2所示。

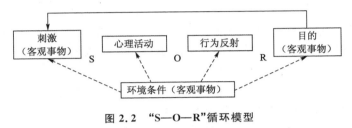

图 2.2 "S—O—R"循环模型

首先,客观信息对人产生刺激作用,激起人脑神经的兴奋或抑制而产生心理活动,通过心理活动将客观事物与主观需求结合起来,产生对此事物的反映和动机;其次,通过神经系统反射出来,指向此事物,便产生了有意识的行为。

人的行为往往不是一次而是多次才能达到预期的目标。有的行为还要不断地循环,直到生命的终结,如吃饭,肚子饿了就想吃,今天吃了明天还得吃,看到美味佳肴就想尝,尝了这种还想尝那种。心理学将肚饿的刺激、美味佳肴的诱惑等现象统称为刺激过程(stimulus,S);想吃想尝这类现象称为心理活动过程(organism,O);去吃去尝这类举动叫作行为反射过程(response,R)。这就是行为产生过程的"S—O—R"循环模式。

"S—O—R"循环模式是一种反映因果关系的闭路循环模式。其中,客观事物的刺激受到事物本身的信息强度、刺激方式、持续时间以及自然环境和社会环境的允许度或制约性的影响;心理活动和行为反射,除受个体的生理条件、心理状态等主观因素影响外,还受环境条件的影响;由于客观事物、环境条件和主观因素都是一些受众多因素影响的可变量,所以人的行为便是多种变量综合作用的多元函数。人的"S—O—R"循环模式是尽人皆同的,但不同的人对相同的事物或同一个人对不同的事物,其循环的强度、速度和频度却不尽相同。

2.1.1.3 安全心理与安全行为

安全心理是人在活动过程中伴随着工具、环境、人际关系等产生的安全需要、安全意识、安全心理状态等一系列具体心理活动的反映。安全心理的规律具有一定的特殊性,但它离不开人的一般心理活动规律。研究安全心理就是要在掌握人的一般心理活动规律的基础上,结合活动过程中的安全这一特殊领域,揭示人的安全心理活动的规律性,探讨导致人的不安全行为的心理发生过程及发展规律。

安全行为是指人在活动过程中表现出保护自身、保护工具及物资等的一切动作的总称。人类为了求得自身的生存和发展,存在着一种自我保护机制。在活动过程中,人不仅产生对活动对象的认识和情感,而且会对活动对象和过程是否安全做出意识反映,从而主动地对所意识到的不安全因素进行改造,表现出一系列的安全行为。由于人的意识及行为能力的差异和环境的不同,人们在活动过程中所产生的行为并不都是一致的,有的行为是符合活动规律的合理行为,有的则可能是违背活动规律的不合理行为。前者有利于安全,后者则会阻碍安全目标的实现。

　　对人的安全行为进行研究,就是希望从纷繁复杂的现象中揭示人的安全行为的规律,以便有效地提倡人的安全行为,预测和控制人的不安全行为。

　　人的心理活动是人脑的机能,离开了人脑就不能产生人的心理活动。人脑作为产生心理活动的器官,只提供了产生人的心理活动的可能性,如果没有客观现实的作用,人脑自身是不能单独产生心理活动的。客观现实刺激人的感觉神经,引起神经冲动,传递到大脑,大脑经过分析综合活动才产生心理活动。由于大脑具有分析综合这一机能,它对感觉信息进行加工,决定反应或不反应以及如何反应,因而使人的心理活动变得复杂。由此可知,社会客观现实是人的心理活动的源泉,社会生活实践对人的心理有制约作用。心理活动是客观和主观的统一,是客观现实的主观映像。人的行为则是由思想、情感、动机所支配的,它是内在的心理活动的外在表现。因此,心理与行为是不可分割的。研究心理离不开对行为的观察,研究行为离不开对心理的分析。但是,二者又相互区别,各自的侧重面不同。由于社会环境的复杂性和人自身的复杂性,在同一心理状态下,人们可能有多种不同的行为表现。在某种情况下,我们很难要求人们心理状态的一致性,但是可以要求其行为表现的一致性。在安全管理中,我们就是根据这一点来制定各种操作规程、规章制度及标准化作业程序等,要求操作者遵照执行,用以约束其行为,做到安全行为的一致性。所以,对于安全管理人员来说,不仅要研究人的安全心理状态,还要研究人的安全行为表现,二者都不能忽视。

2.1.1.4　人的安全行为分析

　　行为科学的一个重要概念是,人的行为是可以分析的。但在安全领域所开展的行为分析中,大多是侧重于去衡量不够安全的行为状况,而不是去衡量安全行为状况。这样分析的结果是,罗列出大量的不安全行为,其积极意义是使人引以为戒,其消极意义则是可能在无意间"教唆"人的不安全行为。

　　正确的分析方法,应该是通过行为研究探讨哪些行为是安全的、哪些行为是不安全的。对安全的行为进行确认、宣扬和强化,对不安全的行为进行引导和改造。这样,不仅可以在"有意"或"无意"中鼓励职工的安全行为,达到减少事故的目的,而且有利于正确评价安全工作水平。

1）安全行为的主要特点

　　行为科学认为,人类的行为不同于其他动物的行为,它具有特殊的规律性,反映在安全行为上,具有如下特点:

　　(1) 人的安全行为具有主动性。在人、物和环境的关系中,人是主动的,当人受到危险因素的影响时,会主动地采取措施,试图控制或躲避危险因素,改变不安全状况,从而表现出一系列具体的安全行为。

　　(2) 人的安全行为具有目的性。人的行为不但有起因而且有目标,人能通过一定的目的、期望,并且按照一定的意图改造自然环境和社会环境,为自己创造有利于安全的生产和生活条件。

　　(3) 人的安全行为具有差异性。人的安全行为受思维、情感、意志等心理活动的支配,同时也受价值观、道德观及世界观的影响。由于这些因素的影响,即使在同一场合或环境中,人们表现出来的安全态度也会不同,从而表现出不同的安全行为水准。

　　(4) 人的安全行为具有可塑性。由于行为惯性及经常性事件的影响,不同的人其安全行为的可靠性会有差异;同一个人在不同的环境或时间,对同一个动作也会表现出安全行为的差异。正因为这种可塑性的存在,才可以通过学习和训练的方式来减少人的不安全行为。

人的安全行为从因果关系上来看,存在两个特点:一是相同的刺激会引起不同的行为;二是相同的安全行为可能来自不同的刺激。

2)研究人的安全行为的方法

(1)观察法。观察法是在自然的、不加控制的环境中,通过观察者的感官有目的、有计划地观察他人的言行表现,并记录各种因素对个体和群体行为的影响的一种方法。其优点是目的明确,使用方便,投资少且所得材料比较客观、系统。其缺点是不容易控制条件,一次观察结果有时难免有偶然性。因此,在使用该方法时,应注意观察主题明确,观察者需要经过一定的训练并注意保密,同一主题应由多人同时观察且应多次观察。

(2)问卷法。问卷法是研究者事先设计好表格、量表及问卷等,由被试者自行选择答案的一种方法。一般有3种问卷形式:判断式、选择式和等级排列式。这种方法要求研究者设计的问题概念明确,能使被试者理解、把握。问卷收回后,要运用统计的方法对其数据进行处理。

(3)谈话法。通过面对面的谈话,直接了解他人的心理状态及行为的方法。应用前要周密计划,确定谈话的主题;谈话过程中要注意引导,把握谈话的内容和方向。这种方法简单易行,便于迅速取得第一手资料,因此被广泛采用。

(4)调查法。调查法是应用跟踪调查、征求意见、开座谈会等形式,了解他人的动机、爱好等心理状态及行为的方法。这是在事故处理中经常使用的一种方法。

(5)测验法。测验法是采用标准化的量表和精密的测量仪器来测试被试者有关心理品质和行为的研究方法,如常用的智力测试、人格测验、特种能力测验等。这是一种较复杂的方法,必须由受过专门训练的人员来主持。

2.1.2 影响人的安全行为的因素

2.1.2.1 心理因素对人的安全行为的影响

1)情绪对人的安全行为的影响

情绪是人对客观事物是否符合自己的需要所产生的态度体验,是伴随认识活动而产生的一种心理过程,如喜、怒、哀、乐等。人的一切心理活动都带有情绪色彩,情绪不仅直接影响人的行为,还会影响人的生理变化,与安全有着密切的关系。

一般来说,人总是处于某种情绪状态下,情绪状态根据其特点可分为心境、激情、应激3种。

(1)心境。心境是一种微弱而持久的情绪状态,往往在一段时间内感染人的情绪和影响人的行为。心境的感染性是指心境具有扩散的特点,它不是专门对某种事物有某种体验,而是对所有事物都带有相同的体验。例如,年轻人初恋时,觉得春光特别明媚,青山特别可爱,鲜花特别娇艳,即所有事物都是美好的;而心境不佳时,就感到烦躁不安,看到所有事物都不顺眼,在这种心境下,常常由于注意力不集中而容易出现误操作或违章操作,增加诱发事故的机会。

心境的形成及变化与人的身体健康状况、疲劳程度、心理压力等因素有关。体魄健壮、劳动强度不大、休息较好的人,精力旺盛,身爽而意快,心境倾向于喜悦;反之,体质虚弱、终日筋疲力尽、休息不好且心理负担较重的人,容易心烦意乱、闷闷不乐。除个人因素外,社会因素以及季节、气候、工作环境等对心境都会有影响。

（2）激情。激情是一种猛烈、迅速而短暂的情绪状态。激情的表现大体上有暴怒、狂喜、恐惧、悲哀4种。例如，高兴时眉飞色舞，愤怒时咬牙切齿，恐惧时全身颤抖。在激情状态下，人的理智分析能力受到抑制，往往不能控制自己的行为，做出与平常行为不一致、甚至是完全相反的行为举止。因此，处于激情状态下进行操作是十分危险的。

（3）应激。应激是出乎意料的紧张情况所引起的情绪状态。例如，在突如其来的危险面前，有的人沉着冷静，有的人不知所措。在应激状态下，人究竟怎样行动，这主要取决于人的个性特征、生活经历、所接受的训练以及以往的经验等。此时需要人迅速地判明情况，立刻做出决定，而紧急的情景不仅影响人的心理，而且还会惊动整个有机体，使人的心率、血压、肌紧度等都出现显著的变化，导致人的认知范围狭窄，容易做出不适当的反应，甚至还会出现思维混乱或片刻的停顿，致使人"呆若木鸡"。而这一短暂的停顿，就可能延误时机，造成更大的损失。因此，在平时的安全教育中，应强化技能训练，培养人的应急能力，使人在紧张状态下也能克服紧张情绪、镇定自如、做出正确的判断和反应。

从安全的角度来讲，人在进行操作时，应保持情绪平稳。人只有在平静的心境下才能保持注意力集中、操作节奏适中、动作有条不紊。如果情绪过于激动或低沉，都有可能发生思想与行为不协调、动作不连贯的现象，这是安全工作中的忌讳，也是导致事故的重要因素。在生产过程中，管理人员及班组长应了解本班组、本管辖范围内职工的情绪状态，对于因某种原因使情绪一时难以平定的人，应采取措施，或者临时改变工作岗位，或者疏通思想，或者停其工作。总之，要避免因情绪波动而导致的不安全行为影响生产安全。

2）气质对人的安全行为的影响

气质是一个人心理活动的独特的、稳定的动力特征，是人的个性心理特征之一。所谓心理活动的动力特征，是指心理过程的强度（如情绪的强度、意志努力的程度）、心理活动的速度和稳定性（如知觉的速度、思维的灵活程度、注意力集中时间的长短）以及心理活动的指向性（心理活动指向外部现实还是指向自己的内心世界）等动力方面的特点。一个人的气质具有明显的天然和稳定的性质，但也受社会实践的制约。

公元前5世纪，古希腊的医师希波克拉底就观察到不同的人有不同的气质，而且认为不同的气质是由于人体内有4种体液（血液、黏液、黄胆汁和黑胆汁）。这4种体液在人体内以不同比例相结合，从而形成了人的4种不同气质：胆汁质、多血质、黏液质和抑郁质。古代学者根据人的体液所占成分划分人的气质类型是缺乏科学报据的，但关于4种气质类型的分类以及对4种气质类型特征的描述还是比较符合客观情况的。

（1）胆汁质。具有这种气质的人，精力旺盛，动作敏捷，热情直率，易于冲动，心境变化激烈，情绪明显外露。其显著特点为：具有很高的兴奋性，行为表现出不均衡性，工作有明显的周期性，安全意识强但预防性较差。

（2）多血质。具有这种气质的人，精力充沛，活泼好动，善于交际，兴趣爱好广泛而易于转移。其显著特点为：具有很高的灵活性和可塑性，适应性强，工作效率高但持久性较差，安全意识强但不稳定。

（3）黏液质。具有这种气质的人，情绪稳定，心境平静，动作缓慢，交际适度，情感含蓄而不外露，善于忍耐，不喜空谈。其显著特点为：沉着稳定，工作踏实，任劳任怨，但易因循守旧，创新精神较差，注意和兴趣持久且难以转移。

（4）抑郁质。这种气质的人，在日常生活中常表现为郁郁寡欢、多愁善感，情绪体验深刻而绝少外露，不善交往，孤僻，易受伤害，动作刻板。其显著特点为：处事谨小慎微，善思考,善于察觉别人不易发现的细小事物。

气质类型并无优劣之分,它只影响人的智力活动方式,并不决定人的智力发展水平。气质也不是一成不变的,它不仅依赖于人的教育和修养,还依赖于人的道德品质和意志。也就是说,气质可以通过教育而加以改造。在现实生活中,具有典型气质的人是极少的,绝大部分人都是接近某种气质,同时也具备其他气质的特点,即混合型占绝大多数。

人的气质对人的安全行为有很大影响,使得每个人都有不同的特点和安全适应性。因此,在使用安全干部、技术人员以及组织和管理工人队伍时,可根据实际需要和个人气质特点进行安排和调配。比如,对于一般工种,人员调配要注意气质的互补性,各种气质的人搭配使用;对于特殊工种,要考虑气质特性,如典型的胆汁质型的人,不太适宜做司机,典型的多血质的人由于活泼好动,不耐寂寞,不宜做单调、刻板、离群的工作,等等。

3) 性格对人的安全行为的影响

性格是指人对现实稳定的态度以及与之相适应的习惯化的行为方式中所表现出来的个性心理特征。性格不是天生的,而是在长期的发展过程中逐渐形成的。由于具体的生活道路的不同,每个人的性格特征也会不同。若对人的性格结构进行剖析,则可以划分为以下几个方面:

(1)对现实态度的性格特征。主要表现在对工作、对他人、对自己的态度方面的性格特征,如正直、诚实、谦虚以及相反的圆滑、虚伪、骄傲等。

(2)性格的意志特征。性格的意志特征是人对自己行为的自觉调节方式和水平方面所表现出来的个性特点,如独立性、自制力、坚持性、果断以及相反的易暗示性、冲动性、动摇性、优柔寡断等。意志对人的性格的调节和控制作用十分明显。比如,为了完成某项任务,一旦确定了目标,就会自动地调节行为方式,为实现目标而努力。

(3)性格的情绪特征。人的情绪状态影响着人的全部活动,当情绪对人的活动的影响表现出某种稳定的、经常性的特点时,这些特点就构成了性格的情绪特征,如乐观、幽默、热情以及与此相反的悲观、忧郁、冷淡等。

一个乐观的人,工作再苦再累,也始终保持着轻松欢快的情绪。悲观的人,尽管工作轻松,也依然提不起精神来。幽默的人妙语连珠,忧郁的人沉默寡言,这些都反映了性格与情绪的关联。

(4)性格的理智特征。性格的理智特征主要通过人的感知、想象、思维等认知方面的个体差异反映出来。例如,深思熟虑、善于分析和综合、主动性以及相反的轻率、武断和主观自负、被动性等。性格的理智特征对人的行为选择有较大的影响。

在实际安全生产中,可以根据职工的表情和习惯动作来观察一个人的性格。例如,接受任务时表态快,干起活来利落爽快,遇到困难总是能够自己想办法解决的人,具有乐观、豁达、热情、果断、独立和自觉的性格特征。对工作总是先干后说或干了不说,实实在在地完成任务,不需要别人的提醒便能遵守安全操作规程的人,具有诚实、谦虚、认真、自觉、组织纪律性强的性格特征。办事拖拉,工作随便,在别人的监督及检查之下才会执行安全操作规程的人,具有懒散、马虎、粗心和依赖性强的性格特征。我行我素、很难接受别人规劝的人,往往具有武断、冷淡、自以为是的性格特征。具有前两种性格特征的人,比较容易形成安全的习惯,并且能自觉地约束自己的行为;具有后两种性格特征的人,有一定的不安全性,尤其是我行我素的人,一旦养成不安全的习惯,改变的难度较大。

了解和掌握职工的各种性格特征是为了能够因势利导,并根据不同的性格采用不同的方式来诱导人的安全行为以及约束人的不安全行为。

4）能力对人的安全行为的影响

能力是直接影响活动效率,使活动得以顺利完成的个性心理特征。它标志着一个人的认知活动在反映外界事物时所达到的水平。人的能力分为一般能力和特殊能力两大类:一般能力是在很多基本活动中表现出来的能力,如观察能力、记忆能力、注意能力、抽象思维能力、动手能力等,这些能力能够适合多种活动的要求;特殊能力表现在某些专业活动中的能力,如数学能力、音乐能力、某个行业的专门技能等。这些能力只适合某种特定的活动范围。

当一个人从事某项具体活动时,往往需要将许多单独能力有机地结合起来。由于各种活动所需心理特征在各人身上的发展程度和结合方式是不同的,因而能力特征也因人而异。当一个人的能力低于实际工作所要求的水平时,这个人就会感到"无法胜任""力不从心";当一个人的能力高于实际工作的能力要求时,不仅浪费人才,而且本人也不满足于现状,工作效果不佳。一般来说,能力强的人掌握知识与技能较好,安全行为率较高。而能力欠缺、工作压力大的人,则易产生不安全行为。另外,人的能力及特长不同,也会造成工作与能力的不适应性,从而可能诱导不安全行为。因此,管理人员应根据一个人的实际能力,将其安置在合适的能级位置上,充分发挥其现有的能力并积极开发其潜能,为安全生产服务。

5）挫折与人的不安全行为

挫折是在动机支配下,个人为达到目的而进行活动的过程中,遇到阻碍和干扰,致使其愿望不能获得满足时出现的心理状态。常言道"不如意事常八九",就是说人们的愿望不可能全都得到满足,人总有受挫折的时候。

(1)引起挫折的原因。使人受挫折的原因有两种:一是客观原因,如某些政策、制度、规定的变化和改革,使某些人的要求受到限制;人际关系紧张,工作岗位使人不能充分发挥才能,教育方式、管理方式不妥;第三者的消极干预,如领导作风不正,办事不公;外部约束,如社会公德、集体规范、纪律的限制;天灾的袭击或偶然过失等。由客观原因引起的挫折又称为外部挫折或环境起因挫折。二是主观原因,如受自己认识能力的限制;受到个人体力及智力条件的限制,或由于个人健康状况不佳或生理上有缺陷,不能胜任某种工作;或出于良心、义气,高标准要求自己,从内心禁止自己需求的满足等。由主观原因引起的挫折称为内部挫折或个人起因挫折。

挫折对人的安全行为过程有较大的影响。在实际生产和生活中,不少人为的不安全因素与人在实现安全目标的过程中受到挫折是相关联的。人遭受挫折之后,其心理过程如图2.3所示。

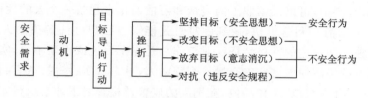

图2.3　挫折引起的安全心理变化过程

(2)受挫者的行为反应。一个人遭受挫折后,可能产生各种反应,既有积极的反应,也有消极的反应。积极的反应能使人奋发,采取更积极的行动,寻找实现目标的有效途径;消极反应可能会使人自暴自弃,冷漠、固执,甚至产生攻击行为等。

（3）对待受挫者的方法。管理人员应主动帮助受挫者，而受挫者本人也应自觉地采取积极的态度来对待挫折，避免不安全行为。主要方式和方法如下：

① 采取宽容的态度。把受挫者看成是一个需要帮助的人，耐心细致地做思想工作，避免采取针锋相对的反击措施，努力营造一种解决问题的平和气氛。

② 使用精神发泄法。给受挫者一个发泄的机会，如让其讲出内心的痛苦、写申诉信或让其大哭一场等。经过发泄之后，受挫者解除了心理负担，情绪便会慢慢地冷静下来，逐渐恢复理智，达到心理平衡。

③ 提高认识。领导者在受挫人冷静下来之后，以理服人，热情地帮助其提高认识，促使受挫者变消极行为为积极行为。

④ 改变环境。一是调离原工作和生活环境；二是改变环境气氛，给受挫者以同情和温暖。

⑤ 培养挫折容忍力。对受挫者而言，应注意培养自己的挫折容忍力，从心理上有承受挫折的准备。这要求个人加强思想修养，培养坚强的意志品质，塑造宽广的胸怀。

2.1.2.2 认知因素对人的安全行为的影响

1）注意与安全

不少事故责任者在谈及事故原因时，总是痛心疾首地感叹道："当时注意力不够集中。"果真是注意力不集中吗？下面我们先来看一个事故案例：某工人正在集中精力操纵机床，机床某部位的一个螺帽因振动而脱落，掉在地上发出响声，工人的反应是循声弯腰寻找并拾起，在"拾"的过程中碰到机床的运动部位，导致伤害。

显然，这起事故与人的注意有关，那么到底是注意不够集中还是注意过于集中呢？这需要了解一下注意的特征。注意的主要特征如下：

（1）注意的集中性。注意的集中性是指注意指向一定事物聚精会神的程度。当人们专心注意某一事物时：一方面，在他的意识中极其鲜明、清晰地反映这一事物；另一方面，其注意离开其余的一切事物。在注意力高度集中时，周围发生的事情对其已失去干扰作用。

（2）注意的稳定性。注意的稳定性是指在一定时间内将注意保持在一事物或活动上。稳定性并不意味它总是注意同一对象。例如，司机驾驶车辆时，并不是一直目不转睛地注意前方，他时而看仪表，时而听发动机的运转声音，时而扫视一下周围的环境，总之要将注意力稳定在驾驶车辆上。

（3）注意的范围。注意的范围是指在同一时间内所能知觉的客体的数量。人的注意范围的大小既取决于人的智力水平的高低，又取决于人们以往的经验。有丰富工作经验的老工人，在作业前和作业过程中会经常调动各种感官。例如，眼看、耳听、鼻子闻，前后、左右、上下进行观察，注意各种设备及环境等有无异常变化。一般来说，人们对刺激物把握的程度越高，注意的范围越广，安全就越有保障。

（4）注意的分配。注意的分配是指在同一时间内将注意分配到两种以上不同的动作或对象上。例如，教师讲课时要用脑想、口述、板书、演示，还要注视课堂及观察学生的情绪。在生产过程中，注意如果分配不好，就会使动作呆板发硬而不稳定，或者说动作不协调。然而，不协调的动作与外界不安全因素相结合就可能发生事故。因此，工作中要善于分配自己的注意力。要做到这一点，就必须要加强训练。俗话说熟能生巧，经训练达到熟练程度了，注意的分配就容易掌握了。一般而言，注意的分配要有主有从，熟练而简单的动作是从属的、次要的注意；生疏、带思维性的活动是主要的、中心的注意。

（5）注意的转移。注意的转移是指根据自然情况的变化，使注意从一个事物灵活地转移到另一个事物上去。例如，在生产过程中，对于工序之间的衔接，新情况、新任务不断产生，操作者应根据作业程序的变化，主动将注意从一个对象迅速、准确地转移到另一个对象上去；呆板的人缺乏注意的灵活性，不善于注意的转移，总是将自己的注意固定在一个方向上，如走路看书撞在树上、骑车遇到紧急情况不会刹车转向等。

综上所述，注意是指人当时的心理活动指向和集中在一定的事物上，它不是一种独立的心理过程，而是心理活动的一种积极状态。良好的注意品质可以促使人形成安全行为。注意过分集中、注意范围过窄会影响注意的分配与转移，使人的精神紧张而引起抑制现象，影响动作的准确性。注意的稳定性与注意对象的特点有关，若注意对象单调、乏味，人的注意力就不易持久。不需要太多注意的简单、重复性的工作，会使人产生厌烦感，单调的体验常常是现代化生产的祸因。人在冲床上工作，在流水线上作业，易出现误操作原因就在于此。对于复杂的操作，需要具有良好的注意分配，使人的行为处于协调状态，否则会产生"顾此失彼"的不安全动作，导致误操作。

2）态度与安全行为

态度是人对客观事物所持的评价与行为倾向。人在社会生活中，无论是处理人与人的关系，还是认识和改造客观事物，都会有各种各样的态度，并会做出种种评价——赞成或反对、肯定或否定、喜欢或厌恶等，同时还会表现出一种行为反应的倾向性。因此，态度是影响人的行为的一个比较重要的因素。

（1）态度的基本成分。构成态度的基本成分有 3 种：认知成分、情感成分和行为成分。认知成分是个人对对象的认识和了解，是事物映像在人的大脑中的一种简单的评价和概括，这是形成态度的基础。情感成分是指个人对对象的好恶程度的体验。情感伴随着认识过程而产生，有了情感，就能保持态度的稳定性。行为成分是指个人对对象的反应倾向，它受认知成分和情感成分的影响。

（2）安全态度与安全行为。人的安全认识、安全情感和安全行为倾向 3 个因素共同构成了人的安全态度。例如，"安全生产，人人有责""生产必须安全"等属于认知因素；"为了您的家庭幸福，请注意安全"属于情感因素；"安全管理必须严格执行国家的安全生产方针、政策和法规"属于行为倾向因素。认知因素是安全态度的基础，情感因素是安全态度的核心，行为倾向因素是安全态度的表现。人的安全态度对其安全行为有指导性和动力性的影响。人的安全态度一旦形成就会比较稳定，能够有效地调节人的安全行为。因此，安全态度是保障安全生产的前提条件。

（3）不良认识与态度的转变。管理者可以采取一定方法和手段，促使人们转变对安全工作的不良认识和态度，提高人们的安全行为效果。这种转变有两种情况：一是只改变原有态度的强度；二是用新的态度替代原有态度。

改变人的态度有如下几种手段和方法：

① 宣传说服，提高认识。态度的形成有赖于认识，认识的提高有助于态度的改进。宣传说服是改变和提高认识的重要途径。谈心、交换意见、思想教育，或者采用一定的工具和方式，如电视、电影、报刊、广播、报告会、演讲台等都可以起到宣传作用。

② 通过人际关系改变人的态度。该方法是指通过人际接触、人际交往，通过团体、集体的影响来改变人的态度。

③ 引导人参加有关活动，在活动中改变态度。当口头劝说无效时，可以引导其积极参

加有关活动,通过个体与态度对象的多次接触,潜移默化,逐渐使其改变态度。

④ 利用态度改变理论。态度改变理论目前影响较大的有两种:一是认知失调理论,该理论认为:当人的认知元素,即知识、观点、观念、意见、信念中有两种或两种以上出现不协调时,内心就会紧张,从而驱使自己改变态度来消除心理紧张;二是认知平衡理论,该理论认为:人类普遍具有一种平衡、和谐的需要。一个人一旦在认识上有了不平衡与不和谐,就会在心理上产生紧张和焦虑,从而促使他的认识结构向平衡和谐的方向转化。

3) 社会知觉对人的安全行为的影响

社会知觉是个人在一定社会环境中对他人和团体的知觉。一个人在组织中是社会环境的一分子,在这个环境中,人的情绪与心境无不受本身社会知觉的制约。如果人能正确地理解环境和客观实际,有正确的社会知觉,就会有积极、热爱、友好、自信的感情,将充分的精力用于自己的本职工作;反之,则会产生消极行为。

为了减少个人对社会环境的知觉偏差,要注意克服以下几种因素的影响:

(1) 第一印象的作用。初次接触时留下的印象的好坏往往影响人们对其以后一系列行为的解释。

(2) 优先效应。先出现的信息抑制后出现的信息,对人的总印象的形成具有较大的影响。

(3) 晕轮效应。由于知觉对象的某些突出的品质和特征像光环一样,使观察者忽略其他品质,以点带面地对其做出判断。

(4) 近因效应。最后出现的信息抑制住前面出现的信息,对总印象的形成具有较大较强的影响。

(5) 投射效应。以个人感情及主观看法歪曲客观实在,即"以己度人"。

4) 视错觉与安全

视错觉就是当人观察外界物体时,受物体周围陪衬物或经验的影响所产生的错误知觉。在机器设备的工程设计中,为了使设计获得预期的效果,通常要考虑视错觉的影响,有时要加以利用,有时要注意避免。然而,人在生产过程中产生的视错觉常常是不安全行为的起因。

人的视错觉现象多种多样,常见的有以下几种:

(1) 几何图形错觉。相同的几何图形在不同的背景衬托下被认为是不同的。在生产劳动中,一个正方形的零件容易被看作一个长方形(高比宽尺寸大)。同样大小的零件在周围是小零件时就显得大,周围是大零件时就显得小。同样大小的设备,出现远看小、近看大、俯视低、仰视高的错觉。

(2) 大小质量的错觉。对两个质量相同、大小不一的物体进行知觉时,会产生一种小物体比大物体重的知觉。

(3) 空间定位的错觉。由于视觉和平衡觉不协调产生的一种搞错空间位置和方向的错觉。人在高空作业时,习惯用地面的姿势辨别空间位置,容易产生空间定位的错觉而导致高空失去平衡而坠落的事故。

(4) 颜色方面的错觉。颜色产生的错觉指由颜色引起的不正确知觉。颜色质量错觉:同样的物体,人们感到涂上深色会比浅色重。颜色空间错觉:同样大的空间,四周涂上浅色比深色显得宽。颜色温度错觉:同样温度的工作场所,冷色给人以凉爽的感觉,暖色给人以温暖的感觉。颜色声音错觉:在同样噪声环境中,蓝色和绿色使人觉得安静一些。

视错觉产生的原因与人的生理、心理有密切关系,它出自视觉器官,产生于知觉。知觉包含着人的知识和经验,同时知觉还和感知物体时的环境条件有关。当我们观察物体时,一边用眼睛看、一边很快地用大脑分析;有时眼睛还没有看清楚,知觉已经先起作用,由于判断失误,产生了视错觉。因此,视错觉产生的原因是生理和心理共同作用的结果,特别是心理作用的结果。

要求人们完全不发生视错觉是很困难的。但产生视错觉的机会越多,发生事故的概率就越大。要避免或减少事故,首先要排除人的主观臆断,而后才是对视错觉进行克服和纠正。丰富的生产经验和敏锐的观察力是非常重要的,工作时的良好心境、平稳的情绪以及安全、舒适的工作环境是避免不安全行为的基本条件。

2.1.2.3 物和环境状况对人的安全行为的影响

安全科学认为,人、机(物)、环境是构成事故的基本要素。在这3种要素中,无论是从防护意义还是保护意义上来说,人都处于中心位置。安全与否与人的行为有极大的关系。但是,人的行为又受工作环境、机(物)的状况的影响。工作环境太差会刺激人的心理,影响人的情绪,甚至打乱人的正常行动。机(物)的运行失常或布置不当,会影响人的识别和操作,造成混乱和差错,同样会打乱人的正常行动。具体模式如下:

工作环境差 ——→ 刺激人的心理

机(物)设置不当 ——→ 影响人的操作 ——→ 扰乱人的正常行动 ——→ 产生不安全行为

反之,工作环境好,能调节人的心理。也就是说,人的心情舒畅能够激发人的欢快情绪,有助于人的行动。物设置恰当、运行正常,这有助于人的控制和操作。

综上所述,工作环境差(尘、毒、声、光、色、温、湿等)会使人不舒适、易疲劳、注意力分散,人的正常能力也会受到影响,从而易造成行为失误或差错。机(物)的缺陷会影响人—机(物)信息交流,使得人的操作协调性变差,工作不顺心,从而使人产生急躁、厌烦等不良情绪,容易导致不安全行为。

要保障人的安全行为,必须创造良好的工作环境,保证机(物)的状况良好、合理,使人、机(物)、环境更加和谐。

2.1.2.4 不安全行为的心理分析

1) 认知错误导致的不安全行为

在认知心理学中,认知是指个体对于社会的和物质环境的最简单、最初的理解。人类行为的产生,首先依赖于个体对外在环境的看法,这个看法就是透过认知作用而产生的。例如,人们对"电"的最初的认知,一般认为高压供电线路危险,低压供电线路比较安全。从制度上来看,从事高压电气作业有着严格的规章制度,如工作票制度、工作许可制度、工作监护制度以及工作间断、终结、恢复送电制度等。这一切又加深了人们对"电"的进一步认识:电压等级太高,万一有闪失,后果不堪设想。因此,在高压供电线路作业中,有意识的不安全行为比较少。但是,在低压供电线路中,带电接个线、搭个火、换个灯泡,稍有一点用电常识的人也能应付,这一类行为在人们的心目中似乎很正常。究其原因,主要是人们的错误认知在作祟。在人们的潜意识中,"电压等级不高,只要小心一点,不会有问题的"。这种思维定式似乎已成惯性,安全管理人员常常也不将这些行为视为违章,唯有事故发生之后才会在事故调查报告的字里行间谈到当事人具有这类不安全行为。

2）侥幸心理导致的不安全行为

从统计的角度来看,大多数事故是不安全行为引发的。但从微观上看,并不是每一次不安全行为都会导致事故,导致事故的不安全行为仅仅是作业者多次同类行为中的一次。用违章者的话说,"这一次我倒霉"。为什么这一次他就倒霉了呢?轨迹交叉理论认为,人的不安全行为与物的不安全状态是事故致因过程中的两个发展系列,这两个系列发展轨迹的交叉点就是事故发生的时空坐标。也就是说,事故并不是一个孤立的事件,人的不安全行为可以看作一个"触媒",如果此时正巧"物"存在不安全状态或危险性,则人、物轨迹异常接触,事故便会发生。如果每一次不安全行为都会导致事故,相信不会有多少人会去冒这个风险。在正常情况下,由于设备的可靠性比较高,这种人、机(物)轨迹交叉的概率比较低。正因为这一点,使得作业者产生"视小概率事件为零"的侥幸心理,同时这正是作业人员敢于做出不安全行为的心理基础。

3）省能心理导致的不安全行为

心理学研究认为,人的行为规律一般是:客观事物的刺激引发需要,需要产生动机,动机支配行为,行为指向目标。当有多个需要并存时,往往是强度最大的需要具有优势动机,形成行动的驱动力。从主观上讲,没有人希望事故降临到自己身上。但在客观现实中,通常存在更具诱惑力的刺激,引发人们对其更强烈的需要,并因此取代了安全需要的优势地位。例如,排除潜水泵抽水不畅的操作程序应该是:拉闸停泵→下水处理故障→上岸合闸→察看效果。如果当事人的安全需要处于优势地位,他便会遵章守纪,按正确的操作程序行事。但客观情况是,配电箱一般离潜水泵有一段距离,当作业人员单独作业时,按正确程序操作得来回跑,如果合闸之后潜水泵依然抽水不力,还得再重新操作一次,这的确很麻烦。当作业人员嫌麻烦、想省事的心理(省能心理)占上风时,安全需要便降到了劣势地位,作业人员极有可能采取一个不安全的行为——直接下水排除故障。其后果取决于机(物)的状态,如果设备没有隐患,则行为达成目标——既省力又省时;如果水泵供电线路存在漏电现象,则可能造成触电事故。

4）逆反心理导致的不安全行为

逆反心理是指人们彼此之间为了维护自尊而对对方的要求采取相反的态度和言行的一种心理状态。逆反心理产生的原因主要有3种:好奇心、对立情绪和心理上的需要。逆反心理在实践中常会化作对危险或未知区域的探索欲、对规章制度的抵制欲以及违背常理的表现欲,其结果往往是导致不安全行为。

5）凑兴心理导致的不安全行为

凑兴心理是人在社会群体生活中产生的一种人际关系的心理反应。人们可以从凑兴中获得满足和温暖,从凑兴中给予同伴友爱和力量,通过凑兴行为发泄剩余精力,这是凑兴心理的积极作用。但是,如果凑兴心理失去了节制,则通常会导致不安全行为,如作业过程中乱开玩笑、互相打闹,甚至互相比赛做一些危险动作等。

2.1.3 人的行为激励理论

2.1.3.1 激励过程

人的积极性以需要为基础,由人的动机所推动。需要是人在生活中感到某种欠缺而力求获得满足的一种内心状态。当一个人产生某种欲望(需要)时,心理上就产生某种不安和紧张状态,从而产生一种内在的驱动力——动机。动机是推动人们进行活动的原动力,是引起人们活动的直接原因。也就是说，需要引发动机，动机导致行为，行为指向目标。

对人的行为进行激励就是利用外部因素刺激和诱导人的内在需要，激发人的动机，唤起人的积极行为，以满足人的需要的过程，如图 2.4 所示。

新的需要
激励状态解除
达到目标
需要
动机
行为
积极态度
遭受挫折
消极态度
失败
放弃目标
转移目标
新的需要

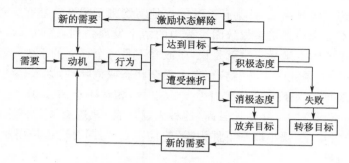

图 2.4　人的激励过程

图 2.4 说明，需要是激励的起点，它引起个人内心的激奋，导致个人积极谋求满足需要的某种行为，从而缓和激奋心理。目标一旦达到，需要得到满足，激励过程也就完成。这时另一种需要就会强烈起来，于是行为发生新的变化，指向下一个奋斗目标。由图中还可以知道，并不是所有的目标都能达到，当人的行为受挫时，就有可能达不到目标，甚至于不得不放弃目标或改变目标的方向。

管理者如果要影响一个人的行为，就必须先估计什么样的目标对其才最有价值和意义。目标越适合其需要结构，他所受到的激励越强烈，其行为就越积极。因此，激励的一般程序是：

(1) 了解需要。具体包括需要的强度、结果，满足需要的方法等。

(2) 情况分析。对影响个人行为的周围环境进行分析，以期改进环境或引导其适应环境。

(3) 利益兼顾。兼顾组织、团体和个人的利益。

(4) 目标协调。在达到组织目标的同时，满足个人的需要。

2.1.3.2　*激励理论*

1) 需要层次理论

美国行为科学家马斯洛(A. Maslow)认为，要了解人的态度和情绪，就必须了解其基本需要。他将人的种种需要按其重要性和发生的顺序划分为 5 个层次，这就是需要层次理论，如图 2.5 所示。

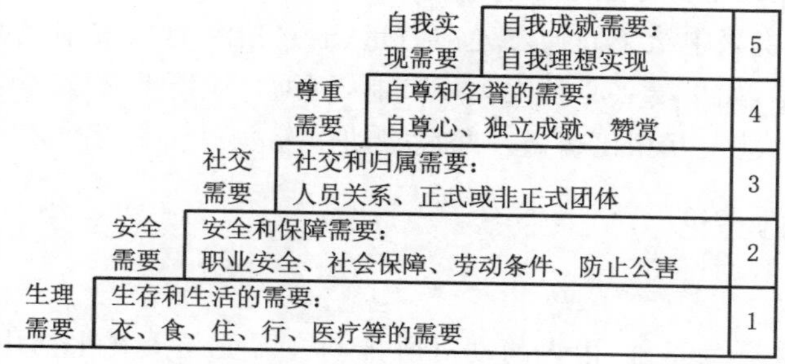

自我实现需要
自我成就需要：
自我理想实现
5
尊重需要
自尊和名誉的需要：
自尊心、独立成就、赞赏
4
社交需要
社交和归属需要：
人员关系、正式或非正式团体
3
安全需要
安全和保障需要：
职业安全、社会保障、劳动条件、防止公害
2
生理需要
生存和生活的需要：
衣、食、住、行、医疗等的需要
1

图 2.5　需求层次

马斯洛认为,这5种需要只能按图示次序依次满足,只有当较低层次的需要得到满足后,才有可能产生较高层次的需要。因此,需要的层次是在不断变化的。他的基本论点是:人是有需要的动物,其需要取决于他已经得到的东西;只有尚未满足的需要才能影响行为;一种需要得到相对满足之后,一般不再是激励因素。但是,高级需要有所不同,如自我实现的需要,越是得到满足,人们就越具有从事这种工作的热情。

2) 双因素理论

双因素理论称为"激励因素-保健因素"理论,是美国心理学家赫茨伯格(F. Herzberg)提出的。该理论认为,激励因素是内部激因,与工作本身、工作成效、工作责任感有直接关系,这些因素的存在,能构成很大程度的激励和对工作的满足感;保健因素是外部激因,与工作环境、工作关系方面的因素有关,这些因素具备时,只能平息不满,不具有激励作用。犹如卫生保健对人体的作用一样,有预防疾病的效果,但并不能保证人体强壮。

双因素理论实际上是将马斯洛的需要层次一分为二,低级的属于保健因素,高级的属于激励因素。值得注意的是,需要层次论只研究了需要的结构,而双因素理论揭示了人的需要与行为的关系,具有一定的科学性。该理论启发我们,要调动人的积极性,不仅要注意保健因素,消除职工的不满情绪,更重要的是要利用激励因素去激发人的工作热情。需要注意的是,何为保健因素,何为激励因素,应根据国情及实际生活水平而定,不能机械照搬。即使是同一因素,对于不同的对象也可能产生不同的作用。

3) 期望值理论

该理论认为,存在3种相互独立的影响个人有效工作的激励因素:一是由工作努力(effort)到工作绩效(performance)的期望($E \rightarrow P$);二是由工作绩效(performance)到工作结果(outcome)的期望($P \rightarrow O$);三是结果的效价(valence of outcomes)。如果一个人认为自己通过努力工作可以获得很好的绩效时,这个人就会有很强的"努力(E)→绩效(P)"期望,高水平的"$E \rightarrow P$"期望必然导致高水平的工作激励,且唯有此时其他的激励因素才会起作用。如果"$E \rightarrow P$"期望是高的,那么与较好的绩效相联系的结果就决定了一个人的激励程度。这时要获得高的激励效果,有两点是必不可少的:一是"绩效(P)→结果(O)"期望一定要高;二是对预期所获得的结果的效价一定要高,即结果要符合激励对象的需要。

在上述激励过程中,工作绩效是组织目标,符合需要的结果是个人目标,只有当组织目标是通过努力可实现的,且组织目标与个人目标之间存在因果关系时,才能产生激励作用。

4) 成就激励理论

该理论认为,人在生理需要基本上得到满足的前提下,还有3种激励需要:权力需要、友谊需要和成就需要。不同的人对这3种需要的排列层次和程度不同。具有较高权力欲的人对施加影响和控制表现出极大的关切,他们希望得到领导者的职位。喜好社交的人通常从友谊中得到快乐,愿意与他人保持友善关系。具有高成就需要的人,对事业的成败关心强烈,喜欢接受挑战性的工作,敢冒一定风险,注重成就的激励作用。具有高成就需要的人对企业对国家有重要作用。一个企业的成败,乃至一个国家的兴衰,都与其所拥有高成就需要的人数多寡有关。高成就需要的人可以通过教育和培训来造就。

5) 公平理论

公平理论认为,一个人的工作动机,不仅受到所得绝对报酬的影响,而且受到相对报酬的影响。当一个人察觉到他投入工作的努力程度与所得报酬之比,与其他人的投入对结果之比大致相当时,就认为是公平的,否则就是不公平的。这种比较是从社会中得来的。因此,公平就能激励人,使人心情舒畅地积极工作,不公平就会使人愤愤不平,影响人的情绪。

这一理论告诉我们,人们是否受到激励,不仅会由他们得到什么报酬而定,更主要的是他看到别人或以别人所得报酬与自己所得报酬是否公平而定,这是一种普遍的心理现象。因此,应重视"比较存在"的意义和作用,不仅要实行按劳付酬的原则,还要考虑同类活动及周围环境的状况,尽量采取多种措施缩小和消除不公平现象,以调动人的积极性。

6)强化理论

美国心理学家斯金纳(B. F. Skinner)认为,无论是人还是动物,为了达到某种目的,都会采取一定的行为。这种行为将作用于环境,当行为的结果对他有利时,这种行为会重复出现;当行为的结果对他不利时,这种行为就会减弱或消灭。这就是环境对行为强化的结果,其基本原则是:正强化使行为重复发生,负强化使行为减少发生;欲使某人按某种特定的方式做某事时,激励比惩罚更有效;反馈是强化的重要形式,要让工作者本人知道自己工作的成绩如何;奖励应在行为之后尽快提供,明确规定和公布所期望的工作目标;对一个不断接近目标的人,应当不断地给予激励。

强化理论为人们在管理上提供了 3 个策略,即加强正强化、加强负强化和惩罚。这 3 个策略可以单独使用,也可以结合起来使用,原则上管理者应尽可能地避免使用惩罚手段。

2.2 系 统 原 理

2.2.1 系统原理的含义

系统原理是现代管理科学中的一个最基本的原理。它是指人们在从事管理工作时,运用系统的观点、理论和方法对管理活动进行充分的分析,以达到管理的优化目标,即从系统论的角度来认识和处理管理中出现的问题。

所谓系统,就是由相互作用和相互依赖的若干部分结合而成的,具有某种特定功能的,并处于一定环境中的有机整体。

任何管理对象都可以被认为是一个系统,它包含若干个子系统,同时本身又从属于一个更大的系统,并且和外界的其他系统发生各种横向的联系。

为了保证系统的有效性,在建立和保持系统的过程中必须严格、准确地把握系统的基本属性,有以下 6 个方面:

(1)集合性。系统必定由两个或两个以上可以相互区别的要素所组成。集合性表明,在分析研究系统时,首先要明确它的构成。集合性是系统最基本的属性。安全管理系统作为一类特殊管理系统,其构成包括各级专兼职安全管理人员、安全防护设施设备、安全管理与事故信息以及安全管理的规章制度、安全操作规程等。明确安全管理系统的构成,是一切安全管理活动得以开展的基础。

(2)相关性。构成系统的各要素之间、要素与系统整体之间,存在相互联系、相互制约的关系,孤立的要素是不存在的。只有理清了系统各构成要素之间、要素与整体之间的相互关系,才能保证系统的高效运行。这就要求安全管理系统的构成要素必须做到彼此协调、各负其责,否则安全管理必将处于一盘散沙的状态,并最终崩溃。

（3）目的性。任何系统都必须有明确的目的或目标，没有目的就不能称之为系统。安全管理的目的就是为了减少意外耗费（人、物、财），使组织目标得以实现。安全目标相对于组织目标而言，既具有从属性，又具有保障性。所谓从属性，是指安全目标应该是组织目标的一部分；所谓保障性，是指脱离了安全目标，组织任何其他目标的实现都是没有保障的。目的、目标不明确，就会导致管理工作的混乱。

（4）整体性。系统不是各组成部分的简单堆砌，而是具有特定功能的有机整体。这就要求在系统的建立和保持过程中要有全局观念以实现整体最优为目标加以统筹规划。就安全管理而言，安全必须贯穿于组织的各项活动之中，而具体的、局部的安全活动必须以符合组织整体的安全利益为基本准则。

（5）层次性。系统可以划分为若干个子系统，每个子系统都有其特定的功能和目标，服务并服从于上层系统的功能和目标，同时子系统与其上层系统之间又有相对的独立性。对于管理系统而言，保证系统的层次清晰尤为重要。

（6）适应性。系统一定要适应外部环境的变化，否则无法生存。系统总是处在一定的环境之中，并且与环境之间存在着物质、能量、信息等的交流和相互作用。环境必然是发展变化的，并且不以系统本身的意志为转移，系统必须适应环境的变化。在研究系统时，必须对环境的变化加以关注，并重视环境对系统的作用。

2.2.2 系统原理的基本原则

1）整分合原则

现代高效的管理必须在整体规划下明确分工，在分工基础上有效综合，这就是整分合原则。整体规划就是在对系统进行深入、全面分析的基础上，把握系统的全貌及其运动规律，确定整体目标，编制规划与计划及各种具体规范。明确分工就是确定系统的构成，明确各个局部的功能，将整体的目标分解，确定各个局部的目标以及相应的责、权、利，使各局部都明确自己在整体中的地位和作用，从而为实现最佳的整体效应最大限度地发挥作用。有效综合就是对各个局部必须进行强有力的组织管理，在各纵向分工之间建立起紧密的横向联系，使各个局部协调配合，综合平衡地发展，从而保证最佳整体效应的圆满实现。

整分合原则在安全管理中具有重要的意义。整，即组织最高管理者在制定整体目标、进行宏观决策时，必须将安全纳入其中，并作为整体规划的一项重要内容加以考虑；分，即安全管理必须做到明确分工、层层落实，要建立健全安全组织体系和安全生产责任制度，使每个人员都明确目标和责任；合，即要强化安全管理部门的职能，树立其权威，以保证强有力的协调控制，实现有效综合。

2）反馈原则

反馈是控制论和系统论的基本概念之一，是指被控制过程对控制机构的反作用。反馈大量存在于各种系统之中，也是管理中的一种普遍现象，是管理系统达到预期目标的主要条件。反馈原则是指：成功的、高效的管理离不开灵敏、准确、迅速的反馈。

管理是一项系统工程，其内部条件和外部环境都在不断变化。因此，管理系统要实现目标，必须根据反馈及时了解这些变化，从而调整系统的状态，保证目标的实现。

管理反馈是以信息流动为基础的，及时、准确的反馈所依靠的是完善的管理信息系统。有效的安全管理应该能够及时捕捉、反馈各种安全信息，并及时采取行动，消除或控制不安全因素，使系统保持安全状态，达到安全生产的目标。安全检查与考核、事故调查和统计分析等都是反馈原则在安全管理中的应用。随着计算机和网络技术的发展,在现代安全管理信息系统的建设中,我国应注重发挥计算机和网络技术的优势,为安全管理提供更加实时、高效的信息交流与反馈渠道。

3) 封闭原则

任何一个系统的管理手段、管理过程等都必须构成一个封闭的回路,这样才能形成有效的管理活动,这就是封闭原则。所谓封闭,是指各管理机构之间、各种管理制度和方法之间必须有互相制约的机制。这种制约机制不仅表现为各管理职能部门之间的制约、上级对下级的制约,上级本身也应受到相应的制约。

应用封闭原则时,要注意以下三点:

第一,管理的组织结构体系必须是封闭的。坚持封闭原则,就是要建立健全各种管理机构并使之各司其职、相互制约。对于安全管理来说,组织的最高管理层构成决策指挥中心,负责全面的安全管理决策,如果指挥中心未将安全工作放在首位或制定了错误的安全决策,则组织的安全管理工作不可能搞好;生产、经营、技术等部门为执行机构,按照指挥中心的决策分别承担安全责任;安技部门则是监督和反馈机构,它的职能是对执行机构的活动实行监督控制,处理安全信息,并向决策指挥中心和执行机构进行安全信息反馈。

第二,管理的法规体系必须是封闭的。企业要完善安全管理的各项规章制度,建立各种岗位的安全生产责任制,特别要按照封闭原则,针对决策指挥、执行、监督、反馈等各环节制定规章制度,构成一个封闭的法规网。这样,在企业安全管理的各项活动中就有法可依、有章可循,各方面形成良好的相互制约作用,保证实现有效的安全管理。

第三,把握封闭的相对性。从空间来看,封闭系统不是孤立系统,它与环境之间存在着输入-输出的关系,有着物质、能量、资金、人员、信息等的交换;从时间上看,事物是不断发展的,依靠预测做出的决策不可能完全符合未来的发展。因此,必须根据事物发展的客观需要,不断以新的封闭代替旧的封闭,以求得动态的发展。

4) 动态相关性原则

构成系统的各个要素是运动和发展的,并且是相互关联,它们之间既相互联系又相互制约,这就是动态相关性原则。任何管理系统的正常运转,不仅要受到系统本身条件的限制和制约,还要受到其他有关系统的影响和制约,并随着时间、地点以及人们努力程度的不同而发生变化。管理系统内部各部分的动态相关性是管理系统向前发展的根本原因。所以,要提高安全管理的效果,必须掌握管理对象各要素之间的动态相关特征,充分利用相关因素的作用。

对安全管理来说,动态相关性原则的应用可以从两个方面考虑:一方面,事故的发生就是系统的构成要素——人和物的相互作用而引起。如果人和物都是静止的、无关的,则人的行为轨迹和物的发展轨迹就不可能发生交叉,事故的发生就无从谈起,安全管理也就丧失了针对性。另一方面,管理是一个协调过程,而之所以要进行协调就是因为构成系统的各要素之间、系统与外界之间总是存在着千丝万缕的联系——相关性,且这种相关性是处于动态变化之中的。因此,要搞好安全管理,就必须掌握与安全有关的所有对象要素之间的动态相关特征,并充分利用相关因素的作用。例如,掌握人与设备之间、人与作业环境之间、人与人之间、资金与设施设备改造之间、安全信息与使用者之间等的动态相关性,对实现有效的安全管理是非常重要的。

2.3 人本原理

2.3.1 人本原理的含义

所谓人本原理,就是在管理活动中必须将人的因素放在首位,体现以人为本的指导思想。以人为本有两层含义:一是一切管理活动都是以人为中心展开的,人既是管理的主体,又是管理的客体,每个人都处在一定的管理层次上。离开人,就无所谓管理。二是管理活动中,作为管理对象的诸要素(资金、物质、时间、信息等)和管理系统的诸环节(组织机构、规章制度等),都是需要人去掌管、运作、推动和实施的。因此,管理活动应该根据人的思想和行为规律,运用各种激励手段,充分发挥人的积极性和创造性,挖掘人的内在潜力。

要搞好安全管理,减少工伤事故和职业病的发生,最主要的目的就是要保护人的安全与健康,这也是人本原理的直接体现。

2.3.2 人本原理的基本原则

1) 动力原则

推动管理活动的基本力量是人,管理必须有能够激发人的工作能力的动力,这就是动力原则。动力的产生可以来自物质、精神和信息,相应地就有 3 类基本动力:一是物质动力,即以适当的物质利益刺激人的行为动机,达到激发人的积极性的目的。二是精神动力,即运用理想、信念、鼓励等精神力量刺激人的行为动机,达到激发人的积极性的目的。三是信息动力,即通过信息的获取与交流使人产生奋起直追或领先他人的行为动机,达到激发人的积极性的目的。

动力原则运用得当,就能够使管理活动持续而有效地进行下去;动力原则得不到正确的应用,不仅会使管理效能降低,而且会起到负面作用。首先,要注意综合协调地运用3 种动力,不要孤立地使用某一种动力;其次,要正确认识和处理个体动力与集体动力的辩证关系,集体的前进是管理的根本,在此前提下使个体充分地自由发展;第三,要处理好暂时动力和持久动力之间的关系;第四,要掌握好各种刺激量的阈值,避免出现物极必反的结果。

2) 能级原则

能级的概念来自于物理学,是指原子中的电子分别具有一定的能量,并按能量大小分布在相应的轨道上绕原子核运转。这些轨道所对应的能量数值是不连续并按大小分级排列的,称为能级。现代管理引入这一概念,认为组织中的单位和个人都具有一定的能量,并且可按能量大小的顺序排列,形成现代管理中的能级。能级原则是指,在管理系统中建立一套合理的能级,即根据各单位和个人能量的大小安排其地位和任务,只有做到才职相称,才能发挥不同能级的能量,保证结构的稳定性和管理的有效性。

管理能级不是人为的假设,而是客观的存在。在运用能级原则时,应该做到以下 3 点:

(1) 能级的确定必须保证管理系统具有稳定性。稳定的管理能级结构一般分为 4 个层次,即决策层、管理层、执行层、操作层。4 个层次能级不同,使命各异,必须划分清楚,不可混淆。

(2) 人才的配备使用必须与能级对应。不同的能级层次对人才有不同的需求,只有对人才加以合理配备、把每个人都安排在适当的能级层次上,才能使人在各自的岗位上大显身手。

（3）对不同的能级授予不同的权力和责任，给予不同的激励，使其责、权、利与能级相符。

3）激励原则

以科学的手段，激发人的内在潜力，使其充分发挥出积极性、主动性和创造性，这就是激励原则。

管理者运用激励原则时，要采用符合人的心理活动和行为活动规律的各种有效的激励措施和手段。人的积极性发挥的动力主要来自以下3个方面：一是内在动力，指的是人自身的奋斗精神；二是外在压力，指的是外部施加于人的某种力量，如加薪、降级、表扬、批评、信息等；三是吸引力，指的是那些能够使人产生兴趣和爱好的某种力量。这3种动力是相互联系的，管理者要善于体察和引导，要因人而异、科学合理地采取各种激励方法和激励强度，从而最大限度地发挥出人的内在潜力。

2.4 弹性原理

2.4.1 弹性原理的含义

管理是在组织外部环境和内部条件千变万化的形势下进行的，管理必须要有很强的适应性和灵活性，实行有效的动态管理，这就是弹性原理。

组织的外部环境十分复杂，既有国家的方针、政策、法规等因素，又有国内外的政治、军事、经济变化等因素，还有竞争对手的因素。这些因素都是组织自身难以控制的，组织根据以往信息所做出的分析预测总会与当前的实际有差异。因此，应该摒弃僵化管理，实行弹性管理。

组织的内部条件相对来说是可控的，但可控的程度是有限度的。内部条件既要受到组织资源的限制，又要受到外部环境的影响，其自身也存在许多捉摸不定、难以完全预知的情况：尤其是人这一因素，作为有思维活动、有自由意志的生命，更是变化不定。管理若对此重视不足，只是从理想状态出发，不留任何余地，则往往会处于十分被动的境地。

就安全管理而言，更需要凡事从最坏处着想，往最好处努力，三思而后行，留有余地。由于事故的致因往往非常复杂，时至今日许多事故的机理仍然没有搞清楚。这就要求我们在制定安全规范时要充分考虑不确定性因素的影响，不能过于绝对；在制定或采取安全措施时要留足必要的安全系数，不能过于自信；在拟定安全目标时要保持适当的灵活性，不能过于贪功；在进行目标考核时要对照实际情况与预想情况加以科学分析，不能过于僵化。

2.4.2 弹性原理应用的要点

弹性原理是一条对管理工作普遍适用的基本原理，只要运用得当，管理效果会因此而得到较大的提高。在将弹性原理应用于管理实践时，必须注意以下几点：

第一，要正确处理整体弹性与局部弹性的关系。整体弹性是指系统整体的可塑性或适应能力；局部弹性是指系统在一系列具体管理环境上的可塑性或适应能力。局部弹性是整体弹性的来源，为保证整体弹性适当，就必须在关键环节上保持足够且必要的局部弹性。

第二，要科学划分积极弹性和消极弹性的界限。积极弹性就是在科学分析可能面对的有利因素和不利因素的基础上，在积极争取最佳绩效的前提下保留适当的余地，有备无患。

消极弹性就是片面强调甚至夸大可能面对的不利因素，消极对待绩效管理，留出过大的余地，保守畏缩。如不能科学地划分积极弹性和消极弹性的界限，弹性原理不仅将丧失其指导意义，还将成为消极落后者的借口。

第三，要保持弹性张力的一致性。管理的弹性不能无限制地随意伸缩张弛。那种管理思想、组织、方法、制度变换不停，要求时松时紧，张弛无度的管理是注定要失败的。

2.5　安全风险原理

风险是危害性事件的后果及其发生概率的结合。一切安全工作的目的，归根结底就是降低或控制安全风险。所谓风险原理，是指要实现有效的风险控制，就必须针对危害性事件的后果及其发生概率采取综合性的控制措施。

风险水平与危害后果的严重程度及其发生概率之间的关系如图 2.6 所示。

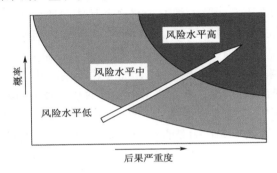

图 2.6　风险水平示意图

由图 2.6 可以看出，要降低系统的风险水平，可以采取两种方法：一是降低危害性事件发生概率；二是降低危害性后果的严重程度。前者要求采取预防性措施，后者则要求采取保护性或应急性措施。而无论是预防性措施、保护性措施还是应急性措施都需要从工程技术（engineering）、教育（education）和制度约束（enforcement）等方面加以综合考虑。相应地，就形成了风险原理的 3 个基本原则，即预防性原则、后果控制原则和"3E"原则。

2.5.1　预防性原则

预防性原则就是坚持预防为主的方针，通过有效的管理和技术手段，尽可能地减少人的不安全行为和物的不安全状态，从而降低危害性事件或事故的发生概率。

预防的本质是在有可能发生意外伤害的场合，在事前采取主动的、积极的措施，防止伤害的发生。这是安全管理应该采取的主要方法。

安全管理应以预防为主，其基本出发点源于"事故是可预防的"这一安全科学的基本原理。除了因不可抗力所导致的自然灾害以外，人类活动过程中所发生的各类事故，总是和人类活动本身具有直接的或间接的因果关系。人作为有思想、有意识的高智能生物，应该有能力探索事故的原因，控制自己的行为，采取有效的对策预防事故的发生。

"事故是可预防的"不等于在实践中可以绝对地消除事故。以生产事故为例，由于生产系统的复杂性，事故的发生既有物的方面的原因又有人的方面的原因，很难在事先做出全面的估计。为了使预防工作真正起到作用，一是要重视经验的积累，对既有事故和大量的未遂事故(险肇事故)进行统计分析,从中发现规律,做到有的放矢;二是要采用科学的安全分析、评价技术,对生产中人和物的不安全因素及其后果做出准确的判断,从而采取有效的事故预防对策。在运用预防性原则时,要特别注意事故损失的偶然性和事故的因果性。

1)事故损失的偶然性

事故所产生的后果(如人员伤亡、健康损害、物质损失等)及其大小,都具有随机性。反复发生的同类事故,并不一定产生相同的后果,这就是事故损失的偶然性。

海因里希统计了 55 万余次工人被伐木后残留的树桩绊倒或几乎绊倒的事故,从中发现:差不多在每 330 次因树桩引起的跌倒事故中,1 次是骨折性重伤,29 次轻伤,300 次无伤害。这就是所谓的海因里希法则或 1:29:300 法则的来源。值得注意的是,其中的一次重伤是何时发生的,是第 1 次跌倒就发生还是在第 330 次跌倒才发生,这是一个典型的由偶然因素所支配的随机问题。事实上,如果将海因里希所统计的 55 万余次事故按发生的先后次序排列起来,则任意相邻的 330 次事故中未必一定会有重伤事故,即使有也未必只有 1 次。海因里希法则的重要意义不在于"1:29:300"这个具体的数值比例关系,而在于它为事故损失的偶然性提供了直接证据,揭示了"与轻微伤害或无伤害后果相比,严重伤害后果的发生概率总是小得多"这一事故损失的客观规律。该法则也告诫人们,严重事故与轻微事故甚至无伤害事故(也叫作未遂事故或险肇事故)之间存在着某种内在的联系,如果对轻微事故或无伤害事故采取放任的态度,那么严重事故的预防将无从谈起,因为我们无法在事前得知哪一次事故是严重的,哪一次又是轻微的或无伤害的。因此,从预防事故的角度来讲,绝对不能以事故是否造成伤害或损失作为是否应当预防的依据。明智的方法是对所有的事故,即造成伤害或损失的事故以及无伤害事故,一视同仁地辨识危险源,分析事故原因,采取切合实际的预防对策。

2)事故的因果性

事故是许多互为因果的因素连续发生的最终结果。一个因素是前一因素的结果,而又是后一因素的原因,环环相扣,导致事故的发生。事故的因果关系决定了事故发生的必然性,即事故致因与事故之间的因果关系的存在决定了事故或迟或早必然要发生。掌握事故的因果特性,砍断事故因果链条,就可以消除事故发生的必然性。

事故的必然性中包含着规律性,这种规律性就是事故致因与事故之间确定的因果关系。这种因果关系是客观的,是不以人的意志为转移的,同时也是能够被人所认识和利用的。深入调查、了解事故因素的因果关系,就可以发现事故发生的客观规律,从而为防止事故发生提供依据。

应用数理统计方法,收集尽可能多的事故案例进行统计分析,可以从总体上找出事故的规律性。大量的统计结果表明,事故及事故损失的发生经常呈现出这样一种规律,即一小部分的原因导致了大部分的事故;一小部分的事故导致了大部分的损失。这一规律被形象地称为"80/20 法则"。与"1:29:300"一样,"80/20"这个比例关系同样也不具有精确的数学意义,它实质上是主要矛盾与次要矛盾的辩证关系在安全实践中的具体反映。

安全管理必须要善于抓住主要矛盾。而事故预防工作的主要矛盾就是导致大部分损失尤其是人身伤亡的那一类或有限多类事故,以及导致大部分事故的那一类或有限多类原因。特别要注意的是,这里所强调的"类"是依据事故的因果特性来划定的。实际发生的多起同类事故,它们都具有相同或类似的因果特性,但它们的损失后果却可能大相径庭,这是由事故损失的偶然性所决定的。抓主要矛盾,根据事故的因果性确定事故预防的工作重点,应从事故致因和事故之间的确定性因果关系出发,而不能陷入事故和事故损失之间的随机性因果关系之中。

2.5.2 后果控制原则

不仅事故损失具有随机性,事故本身也是具有随机性的。当前,人们还是无法准确预测何时、何地会发生何种事故以及会造成何种后果。因此事故风险的控制,一要靠预防,降低事故的发生概率;二要靠后果控制,一旦事故发生可以减少事故损失。所谓后果控制原则,就是在有效预防的前提下,针对可能发生事故的地点及可能受事故侵害的部位(包括人和物),采取保护性措施、制订应急预案并做必要的准备,以便在发生事故时,能够减轻事故的侵害程度,并及时实施应急响应和救援,进一步减少事故损失、避免事故扩大。

保护性措施和应急性措施都是为了减少事故后果的严重程度,二者之间有着紧密的联系。如果以事故或事故征兆发生作为时间节点,保护性措施可分为事前保护性措施和事后保护性措施。而根据保护性措施实施的时间特性,保护性措施可以划分为日常保护性措施和应急保护性措施。例如,建筑工人进入工地时要佩戴安全帽,这就是一种事前保护性措施,也是日常保护性措施;发生毒气泄漏后,在毒气可能侵入区域内的工作人员要佩戴防毒面具,则是一种事后保护性措施,也是应急保护性措施。事后保护性措施或应急保护性措施,就是保护性措施与应急性措施的交集。

2.5.3 "3E"原则

海因里希把人的不安全行为和物的不安全状态的主要原因归结为 4 个方面的问题:

(1) 不正确的态度,如个别人忽视安全,甚至故意采取不安全行为。

(2) 技术知识不足,如缺乏安全知识,缺少经验或操作技术不熟练,缺乏安全操作规程或操作规程不合适。

(3) 生理状态或健康状态不佳,如身体不适、疾病,听力、视力不良,醉酒或其他生理机能障碍。

(4) 工作环境及作业条件不良,如工作场所照明、湿度温度或通风不良,强烈的噪声、振动,物料堆放杂乱,作业空间狭小,设备、工具缺陷等。

针对这 4 个方面的问题,海因里希提出了工程技术方面的改进、说服教育、人事调整和惩戒 4 种对策。

这 4 种安全对策后来被归纳为"3E"原则。

事实上,一切有计划的活动都离不开"3E"原则,但在安全领域"3E"原则有其特殊的内涵。

工程技术原则就是通过改进工艺、设置安全防护装置等工程技术手段来消除或控制危险源、抑制物的不安全状态和人的不安全行为,斩断由物的不安全状态和人的不安全行为导致事故的因果链条。

教育原则就是通过各种形式的教育和培训,提高人的安全意识、知识水平和操作技能,从而减少人的不安全行为。

制度约束原则就是通过完善法律法规、安全规程等制度规章,规定生产经营活动的前提条件和人的行为规范,鼓励正确的安全行为,惩戒不安全行为。

在上述 3 项原则中,工程技术原则是最根本的,在解决安全问题时应优先考虑改进工程技术,教育和制度约束必须与特定的工程技术相适应。"3E"原则是安全管理过程中必须遵循的重要原则,安全管理的具体任务往往就表现为结合所面对的安全问题,去协调工程技术、教育和制度约束。

2.6 安全经济原理

2.6.1 安全的经济功能

从经济学的角度来看,安全具有两大基本功能:第一,直接减轻或免除事故或危害性事件给人、社会和自然造成的损伤,实现保护人类财富、减少无益损耗和损失的功能;第二,保障劳动条件和维护经济增值过程,实现其间接为社会增值的功能。

第一种功能称为"拾遗补缺",可利用损失函数 $L(S)$ 来表示:

$$L(S) = L \cdot \exp(l/S) + L_0 \quad (l > 0, L > 0, L_0 < 0) \tag{2.1}$$

第二种功能称为"本质增益",可利用增值函数 $I(S)$ 来表示:

$$I(S) = I \cdot \exp(-i/S) \quad (I > 0, i > 0) \tag{2.2}$$

式中,S 为系统安全度,取值范围为 $0 \sim 100\%$;L、l、I、i、L_0 均为统计常数。

增值函数 $I(S)$ 随安全度 S 的增大而增大,但 $I(S)$ 值是有限的,最大值取决于系统本身功能。损失函数 $L(S)$ 随安全度 S 的增大而减小。当系统无任何安全性($S=0$)时,从理论上讲损失函数趋于无穷大,具体值取决于机会因素;当 S 趋于 100% 时,损失趋于 0,如图 2.7 所示。

无论是"本质增益"(安全创造正效益),还是"拾遗补缺"(安全减少负效益),都表明安全创造了价值。

以上两种基本功能构成了安全的总体经济功能,可用安全功能函数 $F(S)$ 来表达:

$$F(S) = I(S) + [-L(S)] = I(S) - L(S) \tag{2.3}$$

如图 2.8 所示,当安全度趋于零,即系统毫无安全保障时,系统不但毫无利益可言,还将出现趋于无穷大的负利益(损失);当安全度到达 S_L 点,由于正负功能抵消,系统功能为零,因而 S_L 是安全度的基本下限;当 $S > S_L$ 后,系统出现正功能,并随着 S 的增大,功能递增,当 S 值趋

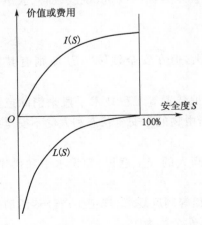

图 2.7 安全损失函数和增值函数

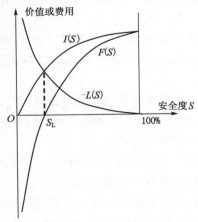

图 2.8 安全功能函数

近100％时,功能增加的速率逐渐降低,并最终趋近系统创值的最高功能水平。安全不能改变系统本身的功能水平,但保障和维护了系统创值功能,从而体现了安全自身价值。

2.6.2 安全效益规律

安全功能函数反映了系统的输出状况。显然,提高系统安全性需要投入(输入),即付出代价或成本。安全性要求越高,需要成本就越大。从理论上讲,要达到100％的安全,所需投入趋于无穷大。由此可推出安全的成本函数$C(S)$:

$$C(S) = C \cdot \exp[c/(1-S)] + C_0 \quad (C>0, c>0, C_0<0) \tag{2.4}$$

安全成本曲线如图2.9所示。可以看出,实现系统的初步安全所需成本是较小的,随S的提高,成本增大,递增率也越来越大。当S趋于100％时,成本趋向无穷大;当S达到接近100％的某一点S_u时,安全的功能与成本相抵消,系统毫无效益。S_L和S_u是安全的经济盈亏点,它们决定了S的理论上下限。

$F(S)$函数与$C(S)$函数之差就是安全效益,可用安全效益函数$E(S)$来表达:

$$E(S) = F(S) - C(S) \tag{2.5}$$

$E(S)$曲线如图2.10所示,在S_0点$E(S)$取得最大值。

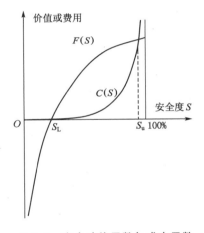

图2.9 安全功能函数与成本函数

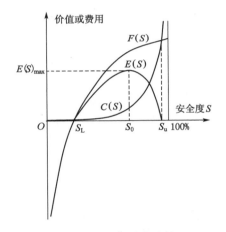

图2.10 安全效益函数

思 考 题

2.1 简述心理现象的结构关系。

2.2 简述心理过程和个性心理特征的内涵。

2.3 简述人的行为"S—O—R"循环模式。

2.4 什么是安全心理与安全行为?

2.5 安全行为的主要特点有哪些?

2.6 简述影响人的安全行为的因素。

2.7 简述挫折的心理学定义。

2.8 简述不安全行为心理分析的要点。

2.9 简述人的激励过程。

2.10 常用的激励理论有哪些？分别简述之。

2.11 简述系统原理的含义及其基本原则。

2.12 简述人本原理的含义及其基本原则。

2.13 简述弹性原理的含义及其应用要点。

2.14 简述安全风险原理及其基本原则。

2.15 简述安全的经济功能及效益规律。

2.16 联系安全的相对性，理解安全经济学原理。

3 安全制度管理

3.1 制度的内涵及其发生模式

"安全生产无小事,安全责任重于泰山。"安全生产问题关系到人民群众的生命财产安全,事关稳定大局。企业抓安全,必须以人为本,明确责任,落实制度,倡导"以人为本、健康至上"的理念,不断提高安全生产管理水平,开创安全生产新局面。安全生产工作,既要有健康完善的管理制度,又要采取行之有效的措施,这样才能真正确保安全生产。

没有规矩不成方圆,没有刚劲有力的法律制度的制约、束缚和规范,是很难管理好企业的。国家制定了《安全生产法》,各行业也制定了一系列的安全生产规章制度,主要目的都是加强安全生产监督管理,防止和减少生产安全事故,保障人民群众生命和财产安全,促进经济发展。

3.1.1 制度的内涵

按《辞海》的解释,制度是指要求组织成员共同遵守的,按一定程序办事的规程。汉语中"制"有节制、限制的意思,"度"有尺度、标准的意思。这两个字结合起来,表明"制度"是节制人们行为的尺度。

制度一般是指要求大家共同遵守的办事规程或行动准则,是在一定历史条件下形成的法令、礼俗等规范或一定的规格。

政治学家认为,制度是人们必须遵守的秩序和规则。从内容上来说,制度的存在取决于它在指导和评价人类在社会活动中所起的实际作用。从形式上来说,制度可分为内在制度和外在制度。内在制度是由人类群体内在经验演化而成的规则,包括各种习惯、习俗、礼貌、道德、意识形态等。外在制度是人们设计出来并强加于组织和成员的规则,它必须由权威机构建立并施行。

社会学家认为,制度现象一直是社会学研究的一个主要内容。一般来说,社会学家对制度的界定包含以下两个方面:一方面,制度是社会公认的比较复杂而有系统的行为规则,是维系团体生活和人类关系的法则和社会行为模式,是在特定的社会活动领域中比较稳定和正式的社会规范体系;另一方面,制度包括正式的、成文的、理性化的形式,还包括风俗、习惯、道德、文化、价值观念等非正式的、不成文的、非系统化理性化的表现形式。

经济学家对制度的定义主要是从损益、资源配置、效率和交易成本的增减出发,同时也比社会学家更加注重实证以及利益的分析。

凡勃伦将制度定义为:一种自然习俗,由于被习惯化和被人广泛接受,这种习俗已经成为一种公理化和必不可少的东西。它在生理学中的对应物,类似于各种习惯性的上瘾。制度实质上就是个人或社会对有关某些关系或某些作用的一般思想习惯;今天的制度,也就是当前公认的某种生活方式。也就是说,制度无非是一种自然习俗,由于习惯化和被人们广泛接受,这种习俗已经成为一种公理化和必不可少的东西。制度必须随着环境变化而变化,是生存竞争和淘汰适应过程的结果。

康芒斯认为,制度是集体行动控制个体行动。集体行动的范围很广泛,从无组织的习俗到有组织的"运营机构",如家庭、公司、工会、联邦储备银行以及政府或国家。一般而言,集体行动在无组织的习惯中比在有组织的团体中还要更普通一些。另外,集体行动常同所谓的"工作规则"密不可分,后者告诉个人能够、应该、必须做(不做)什么。

诺斯认为,制度是个社会的游戏规则。更规范地讲,制度是为人们的相互关系而人为设定的一些制约。制度构成了人们在政治、社会或经济方面发生交换的激励结构,通过向人们提供日常生活的结构来减少不确定性。从实际效果看,制度定义的是社会,特别是经济的激励结构,分为正式规则、非正式规则和这些规则的执行机制3种类型。正式规则又称为正式制度,是指政府、国家或统治者等按照一定的目的和程序有意识创造的一系列的政治、经济规则及契约等法律法规以及由这些规则构成的社会的等级结构,包括从宪法到成文法与普通法,再到明细的规则和个别契约等,它们共同构成人们行为的激励和约束;非正式规则是人们在长期实践中无意识形成的,具有持久的生命力,并构成世代相传的文化的一部分,包括价值信念、伦理规范、道德观念、风俗习惯及意识形态等因素;实施机制是确保上述规则得以执行的相关制度安排,它是制度安排中的关键一环。这3部分构成完整的制度内涵,是一个不可分割的整体。

1)制度的界定

(1)制度是一种行为规则和活动空间、范围。它不仅约束人们的行为,又为人们提供了其可以自由活动的空间。也就是说,制度不仅告诉人们不能、禁止和如何做什么,同时也告诉人们能、可以自由选择地去做什么,这两种作用是同等重要的,不能厚此薄彼、只顾其一。

(2)制度是一系列权利和义务或责任的集合。这是从另一个角度界定了制度的行为约束和活动空间的双重作用。制度安排的核心就是确定各类人的不同权利及其相对称的义务的总和,权利实质就是规定人们的行为规则和活动空间,义务则是行使权利后的约束与责任。无权利人们也将不承担义务,无义务人们将滥用权利,二者均导致制度的毁灭。

(3)广义而言,制度不仅是正式的、理性化的、系统化的、形成于文字的行为规范,同时也是非正式的、非理性化的、非系统化的、不成文的行为规范,如道德、观念、习惯、风俗等。成文的制度只是名义上的,运行中的制度则是实际的,二者并不相等,甚至有时相去甚远,名实完全不符。现实中已通过的法律条文与其实际的执行常常偏离就是一个很好的例证。

2)制度的本质特征

从上述关于制度的定义可以看出,从诺斯这样的诺贝尔经济学奖获得者到普通学者,都没有能够给出一个令人信服、让大家接受的制度定义。似乎"公说公有理、婆说婆有理",显得莫衷一是。然而,这些定义还是反映了某些带有普遍性的东西。这些东西就是制度的特点或本质,主要有以下几点:

(1)习惯性。无论是正式规则还是非正式规则,都具有习惯性特点,都是历史的一种沉淀。非正式规则的习俗是历史沉淀,正式制度的安排多少也具有历史重复性特点,先有重复性,而后被固定下来。规则都是最初被某些人发现有利可图,而后被坚持下来,接着被更多的人所接受,最后成为一种习惯,成为历史沉淀物被保留下来。

(2)确定性。只要是制度,都告诉人们能干什么、不能干什么,都给人类行为划定了边界。也正是具有这样的特点,制度才能为人类行为提供稳定的预期。一个有效的规则必须从两个方面看都是确定的:必须为可知的、透明的;必须能够对未来提供可靠的指导。由于制度具有确定性,一般人都能够清晰地把握制度的信号,知道违反制度带来的后果,对自己行为的影响是清楚的。

(3) 公平性。公平性是指同样的行为遵守同样的规定。从纵向看,只要是同一行为,前天进行、昨天进行、今天进行和明天进行,一般都会按照相同的规则进行;从横向看,无论是你、我、他,只要是相同性质的事件,一般都遵从相同的规则。按照公平性,在没有特别理由的情况下,制度对所有人都是同样适用的,没有区别对待的情况,没有歧视性。正如哈耶克所说,制度适用于所知和未知的环境和人员。任何制度都有它的适用范围,在这个范围内所有成员、所有组织都应当遵守。除特殊情况外,制度不应有"区别对待"的现象。公平性还说明没有人能够凌驾于制度之上,每个人在制度面前都是平等的。如果根据一个人的地位来决定其对制度的遵守程度,这将被认为是不公平的。制度的普遍性如果遭到破坏,意味着制度本身受到破坏。

(4) 连续稳定性。事物处于不间断的变化中,但这种变化是连续进行的,常常呈现出相对稳定的状态。因此,制度也应保持其连续性、稳定性,特别是上下层次、前后时序要保持连续性和稳定性。不稳定的制度是思想上、政治上不成熟的一种标志。在人治的条件下,制度一般脆弱多变,而法治则有助于克服人治的随意性、片面性和局限性。当然,制度完全不变是不可能的,也是不应该的,但制度的基本走向不能变,只能不断地修订、充实、完善、配套。

(5) 权威性。制度的权威性是指制度对于特定的制度执行者和制度对象具有强制性的约束力,不管人们是否愿意,都必须坚决执行,而不能随意违反,否则就要受到一定的处罚。如果把制度设计过分寄希望于人们的自觉自愿,不注重提高制度的权威性,那就在制度建设上陷入了误区。制度不仅具有权威性,还必须指向未来;制度促进预见性,并防止混乱和任意的行为。

3.1.2 制度文明

对制度进行价值判断,即什么样的制度是进步的、好的、优越的,则进入制度文明的境界。文明是指与落后、愚昧、野蛮相对立的状态。制度文明又称为文明的制度,是指一种合理的、进步的、科学的、合乎人类经济与社会发展规律的、有生命力的、为人民大众所向往、追求、拥护的制度。制度文明的基本规定如下:

(1) 文明的制度必须是各种资源配置最优的制度。这里的资源泛指一切对人类经济与社会发展起作用的要素,其基本的原则是人尽其才,物尽其用,财尽其利,地尽其力等,使对人类经济与社会发展的各项要素的配置与组合达到效率最高,产出最多,投入最少。

(2) 文明的制度必须是能够对人们工作劳动激励最大的制度。也就是说,文明的制度必须能够最大限度地调动人们工作的积极性、主动性、创造性,它必须促使人们自觉自愿地,而不是被迫行动起来;它能够促使这一制度下的绝大多数人,而不是极少数人;它必须能够促使人们长期地,而不是一时地行动起来;它必须能够促使各个阶层,而不只是某一个阶层,特别是享有权力的阶层积极行动起来,以最大能量投入到各自的本职工作中,并做出最优异的成绩。

(3) 文明的制度必须是人们所享有的权利、利益、责任最明晰的制度。也就是说,文明的制度必须是人们各自所享有的权利、利益、责任边界最明确、相互之间发生的争权夺利纠纷最少、互相推诿责任的可能性最低的制度;同时,文明的制度也是人们所享有的自主权力、获得的相应利益、承担的相应责任最大的制度。

(4)文明的制度必须是最有利于人们身心健康的制度。也就是说,文明的制度必须能够保证人们受到的压抑最低、约束最少以及人们的性格变异最少、最能够使人言行坦率而诚实的制度。

(5)文明的制度必须是各种信息传递最优的制度。也就是说,文明的制度不仅其信息的传递是纵向的,而更重要、更大量的是横向的信息传递;文明的制度是信息传递最迅速、最便捷、最大量、最真实、成本最低廉、渠道最广泛、覆盖面最大的制度。

(6)文明的制度必须是整合程度最高的制度。也就是说,文明的制度是法制最健全、最有序的制度,也是能够将千百万人从各自利益出发、进行各种活动的结果最终引导到最能够促使社会公共利益增加、最能够迅速促进经济与社会发展、最能够迅速增强综合国力并迅速提升国际竞争力、最能够使社会稳定、协调、有序发展的制度。

(7)文明的制度必须是对人们所享有的各种权力监督最完善、最有力的制度。也就是说,在文明的制度下,不存在任何一种不受监督的特权,这种监督不仅是对一般人的权利,更重要的是监督权力拥有者所享有的各项权力,因为权力拥有者的权力具有一种以权力制造权力的自我膨胀机制。

(8)文明的制度必须是具有经常性的调整、改革、更新功能的制度。也就是说,在文明的制度下,改革不再是一时的任务或一时的运动,而是一项经常性的活动,这种活动随着经济与社会的发展,随时随地依法有序地进行。只有具备这样功能的制度,才是具有生命力的制度。

(9)文明的制度必须是以理性化的、成文法规的、显性的、正式的制度为主导的制度,而不是主要依靠偶然的典型模范、人为拔高的历史传统、社会习俗、道德、社会心理的制度。

(10)文明的制度必须是贯彻最有力、最彻底的制度。也就是说,文明的制度是在其贯彻执行的过程中,所发生的因人而异、因时而异、因地而异、因权而异的现象最少的制度;文明的制度是少数人、某些权力享有者操纵、随意更改、滥用的可能性最低、机会最少的制度。

(11)文明的制度必须是成本最低的制度。这些成本既包括不应该支出的贪腐耗费,也包括虽应该支出但必须使其保持在合理的、最低的限度内的费用。

(12)文明的制度必须是能够使在这个制度下的人们受益最大、最明显、最迅速的制度。即使在这个制度下的人们的利益损失最少的制度,这样的制度才是人们最向往的制度。

(13)文明的制度必须是开放程度最高的制度。这里的开放不仅指的是有形的、物质层面的开放,还包括无形的、精神文化方面的高度开放。

(14)文明的制度是将效率与公平兼顾得最好的制度。它既能保证效率的最大化,而且又不失公平;既能实现公平,而且又不失效率。

3.1.3　制度化管理的发生模式

3.1.3.1　制度管理

制度管理是一种管理态势,是指根据这些成文的规章制度进行的程式化管理。规章制度包括组织的各种章程、条例、守则、规程、程序、标准等。这些规章制度是在国家法律之下的"单位法"。制度管理在很大程度上体现了人类的文明和理性。比如,福特汽车装配流水线的严格管理和高效率生产。但是,出于当时的制度管理倾向于"见物不见人",忽略了员工的主体地位,也就为人本管理留下了极大的发展空间。

在人本管理理论提出之前,制度管理在管理中一直占主导地位,管理者手中的秘密武器就是健全企业的规章制度,即使是盛行人本管理的今天,仍然有许多企业通过制度管理而取得成功。以某快餐食品为例,它实行的是特许经营,形成了整套制度管理模式。一本几百页的操作手册制定了严格的标准,其中包括食物配置、烹饪程序、店堂布置,甚至职员着装、食品的标准化制作。例如,一磅肉的脂肪含量、小面包的宽度、每个汉堡包中的洋葱等都有规定;每种食品的制作时间有明确的规定,而且食品生产后的存放时间也有详细的规定,超过规定时间,所有的食品都将被扔掉等。所有这些标准都要严格执行,并有严密的监督体制,每家分店有审查员,公司有不定期的暗访调查,发现不符合规定的坚决查处。通过这一整套严密的企业内部操作规程,使得消费者能在世界各地坐在同样熟悉洁净的店堂里吃到相同质量、口味的食品,享受到同样周到的服务。

1)制度管理的鲜明特征

(1)制度管理的基础是组织的权威,它所依靠的主要是组织制度和职责权力。管理者的作用主要在于命令、监督与控制,对被管理者强调服从。

(2)制度管理对人的约束是刚性的,在制度面前人人平等。

(3)制度管理体现管理的规范性、有序性、纪律性、严密性。事前有计划,过程有监控,事后有反馈,这种程式化管理不因人员变动而失效。

2)制度管理的优点

(1)组织严密的规章制度可以使生产指挥、经营决策、监督和执行各循其章、相互制约、职责分明,可以避免决策、处理问题的随意性,还可以营造公平、公正、公开的环境,这有利于企业稳定和人心安定。

(2)规章制度的严格执行,便于协调员工个体之间以及员工与组织之间的关系,同时也训练了员工严格、守时、守则的职业精神,这种精神是商业文明和以市场交易为基础的分工协作体系所不可缺少的支柱。

(3)制度管理往往制定了一定的工作标准,对员工工作绩效进行量化,极大地方便了考核。

3)制度管理的缺陷

(1)环境不断变化,而制度一旦确立就相对稳定,往往是制度与变化的环境不相适应,显得保守,如果不及时修订,反而会成为发展的障碍。

(2)制度忽略了人的个性,忽略了时间、地点和不同事物的差异性,从某种意义来讲成了约束人的条条框框,如果一味地强调制度,可能不利于创新或压抑了创新。

(3)制度管理往往将员工置于消极被管理的状态,只承认程序本身的严格与精确,客观上否定了员工的独立人格。

市面上管理学教科书介绍人本管理的多,讲制度管理的少,或者根本就不讲制度管理,这是管理理论的一个重大缺陷,在实践中造成了误导,以致学生学了书本理论到社会上不知道如何应用,厂长、经理也感到不好操作。现在推崇人本管理并不是说制度管理可以忽视了,不是用人本管理来替代制度管理,而是二者的功能互补,制度管理是人本管理的前提和基础,完全没有规章制度约束的企业必然是无序的、混乱的,人本管理也必然丧失其立足点;人本管理则是制度管理的"升华"。现在已经是互联网经济时代了,如果在管理中把人不当作人看,只会用规章制度管卡压,也肯定是行不通的。要减少员工漠不关心、依附和顺从的感觉,真正调动员工积极性,最终只能依赖人本管理。只有将二者有机地结合起来,刚柔相济,才能相得益彰。

在我国,随着市场化的深入,部分企业因产品粗糙、次品多、成本消耗高、售后服务差而纷纷陷于困境。加强我国企业制度建设,从许多基础的东西做起比人本管理显得更加急迫和需要。如果说市场经济充分发展是人类社会不可逾越的阶段,那么以精确、严格为宗旨的制度管理也是我国企业管理演进不可逾越的一个环节。管理者在运用制度管理与人本管理手段时,在不同条件下可以有不同的侧重。面对复杂的社会环境,面对不同的人和不同的企业,管理者要进行有效管理是很不容易的,不可能有千篇一律的管理模式,只能根据不同情况侧重于某种管理手段。

从企业类型来看,制度管理适宜常规的、机构型组织,这类组织需要正规化管理,要求员工步调一致;人本管理适宜有机式组织,如知识型企业、高科技型企业,这类企业强调自我管理,鼓励创新。从人性假设来看,制度管理比较适宜素质较低、缺少自觉性的人;人本管理比较适宜素质较好、工作积极主动的人。从环境条件来看,制度管理适宜较稳定的环境,如市场比较稳定,产品可以批量生产;在动态的多变的环境中,产品个性化,人本管理就比较有效。从企业的生命周期来看,在创业时期许多制度尚未建立,每个人都可以去试、去闯,比较容易实现自我,人本管理就比较行得通;企业进入成熟期,一切工作都要正规化,这时更需要制度管理手段。总之,制度管理与人本管理不是二者必选其一的对立关系,而是可以交叉、兼容,但又不是平分秋色,在不同条件下可能有不同的侧重。

3.1.3.2 制度思维方式

何谓制度思维方式?简单地说,就是从制度的角度来思考、分析、对待和处理问题的一种思维习惯、思维方法、思维定式、思维模式。制度思维是世界上最为高级的思维,制度智慧是人类具有的最高智慧,这进而决定了制度思维方式的复杂性。复杂的制度思维遵循这样几条基本的规则:

第一,结构平衡规则。所谓从制度的角度看问题,就是从行动者的结构或行动者之间相互关系上看问题,就是从行动者在结构或关系中相对平衡的角度上看问题,集中观察和确定特定行动者所处的结构性位置,分析和把握行动者在其中行动的总体结构,确定既构成和体现总体结构、又为总体结构所塑造和界定的程序与过程。

第二,从规则上考虑问题。行动者一旦从制度上考虑问题,就会陷入规则与无规则、作为前提的规则与作为结果的规则之间的"规则悖论"之中。制度思维方式不仅意味着立法规则与执法规则、程序规则与实体规则的区分,而且意味着一个在规则悖论下的游戏过程:规则既是游戏得以可能的前提条件,又为每一次的游戏所重新选择和不断界定。在此,规则与无规则、前提性规则和后果性规则之间维持着一种动态的边际平衡关系。

第三,从总体效果上看问题。制度思维方式遵循从总体效果上看问题的规则,要求将特定行动或互动的考察放到一个总体后果的视野中进行,看它们与总体后果的关系,看它们对总体而言是不是有效。具体地讲,它不仅要充分考虑行动或互动的预期的或意料中的后果,同时要分析和考察行动与互动的非预期的或意外的后果。

第四,立其大者,小者不能夺。制度思维是一种总体性和框架性思维,因而遵循"立其大者,小者不能夺"的法则,用邓小平同志的话来说就是"宜粗不宜细"。它讲究"大手笔",看重大框架,而把那些由粗到细、由大到小的工作留给人们之间不断进行的博弈过程。这就是"大的管住,小的放活"的规则。

制度思维方式的缺乏则是致命的,因为这意味着竞争机制的缺乏,意味着合作与集体行动的不可能性,意味着各种资源获得充分利用和有效整合的不可能性,因而意味着总体有效和持续发展的不可能性,这使得该组织必将在竞争中处于不利地位。针对这种情况,最早清醒地意识到、并立志改变这一状况的,当数中国改革开放的总设计师——邓小平同志。他指出,与工作方法和个人素质相比,制度"更带有根本性、全局性、稳定性和长期性"。在他看来,大到国家发展的根本动力,小到工作的一切方面,都应当从制度的视角去考虑。改革开放以来,中国的发展和进步在很大程度上是制度创新与体制改革的结果。在这一过程中,中国人逐渐形成了自己特有的制度思维方式。

制度思维方式的重要性在于,它不仅致力于让每一个群体变得强大而有力,而且致力于使特定的群体在整体上变得强大而有力,它的目标是形成一种由协作而来的集体力。如果说这里面也存在智慧,那么这不是一种个人的智慧,不是"我"比"他"高明的那种智慧,而是"我们"比"他们"高明的那种智慧。如果我们有良好的制度思维方式,那么我们将获得的不仅是一种个人的聪明与智慧,更是一种集体的聪明与智慧,一种合作与协作的智慧。正是在制度思维方式之下,正是利用制度智慧,那些追求自身利益的人才会遵循和服从"集体行动的逻辑";在"追名逐利"的市场社会才不存在"没用的人"。由于制度思维方式的普遍化以及现代人制度智慧的飞跃式发展,才产生出一个"聪明人的世界",全球化才可能得以实现。

3.1.4　制度的作用

3.1.4.1　制度的作用:三个故事

1)分粥的故事

由7人组成的一个小团体共同生活,其中每个人都是平凡而平等的,没什么人存有凶险祸害之心,但不免自私自利,他们想用非暴力的方式,通过制定制度来解决每天的吃饭问题——要分食一锅粥,但并没有称量用具和刻度容器。大家试验了不同的方法,发挥聪明才智、多次博弈形成了日益完善的制度。大体说来主要有以下几种:

方法一:拟定一个人负责分粥事宜。很快大家发现,这个人为自己分的粥最多,于是又换了一个人,结果总是主持分粥的人碗里的粥最多、最稠。这正是权力导致腐败,绝对的权力导致绝对的腐败。

方法二:大家轮流主持分粥,每人一天,这样等于承认了个人有为自己多分粥的权力,同时给予了每人为自己多分粥的机会。虽然看起来平等了,但是每人每周只有一天吃得饱而且有剩余,其余六天都饥饿难挨。大家认为这种方式导致了资源浪费。

方法三:大家选举一个信得过的人主持分粥,一开始这位品德尚属上乘的人还能基本公平,但不久他就开始为自己和溜须拍马的人多分粥。

方法四:选举一个分粥委员会和一个监督委员会,形成监督和制约。公平基本上做到了,可是由于监督委员会常提出多种议案,分粥委员会又据理力争,等分粥完毕时,粥早就凉了。

方法五:每人轮流值日分粥,分粥的那个人要最后一个领粥。令人惊奇的是,在这种制度下,7只碗里的粥每次都是一样多,就像用科学仪器量过一样。每位主持分粥的人都认识到,如果7只碗里的粥不相同,那么他确定无疑将享有那份最少的。

2)船主为何会变好

在17—18世纪,英国的许多犯人被送到澳大利亚流放服刑,私营船主接受政府的委托承担运送犯人。起初,英国政府按上船时犯人的数量给船主付费。船主为了牟取暴利,克扣犯人的食物,甚至将犯人扔下海,运输途中犯人的死亡率最高时达到94%。

后来,英国政府改变了付款的制度规则,按到达澳大利亚下船的犯人数量付费,结果船主们想尽办法让更多的犯人活着到达目的地,犯人的死亡率最低降到1%。

船主还是那些船主,为什么他们一开始刁钻耍滑,后来又循规蹈矩,犯人饿了给饭吃,渴了给水喝,大多数船主甚至聘请了随船医生呢?并非他们的本性有什么变化,而是制度规则的改变导致他们的行为发生了变化。可以设想,如果在到岸港口验收点人数,任何一个犯人都必须身体健康,体重下降者不列入政府付费范围,相信船主们在途中一定更会将犯人们照顾得"无微不至",更加极尽"人道主义"之责任,这就是制度创新的魅力所在。

3)降落伞质检问题

这是发生在第二次世界大战中期,美国空军和降落伞制造商之间的真实故事。当时,降落伞的安全性能不够。在厂商的努力下,合格率已经提升到99.9%,军方要求产品的合格率必须达到100%。对此,厂商不以为然。他们认为,没有必要再改进,能够达到这个程度已接近完美。他们一再强调,任何产品也不可能达到绝对的100%合格,除非奇迹出现。

不妨想想,99.9%的合格率,就意味着每一千名伞兵中会有一个人因为产品质量问题在跳伞中送命,这显然会影响伞兵们战前的士气。

后来,军方改变检查产品质量的方法,决定从厂商前一周交货的降落伞中随机挑出一个,让厂商负责人装备上身后亲自从飞机上跳下。这个方法实施后,奇迹出现了——不合格率立刻变成了零。

一开始厂商们总是强调难处,为什么后来制度一改厂商们再也不讨价还价,自动地绞尽脑汁做好产品呢?主要原因在于前一种制度还没有最大限度地涉及厂商们的自身利益,以致厂商们对千分之一的不合格率感受不深,甚至认为这是正常的,对伞兵们每一千人必死一个的现象表现漠然,毫无人道主义同情。后来,制度一改让老板们自己先当一回"伞兵",先体验一下成为"千分之一"的感受,结果产品品质史上的奇迹产生了。相信这一定是老板们"夜不能寐""废寝忘食"之结果。老板们为什么甘于"夜不能寐""废寝忘食"很值得我们深思。

3.1.4.2 制度的作用:从"能人经济"到"制度经济"

小天鹅股份有限公司原总经理朱德坤表示:"将逐步淡化个人的影响力,把公司从企业家主导型转变为科学规范的专业型管理。"无独有偶,四通集团公司总裁段永基也在多个场合表示:"四通要强调集中到规章制度上,公司要立法,要建立程序。"这是优秀企业家的远见卓识,同时也给众多企业领导人提出了一个问题:如何超越自己作为企业灵魂人物的光环,引导企业从过去的能人经济走向现代化的制度经济?

"能人经济"基本上都有一些共同的地方,作为企业领导人有号召力、凝聚力、敢于冒险,对市场商机有感觉,他们凭着过人的素质禀赋引领着企业绕过险滩暗礁,驶向了成功的彼岸。但随着企业规模扩大、层次增多以及企业领导人对信息掌握的不完全,过去那种"脑袋一拍定了,胸脯一拍我负责"的决策机制,就潜存着很大的危险,一旦失误,企业很可能遭受灭顶之灾。能人往往是企业的太阳,在耀眼的光芒下,企业既无失误的发现机制,也无错误的校正机制,所以实践中许多原本非常优秀的领导人物由盛而衰,从企业发展的动力变为阻力的现象屡屡出现。有些企业,目前虽还能维持下去,但却难有大的发展。国外也有这样的情况,国外战后成立的一些公司到20世纪90年代左右开始了交接班的过程,因为靠以前创业者个人方式去管理已经很难再做下去,其中的深刻道理被归结为"总裁生命周期理论"。该理论的主旨就是"领导经历的长短与企业绩效之间存在着一种抛物线式的相关关系"。它认为,总裁生命周期可划分为"受命上任、摸索改革、形成风格、全面强化、僵化管理"5个阶段,并指出随着上上下下、四面八方对总裁特有认识模式的不断强化的预期心理,总裁的风格将趋于定型,成为其突出的行为特征,直至最后不适应变化了的新形势而成为企业发展的阻碍。

3.1.4.3 制度作用:理论分析

当前,许多企业管理混乱,效率低下,企业缺乏内聚力、生机和活力,其主要原因之一是管理制度对企业内部生产经营要素运行不能进行有效封闭,具体体现在管理制度先天不足,管理制度执行不严,监督不力,信息反馈片面虚假,这必然产生许多力图摆脱管理制度约束的违章越轨行为,损害管理制度的封闭功能。例如,一些企业经济效益每况愈下,生产事故频发,职工工资连年拖欠,而企业领导照样吃喝玩乐,追求享受;一些企业分工不清,职责不明,人浮于事,纪律松弛;一些人钻管理制度空子,投机取巧,谋取私利,这样必然导致企业决策随意,管理不民主,搞土政策、长官意志;各部门各行其是、各谋其利,无整体观念和长远谋划;企业管理无序,内耗丛生,相互扯皮,无人负责,职工积极性和创造性受到极大伤害,妨碍企业生存和发展。

管理制度是企业管理层管理思想、管理理念及管理原则的具体体现。管理制度作为企业中个人和内部组织机构的行为准则和规范,制约和影响着人们的行为,调整着企业中人及组织间的关系,规范或决定着基本工作过程和程序,进而也决定了企业的管理状况和管理水平。企业采用管理制度进行管理,可以简化管理过程,提高管理效率,避免管理过程中的随意性和过分依赖个人,避免裙带关系和人身依附关系对管理的影响,使管理行为更为连续、稳定、客观、理性和规范公正。对现代企业来说,制度化管理必不可少。

关于制度的作用,邓小平同志曾做过冷静的分析:"制度好可以使坏人无法任意横行,制度不好可以使好人无法充分做好事,甚至会走向反面。"正是制度决定了法治与恣意的人治之间的基本区别。有阳光的地方就有阴影,从原始社会到现代文明社会,恣意的阴影始终与人类形影相随。正是在与恣意永不休止的较量过程中,人类才逐步体悟到:与其笃信人性的神话,不如青睐制度的价值;与其盲目推崇虚幻的道德教条,不如选择现实的制度设计;制度这种人类理性的设计,成为法治与恣意的人治之间的界碑;制度既是人类自我约束的枷锁,也是标志自律、妥协、宽容和尊严等文明理念的花环,程序化的生存方式使人类学会了自律和宽容,学会了妥协和选择。在一个利益纷争日趋激烈的时代,善待制度堪称一种明智且实用的生存理念,善待制度实则是人类对文明的庄严承诺。

自由得以存在和发展的前提条件是秩序,世界上可以有不自由的秩序,但是绝不存在没有秩序的自由。秩序不仅从工具价值意义上具有对个人自由的优先性,而且秩序作为制度的一种基本价值,还对制度的其他价值(公平和正义)具有优先性。就此而言,自由秩序的形成是我们现代人必须面对且带有根本性的严峻问题,它构成了现代制度的基本功能。

组织是一个矛盾体,是由一些在个性、能力、地位、情感、偏好、意志、价值观、利益、思维方式、个人背景诸方面都存在差异的人们组成的,因而充满了矛盾、冲突、竞争,甚至斗争。如何使这样一些相互差异甚至对立的人们和平共处、相互合作,如何在不同层次和领域中达至秩序,就成为任何组织都必须面对的一大难题,即所谓的组织秩序问题。因此,从根本上讲,任何组织都必然面临着组织秩序的问题。面对这一难题,人类创造和发明了制度。制度为这一难题的解答,敞开了各种可能性。

以现代自由社会为例,虽然自由意味着不受必然性、权力、意志的强制、奴役、限制、束缚,但是有一个例外,那就是自由本身可以构成对自由的约束、限制甚至强制,即一个自由人的自由可以且必然会受到其他自由人的自由的限制,否则自由就只是一些人的自由,它势必与现代社会平等的自由原则相矛盾。既然可以因为自由的缘故限制自由,这就需要一个能够协调自由人之间的自由关系,并从中形成秩序的体系。这个体系就是制度,它是由一系列可以作为工具来利用的行动装置、运行机制和制度安排组成的。组织秩序的建立和维持需要制度,但这并不是说任何制度都有利于组织秩序的建立和维持,也不是说制度所建立和维持的一切秩序都是人们所需要和期望的良好秩序。为此,制度存在一个能否解决、如果能又能否有效地解决秩序问题的问题。从逻辑上讲,制度既然是为了建立和维持组织秩序才产生出来的,那么它的存在和发展本身就已说明了它能够解决秩序问题,甚至是解决秩序问题最重要的方式。但仔细分析起来,制度之所以能够解决秩序的难题,从根本上说是由制度的本性决定的。

所谓制度,就是用以调整个体行动者之间以及特定组织内部行动者之间相互关系的、强制性或权威性的行为规则。制度具有公共性、形式化、权威性,因而能够成为自由主体得以沟通的路径和桥梁,使冲突的人们能够合作,又使合作的人们能够不同程度地保持各自的独立,使那些在价值观、利益、权力、地位上相互差异、对立、矛盾、斗争的人们,不至于发生直接的、暴力的冲突,从而为他们的和平共处提供了可能。由于制度是一些常规化、日常化、定型化的规则或规范,因而只要人们都遵守这些规则或规范,社会就能够达成必要的秩序。

制度作为秩序的形成机制,在秩序的建立和维持中发挥着4种基本功能,具有4个方面的价值,即形成预期、提供激励、获得宽容、达成妥协。也就是说,制度是自由主体之间取得合作所需的相互信任的预期机制,是激发个体发挥能动性、以推进组织发展的激励机制,是主体获得相互宽容的机制,是矛盾和冲突着的主体之间达成妥协的权利与利益的分享机制。作为4种整合力量,它们分别从稳定、发展、博爱、共享4个方面形成组织秩序。依靠这4种秩序机制,人们较为有效地克服了不确定性,使多元互动的主体能够在稳定的预期之下获得相互的信任和本体性的安全感;能较为有效地克服那种时断时续的发展模式的毛病,使发展获得充分而稳定的动力;有效地抑制了现代竞争所具有的惨烈性和后遗症,使相互竞争的人们能够相互宽容和容忍;克服了一切独断和专制的问题,为人们共享合作成果提供了制度性的支持。

在组织内部实行制度化管理之所以重要,是因为它能发挥以下作用:

(1)制度决定了人们的行为。有什么样的制度,人们就有什么行为,人们不同的行为,可以由不同的游戏规则来解释。比如,企业实行的是平均主义的分配制度,它就会诱导一部分人偷懒、搭便车,坐享他人的劳动成果;如果企业实行按贡献分配的制度,它就会激励每个员工凭自己才干为企业多作贡献以多得报酬。人的一定行为是一定制度的反映,不能简单地说人的某种行为合理不合理,而要看这种行为背后的制度合理不合理。人是可以随着制度、环境的变化而变化的。

(2)制度是组织生存、发展的基础。企业与企业之间的竞争,第一层次表现为产品与技术的竞争,第二层次表现为人才的竞争,在人才竞争的背后,更深层次的竞争在于企业制度。制度好,就能激励人才,使人才脱颖而出且能留住;制度不好,则必定遏制人才,制约人的积极性的发挥。企业竞争力可以表现在多个方面,但竞争力的核心在于企业制度。企业制度落后,再好的管理也难以奏效。

(3)制度能够"除弊"和"兴利"。管理制度涉及经营管理的各个方面和领域,内涵具有多样性。例如,有规范工作方法和程序的、限制和惩戒人的不当行为的,以及旨在防止和消除各种弊端的制度,如企业中的各种罚款制度、处罚制度,"兴利"制度则是那些鼓励人的良好行为,引导人的行为,目的在于为企业创造更多"利益"的制度,如企业的合理化建议奖励制度、超产奖励制度等。在实际工作中,有些制度可以明确地将其归于"除弊"或"兴利"类,有些制度则既有"除弊",也有"兴利"制度方面,还有些则不易归类,如工作程序。

许多企业现有的管理制度大多为"除弊"类制度,许多民营企业里 80%的管理制度属于此类,而"兴利"类制度则明显不足。实际情况也显示,"除弊"类制度相对较为细致、全面、操作性较强,也较为严厉;"兴利"类制度则较为粗略、吸引力较弱、操作性也较弱。这反映企业在对待这两类管理制度建设的力度和态度上有较大差别。

制度以"除弊"为主要表现形式,因为管理制度的产生首先是针对管理过程中存在的"问题",特别是"弊端"问题而制定的。可以说,许多管理制度的制定就是这样产生的,出发点主要是为了消除和防止这样那样的弊端。当然,应有的"除弊"制度是非常必要的,特别是当一个企业"弊端"丛生时,当务之急是先"除弊"。但企业在生存发展过程中,若只有或多数是这样的"除弊"制度是远远不够的,因为这种单纯的"头痛医头、脚痛医脚"的"除弊"制度,至多能起到防止和消除一些不良现象的作用,并不能"自然而然"地导致好的结果。在市场经济条件下,企业的竞争归根结底是人的竞争,是企业员工有效劳动及劳动效果的竞争。企业的管理制度除了应体现其约束控制机制即"除弊"的作用外,还应体现其激发人的工作积极性,促使企业产生更好结果的"兴利"作用。

企业在目前激烈竞争的市场经济条件下,"除弊"只是取得竞争胜利的一个必要条件。那种认为只要消除弊病,企业就会顺理成章地迎来一个生机勃勃局面的想法是片面的和不正确的。企业还必须注意另一个必要条件,即"兴利"制度的建设与实施,只有建立了完善、合理、优秀的"兴利"制度,才能更好地调动人的工作积极性,才能促使事物不断向有利方面转化,才会产生蒸蒸日上的崭新局面。管理学家们估计,现代社会组织中的人一般只发挥了他们自身能力的 20%~30%,尚有更多的潜能(包括智力与体能上的潜力)处于未激发状态。因此,制定合理的"兴利"制度,可以在很大程度上开发这一潜在的"宝藏"。

3.2 安全法规概述

3.2.1 法的内涵和作用

法是统治阶级整体意志和根本利益的集中表现,是通过一定的国家机关认可、制定的,具有一定文字形式,以国家强制力保证实施的行为规则(规范)的总和。它建立在一定的经济基础之上,为一定的经济基础服务,是促进社会生产力发展、维护社会秩序和社会关系的行动准则。

法的作用包括规范作用和社会作用两个方面。

1)法的规范作用

法是一种社会规范,是调整人们行为的规范。法由法律概念、法律原则、法律技术性规定及法律规范 4 个要素组成,其中法律规范是法的主体。每一法律规范包括行为模式和法律后果两部分。行为模式是由大量实际行为中概括得到的行为的理论抽象、基本框架或标准。行为模式不同,法律规范的性质也不同。一般地,行为模式可以分为 3 类,相应地有 3 类法律规范与之对应:

- 可以这样行为——授权性规范。
- 应该这样行为——命令性规范。
- 不应该这样行为——禁止性规范。

其中,命令性规范和禁止性规范合称义务性规范,即我们常说的"令行禁止"。"令行"为人们设定了积极的、行为的义务;"禁止"为人们设定了消极的、不行为的义务。

法律后果可以分成两类:

- 肯定性法律后果。法律承认这种行为合法、有效并加以保护甚至奖励。
- 否定性法律后果。法律不承认这种行为,加以撤销甚至制裁。

根据行为主体的不同,法的规范作用可以分为指引、评价、教育、预测和强制作用。

(1)指引作用。对人的行为的指引有个别指引和规范性指引之分。法的指引作用属于规范性指引。义务性规范明确规定人们必须根据法律规范的指引而行为,是明确指引,旨在防止人们做出违反法律指引的行为。授权性规范代表一种有选择的指引,旨在鼓励人们进行法律所允许的行为。

(2)评价作用。法作为一种社会规范,是重要的、普遍的评价准则,具有判断、衡量他人行为是否合法或有无效力的评价作用。

(3)教育作用。法的教育作用体现在通过法的实施对一般人今后行为发生的影响。有人违法受到制裁对一般人有教育作用;人们的合法行为及其法律后果对其他一般人的行为具有示范作用。

(4)预测作用。人们依据作为社会规范的法律可以预先估计到他们之间将如何行为。法的预测作用可以促进社会秩序的建立。

(5)强制作用。法的强制作用在于制裁、惩罚和预防违法犯罪行为,增进社会成员的安全感,是建立法律秩序的重要条件。

2)法的社会作用

法的社会作用是指维护有利于一定阶级的社会关系和社会秩序,体现在维护统治阶级统治和执行社会公共事务。执行社会公共事务的法律主要有 4 种:

(1)维护人类社会基本生活条件的法律,如关于自然资源、医疗卫生、环境保护、交通通信及基本社会秩序的法律。

(2)关于生产力和科学技术组织的法律。

(3)关于技术规范的法律。

(4)关于一般文化事务的法律。

3.2.2 安全法规的内涵和作用

安全法规是保护劳动者在生产过程中的生命安全和身体健康的有关法令、规程、条例、规定等法律文件的总称。

安全法规的主要作用是调整社会主义生产过程中,商品流通过程中人与人之间、人与自然之间的关系,维护社会主义劳动法律关系中的权利与义务、生产与安全的辩证关系,以保障职工在生产过程中的安全和健康。

现代化的大生产条件下,要使成千上万人按照统一意志,共同协调工作而又不发生事故,必须制定安全法规,规范人们的行为,规定人们应该做什么、不应该做什么、可以做什么、禁止做什么以及如何做等。安全法规中还要规定违反法规应该承担的责任,惩罚条例中对失职人员的处罚,规定从行政处分到经济处罚,直至追究刑事责任等条款。

在预防事故方面,安全法规具有法的指引作用、评价作用、教育作用、预测作用、强制作用。

3.3 我国的安全法规和安全管理体制

3.3.1 我国的安全法规

1）安全法规的制定依据

我国制定安全法规的主要依据是《宪法》。《宪法》是普通法的立法基础和依据,也是安全法规的立法基础和依据。《宪法》第四十二条规定:"国家通过各种途径,创造劳动就业条件,加强劳动保护,改善劳动条件……"第四十三条规定:"中华人民共和国劳动者有休息的权利。国家发展劳动者休息和休养的设施,规定职工的工作时间和休假制度。"第四十八条规定:"中华人民共和国妇女在政治的、经济的、文化的、社会的和家庭的生活等方面享有同男子平等的权利。国家保护妇女的权利和利益实行男女同工同酬,培养和选拔妇女干部。"

此外,《宪法》中关于母亲和儿童受国家的保护,公民有受教育的权利,公民必须遵守劳动纪律、遵守公共秩序、尊重社会公德以及国家逐步改善人民物质生产等规定,都是安全生产法规中必须遵循的原则。

安全法规就是根据上述原则,针对预防事故、预防职业危害、劳逸结合、女工和未成年工保护等方面制定的具体的法规和制度,以法律形式保障职工的安全健康,促进生产。

2）安全法规的规范性文件

（1）宪法。在我国现行宪法关于国家政治制度和经济制度的规定中,特别是关于公民基本权利和义务的规定中,许多条文直接涉及安全生产和劳动保护问题。这些规定既是安全法规制定的最高法律依据,又是安全法规的一种表现形式。

（2）法律。具体包括《劳动法》《安全生产法》《矿山安全法》等。

（3）行政法规。为了加强安全生产工作,国务院制定了若干安全生产行政法规。

（4）部门规章。国务院安全生产监管部门（现为应急管理）单独或会同有关部门制定的专项安全规章,是安全法规各种形式中数量最多的一种。其他部门的规章中也有一些安全方面的规定。

（5）地方性法规和地方规章。地方性法规是由各省、自治区、直辖市人大及其常委会制定的规范性文件;地方规章是由各省、自治区、直辖市政府,省会、自治区首府所在地的市和经过国务院批准的较大的市的政府制定的规范性文件。其中,许多是有关安全生产的专项文件。

（6）国际法律文件。主要是国际劳工公约,凡是我国政府批准加入的国际劳工公约,除了我国声明保留的条款外,我国应该保证实施。

3.3.2 我国的安全管理体制

我国实行"企业负责、行业管理、国家监察、群众监督、劳动者遵章守纪"的安全管理体制。20 世纪 80 年代初,我国的安全管理体制是"国家监察、行政管理、群众监督",随着改革的深入,政府职能的转变到 80 年代后期变为"国家监察、行业管理、群众监督"。随着企业自主权的扩大,企业在事故预防方面担负着重要的责任,到 90 年代初改变为"企业负责、行业管理、国家监察、群众监督"。之后,进一步确立了现行的安全管理体制。安全管理体制的五个方面有一个共同目标,就是从不同的角度、不同的层次、不同的方面来推动"安全第一、预防为主、综合治理"方针的贯彻,协调一致搞好安全生产。

3.3.2.1 企业负责

企业是国民经济的基本单位,是从事生产和经营活动的实体。随着社会主义市场经济的建立,企业运行机制的转变,企业已经成为独立的法人。事故预防工作也像其他工作一样,不能像计划经济时期那样等靠上级的指示和安排,而应该承担起事故预防工作的责任。安全生产是企业自身的需要,是参与市场竞争、寻求发展的前提和保证。企业必须提高自己的安全管理水平,做好事故预防工作,才能适应社会主义市场经济的要求。否则,一旦发生重大伤亡事故,不仅会给企业造成巨大的经济损失,而且会直接威胁企业的生存和发展。

企业的法人代表是企业的安全生产第一负责人,是企业事故预防工作的直接组织者和指挥者,要全面负责企业的事故预防工作。企业领导要牢固树立"安全第一"的观念,提高各级管理人员和全体职工的安全意识,正确处理安全与生产、安全与效益、安全与稳定的关系,将"安全第一、预防为主、综合治理"的安全生产方针贯彻于企业一切生产经营活动的全过程。

企业必须遵守国家有关安全生产的法规、制度、规范,依法进行安全管理。

企业要建立健全安全组织机构,完善内部激励机制及监督、约束机制,认真建立和执行安全生产责任制等安全生产管理制度。

企业要在发展生产的同时,不断改善劳动生产条件,消除、控制生产过程中的这种不安全因素,提高企业抗御事故的能力。

3.3.2.2 行业管理

行业归口管理部门与企业主管部门,必须根据"管生产的必须管安全"的原则,在组织管理本行业、本部门经济工作中,加强对所属企业的安全管理。

行业安全管理是对行业所属企业贯彻执行国家安全生产方针、政策、法规和标准,进行计划、组织、指挥、协调、宏观控制,以提高整个行业的安全管理和技术装备水平,控制和防止伤亡事故的发生,保障职工安全健康和生产任务顺利进行。行业安全管理的职责主要有 7个方面:

(1) 贯彻执行国家安全生产方针、政策、法规和标准,制定本行业的具体规章制度和安全规范,并组织实施。

(2) 实行安全目标管理,制订本行业安全生产(包括安全、防尘、防毒等)的长期规划和年度计划,确定方针、目标、具体措施和实施办法,并严格执行。

(3) 在重大经济、技术决策中提出有关安全生产的要求和内容,组织和指导企业制订和落实安全技术措施计划,督促企业改善劳动条件。

(4) 在新建、改建、扩建工程和技术引进、技术改造中贯彻执行主体工程与安全卫生设施同时设计、同时施工、同时投产的"三同时"规定;在组织开发新材料、新产品、新技术、新工艺、新设备中,执行有关劳动保护规定。

(5) 参与组织对本行业的职工进行安全教育和培训工作。

（6）对本行业所属企业安全生产工作进行督促检查，解决存在的问题和隐患，参与伤亡事故的调查处理，并协助国家监察部门查处违章失职行为。

（7）组织本行业的安全检查、评比和考核，表彰先进，总结和交流安全生产经验。

行业安全管理包含着监督检查的职能。有些行业设置了事故预防工作机构，具体负责本行业的安全管理和安全检查工作。这种行业安全检查的性质是属于按行业归口或行政隶属关系自上而下地进行的自我监督和业务监督。它与国家劳动安全监察在性质、地位和职权上都有很大的不同。

3.3.2.3 国家监察

国家监察是指国家监察委员会，按照全国人民代表大会及其常务委员会赋予的权力所进行的监察活动，其监察具有法律的权威性和特殊的行政法律地位。劳动安全监察是以国家的名义，并以国家的权力对国民经济各部门及企业的事故预防工作实行法制性监督，纠正和惩戒违反安全生产法规的行为，保证安全生产方针、政策和法规的贯彻实施。

目前，国家已经制定、发布了大量的安全法规，只要遵章守法，安全生产就有了基本的保证。然而，这些法规只规定了人们在生产过程中应该怎样做、允许怎样做和禁止怎样做，却没有规定一旦违反了这些法规，造成了损失，将要在法律上承担责任和受到惩罚，也没有解决怎样做才能使之承担责任和受到惩罚。换句话说，就是只解决了有法可依的问题，而没有解决执法必严和违法必究的问题，不能真正发挥出法的强制作用。

为了解决执法必严和违法必究的问题，就不但要制定、发布大量确定行为规则的实体法，而且还要制定、发布如何执法的程序法，指派一个有权威的执法机构依据程序法去实现实体法，才能把实体法潜在的强制力变成现实的强制力，真正体现出法制的威力来。国家制定安全监察法规（程序法），安全监察机构依照此法进行安全监察活动，将法制的威力实际体现出来（实现实体法），实现监督的职能，在监察过程中及时收集、整理各种信息，反馈给各级决策部门，从而实现有效的控制，达到实现安全生产的目的。

1）安全监察的基本职能

概括地说，安全监察有两方面的基本职能：一是实行监察；二是反馈信息。

安全监察是依据安全监察法规授予的权限，对各部门和企事业单位贯彻安全生产方针和遵守安全法规的情况进行监督检查；揭露事故预防工作中存在的问题，分析产生的原因，督促、指导这些部门和单位改正违反法规的行为，消除隐患；对违反法规而又拒不改正的实行干预，强制其改正；在处理事故或其他有关安全事项中，对有关各方的争议进行仲裁。此外，安全监察在客观上对于调整劳动关系，改善企业管理，提高经济效益，改进生产技术也能起到一定的作用。

监察机关和监察人员在实行安全监察的过程中，通过调查研究、监察活动、统计分析、沟通情报等各种渠道能广泛收集到各类信息。对这些信息应该有目的地进行分类、比较、分析、综合，去伪存真、去粗取精，提出有价值的意见和对策，或者反映给领导机关，供决策参考或者提供给部门和单位，帮助他们改进工作。

实行监察和反馈信息，这两方面的职能是互相依存、互相促进的。监察职能是强调依法行事，而信息职能则是强调实行的效果，检查、判断既定目标的得失，总结经验教训，及时调整对策，不断将事故预防工作提到新的高度。

2）安全监察机构的监察对象、任务、职责和权限

（1）安全监察对象及任务。劳动安全监察对象，主要是企事业单位，也包括国家法规中所确定的负有劳动安全职责的有关政府机关、企事业主管部门、行业主管部门等。

劳动安全监察的任务,主要是对上述被监察对象履行劳动安全职责和执行安全生产法规、政策的情况,依法进行监督检查,及时发现和揭露存在的问题和偏差,纠正和惩戒违章失职行为,以保证国家安全生产方针、政策和法规的贯彻执行,保护职工的安全与健康,促进社会主义建设事业的发展。

(2)劳动安全监察机构依法监察。具体如下:

① 监察机构和监察人员的设置必须符合国家法律规范的要求,符合国家法规确定的职责权限,不失职、不越权。

② 国家监察是一种执法监察,即主要监察遵守和执行国家法规、政策的情况,预防和纠正违反法规、政策的偏差。它不干预被监察对象内部执行法规、政策的方法、措施、步骤等具体事务,也不代替被监察对象进行日常安全管理和安全检查。

③ 进行监察活动时,必须依据实体法的规定(包括有关安全生产法律、法规、规章、标准),并遵守程序法的有关规定。

(3)安全监察机构的职责和权限。具体如下:

① 监察经济管理、生产管理部门和企事业单位对国家安全生产法律、法规的贯彻执行情况。

② 对新建、改建、扩建和技术改造工程项目中有关劳动安全卫生内容的设计进行审查和竣工验收。

③ 参加有关劳动安全卫生科研成果、新产品、新技术、新工艺、新材料、新设备的鉴定,对劳动条件、劳动环境进行检测和评价,对企业的安全管理工作进行评价。

④ 对特种防护用品、特种设备和危险性较大的机械设备等工业产品进行安全卫生审查、鉴定、检测、认证,监察其按国家法规标准进行生产的情况。

⑤ 参加伤亡事故的调查和处理,提出结论性意见。

⑥ 对违反安全生产法规的生产管理部门、企业要限期整改,逾期不改者,有权予以经济处罚或停工、停产整顿等行政强制和行政处罚,对其主要责任者和领导人,可给予经济处罚和提出处理建议,造成严重后果、触犯刑律的移交司法部门处理。

⑦ 对劳动安全监察人员、有关干部、特种作业人员进行安全技术培训,考核发证。

3)安全监察的主要内容

安全监察的任务,是贯彻党和国家"安全第一、预防为主、综合治理"的方针,执行国家的法律、法规和有关安全卫生的规范、标准。目前,安全监察对企业的监察,主要包括对新建工程,新制造设备、产品,在用特种设备,特种危害作业场所及特殊人员的监察等内容。

(1)对新建工程的监察。对新建、改建、扩建和重大技术改造项目的监察,主要是通过"三同时"审查和验收来实现的。通过参加可行性研究、审查初步设计和职业安全卫生专篇以及参加竣工验收,来保证新建、改建、扩建和技术改造项目中的安全卫生设施与主体工程同时设计审查、同时施工制造、同时验收投产。另外,对一些职业危害严重的行业和工艺,要制定劳动安全卫生设计规定,完善技术标准,逐步实现对设计工作的安全监察。

(2)对新制造设备、产品的监察。作为被监察对象的新制造设备,是指生产厂家制造的可能产生特别危险和危害的生产设备、安全专用仪器仪表、特种防护用品等。对这些产品,通过制定强制性的安全标准,通过建立国家的安全认证制度来把住设计、制造、销售和使用关。需要建立安全认证制度的工业产品大致可分为以下7类:

① 容易发生爆炸、造成重大伤亡事故和经济损失的产品,如锅炉、压力容器产品。

② 有潜在事故危险的机器设备和工具,如冲剪机械、起重机械、电梯和提升机械、厂内运输机械、木工机械和手持电动工具等。

③ 各种安全装置,如漏电保护器、超负荷限制器、光电保护器等。

④ 易燃易爆物品,防爆产品和工具,如烟花爆竹、防爆电气设备、无火花工具等。

⑤ 职业危害严重的原材料,如含苯油漆、黏合剂、农药等。

⑥ 特种劳动保护用品,如安全网、安全帽、安全带、防护鞋等。

⑦ 各种安全检测仪器,如粉尘测试仪、气体检测仪等。

(3) 对在用特种设备的监察。对锅炉、压力容器、起重机、冲压机械、厂内机动车辆等,对职工和周围设施、人员有重大危险的设备,其安装、使用、维修和改造都要制定专门的安全规程和标准。国家监察部门要有计划地、分门别类地进行建档建卡,分级管理,定期检验或抽查。合格的发证,不合格的限期改进,到期仍不合格的进行经济处罚或查封。

(4) 对有职业危害作业场所的监察。对危险程度很高,尘毒、噪声危害非常严重的作业场所,依据国家颁布的各种职业危害程度的分级标准,通过定期检测和采用监察手段来进行监督。通过分级和评价区别和划分治理的重点和期限,通过检查、考评和限期治理、经济处罚、停止生产等强制性措施来完成监察。

(5) 对特殊人员的监察。对企业领导和特种作业人员,主要通过建立培训、考核、发证和持证操作制度,来实现对人的行为的监督。企业领导是企业事故预防工作的决策人物,他们的决策对职工的安全与健康起着决定性的作用。要通过进行党的安全生产方针、政策等方面的教育,使他们在生产经营决策中,能真正做到"安全第一、预防为主、综合治理"。对他们进行严格的培训和考核,合格的才能上岗指挥生产,没有通过培训考核的,无权指挥生产。特种作业人员的作业可能危及自身的安全,同时也可能危及他人的安全。他们可能是一些重大事故的直接责任者。增强特种作业人员的安全意识,丰富他们的安全技术知识,使他们能掌握熟练、过硬的操作技能,对减少事故是至关重要的。因此,必须把好培训、教育、考核、发证关。

4) 安全监察工作程序

安全监察工作程序因被监察对象的不同而不完全相同,包括:一检查、二处理、三惩罚。检查是为了了解企业、单位遵循安全法规的情况,发现存在的问题。处理是就检查发现的问题,向企事业单位提出监察意见,令其改正,解决隐患。提出监察意见可以用口头方式,也可以用书面方式。书面方式即下达"安全监察指令书",企业必须认真按照指令书规定的期限和提出的要求进行整改。企业解决了违章和隐患,监察目的就已达到;如果企业不执行监察指令,继续违章或不消除隐患,监察部门和人员则可依法惩罚、强迫其改正。惩罚的方式一般有 4 种,即经济制裁、查封整顿、提请企业主管部门给当事者以纪律处分、对造成事故且后果严重的,提请司法部门依法起诉。

3.3.2.4　群众监督

群众监督是广大职工通过工会或职工代表大会监督和协助各级领导贯彻落实安全生产方针、政策、法规,做好事故预防工作。

工会作为劳动关系中的一方和工人群众的代表,具有广泛的群众性。

工会组织可以在监督企业领导执行安全生产方针、政策、法规和标准方面,充分行使自己的权力。例如,企业制订重大安全技术措施计划以及安全技术措施费用的提取、使用等,都应提交职工代表大会讨论。对于领导的严重官僚主义、忽视安全生产等问题,工会有权提出批评和建议,并督促有关方面及时改进。在生产中,如遇有领导违章指挥,强令工人冒险作业,生产设备有重大隐患或尘毒危害严重,有条件解决而不解决;发生急性中毒和重大事故以后,险情尚未排除,没有采取必要的安全措施;在新建、改建、扩建工程中,安全卫生设施与主体工程没有实行"三同时",存在严重危害职工安全与健康的情况等,工会可以做出决定,支持工人拒绝操作,并督促领导限期解决。由于工会组织和劳动部门一样,不直接参与企业的经营和管理工作,在安全监督,尤其是对伤亡事故调查处理、对生产性建设工程项目"三同时"监督等方面,能够比较客观、公正地履行职责,发挥重要作用。

工会是群众团体,它的监督属于群众监督,并且通常只是通过批评、建议、揭发、控告等手段来实现,而不能采取国家监察的某些形式和方法,特别是不能采取那些以国家强制的形式表达国家命令的手段,因而它通常不具有法律的权威性。

在各级工会组织中,一般都设有劳动保护的工作机构或专(兼)职人员来监督事故预防工作,对企业,特别是对基层班组的事故预防工作起着重要的补充作用。各级工会组织根据中华全国总工会、国家经济贸易委员会《工业企业班组安全建设意见纲要》开展的安全班组建设活动,可以在协助领导加强安全管理工作,保障劳动者的安全与健康方面发挥重要作用。例如,对职工进行遵守安全生产法令、制度和遵守安全操作规程的教育,组织并协助领导开展安全生产的宣传和培训工作,及时总结和交流安全生产先进经验等。

3.3.2.5 劳动者遵章守纪

在事故致因中,人的不安全行为占有十分重要的位置。除了不断地改善生产条件,消除、控制生产过程中的各种物的不安全因素外,预防事故的最有效措施是劳动者自觉地遵章守纪。安全管理的一项重要内容就是教育、约束劳动者遵章守纪。

遵章守纪是指遵守安全生产方面的法规、制度、规范、标准和纪律。为了使劳动者能够自觉地遵章守纪,必须加强安全生产思想教育,牢固树立"安全第一"的思想。在安全管理工作中,要采取有效的教育措施,并建立相应的激励机制,激励职工的安全生产积极性和自觉性,变"要我安全"为"我要安全",要采取强制措施,建立相应的约束机制,规范、约束人们的行为。

思 考 题

3.1　试述制度化管理和人本管理的区别及相互关系。

3.2　试述法的内涵和作用。

3.3　试述安全法规的内涵和作用。

3.4　试述我国安全管理体制。

4 事故统计分析管理

运用数理统计来研究事故发生发展的规律,可以有效地控制和消除事故。它通过对大量的事故资料、数据进行加工、整理和综合分析,揭示事故的发生规律和分布特征,因而是安全管理工作的重要内容之一。科学、准确的统计分析结果能够描述一个企业、部门当前的安全状况,能够作为观察事故发生趋势、探查事故原因、制定事故预防措施、预测未来事故等的依据,对事故进行科学、有效地统计及分析,对于搞好安全管理和安全生产起着十分重要的作用。

4.1 概率及数理统计的基本原理和方法

事故统计分析是运用数理统计来研究事故发生规律的一种方法。事故的发生是一种随机现象。随机现象是在一定条件下可能发生也可能不发生,在个别试验、观测中呈现出不确定性,但是在大量重复试验、观测中又具有统计规律性的现象。

4.1.1 统计分布的基本概念

在概率论及数理统计中通过随机变量来描述随机现象。按定义,随机变量是"当对某量重复观测时仅由于机会而产生变化的量",它与人们通常接触的变量概念不同。随机变量不能简单地用一个数值来描述,必须用实际数字系统的分布来描述。由于实际数字分布系统不同,随机变量分为离散型随机变量和连续型随机变量。在描述事故统计规律时,需要恰当地确定随机变量的类型。例如,一定时期内企业事故发生次数只能是非负的整数,相应地,其数字分布系统是离散型的;两次事故之间的时间间隔则应该属于连续型随机变量,因为与时间相应的数字分布系统是连续型的。

为了描述随机变量的分布情况,利用数学期望(平均值)来描述其数值的大小:

$$\overline{x} = \frac{1}{n} \sum_{i=1}^{n} x_i \quad (i = 1,2,3,\cdots,n) \tag{4.1}$$

利用方差来描述其随机波动情况:

$$\sigma^2 = \frac{\sum_{i=1}^{n} (x_i - \overline{x})^2}{n-1} \tag{4.2}$$

式中,x_i 为观测值。

某一随机现象在统计范围内出现的次数称为频数。如果与某种随机现象对应的随机变量是连续型随机变量,则往往把它的观测值划分为若干个等级区段,然后考察某一等级区段对应的随机现象出现次数。在某规定值以下,所有随机现象出现频数之和称为累计频数。

某种随机现象出现频数与被观测的所有随机现象出现总次数之比称为频率。

4.1.2 事故统计分布

在研究事故发生的统计规律时,人们常常关心的是两次事故之间的时间间隔,即无事故时间(又叫作事故间隔时间);或者在一定时间间隔内事故发生的次数,即事故发生率。这些都可采用不同的统计分布加以描述。

1)指数分布

指数分布属于连续型随机变量的概率分布,可用来描述无事故时间(记为 T)的分布情况。以某次事故发生后的瞬间为初始时刻,到 t 时刻为止的时间间隔内发生事故的概率记为 $F(t)$,不发生事故的概率记为 $R(t)$,可分别表达为:

$$F(t) = P\{T \leqslant t\} \tag{4.3}$$

$$R(t) = 1 - F(t) \tag{4.4}$$

显然,$F(t)$ 就是无事故时间 T 的概率分布函数,当其可微时,有

$$f(t) = \frac{\mathrm{d}F(t)}{\mathrm{d}t}$$

$$F(t) = \int_0^t f(t)\mathrm{d}t$$

这里,$f(t)$ 称为无事故时间的概率密度函数。当 $\mathrm{d}t$ 非常小时,$f(t)\mathrm{d}t$ 表示在时间间隔 $(t, t+\mathrm{d}t)$ 内发生事故的概率。定义

$$\lambda(t) = \frac{f(t)}{R(t)} \tag{4.5}$$

为事故发生率函数。该式也可写成:

$$\lambda(t) = \frac{\mathrm{d}F(t)}{\mathrm{d}t R(t)} = -\frac{\mathrm{d}R(t)}{\mathrm{d}t R(t)}$$

对其积分

$$\int_0^t \lambda(t)\mathrm{d}t = -\left[\ln R(t)\right]_0^t = \ln R(t)$$

得

$$R(t) = \mathrm{e}^{-\int_0^t \lambda(t)\mathrm{d}t} \tag{4.6}$$

于是,自初始时刻到 t 时刻之间的事故发生概率为:

$$F(t) = 1 - R(t) = 1 - \mathrm{e}^{-\int_0^t \lambda(t)\mathrm{d}t} \tag{4.7}$$

严格地讲,事故发生率 λ 是时间的函数,但在一定时期内当系统的内部状态和外部条件没有明显变化时,可以近似地认为事故发生率是恒定的。当事故发生率为常数,即 $\lambda(t) = \lambda$ 时,事故发生概率变为指数分布:

$$F(t) = 1 - \mathrm{e}^{-\lambda t} \tag{4.8}$$

$$f(t) = \lambda \mathrm{e}^{-\lambda t} \tag{4.9}$$

根据上述指数分布规律可得,无事故时间的数学期望为:

$$E(T) = \frac{1}{\lambda} = \theta \tag{4.10}$$

它等于事故发生率 λ 的倒数,常记为 θ,称为平均无事故时间,或平均事故间隔时间。显然,平均无事故时间越长越好。

2）泊松分布

当事故时间分布服从指数分布，即事故发生率 λ 为常数时，一定时间间隔内事故发生次数 $N(t)$ 服从泊松（Poisson）分布。

自时刻 $t=0$ 到 t 时刻发生 n 次事故的概率记为：

$$P_n(t)=P\{N(t)=n\} \tag{4.11}$$

对于 $n=0,1,2,\cdots$，有：

$$P_n(t)=\frac{(\lambda t)^n}{n!}\mathrm{e}^{-\lambda t} \tag{4.12}$$

该式称作参数 λt 的泊松分布。由该式可以导出到 t 时刻发生不超过 n 次事故的概率：

$$P\{N(t)\leqslant n\}=\sum_{k=0}^{n}\frac{(\lambda t)^k}{k!}\mathrm{e}^{-\lambda t} \tag{4.13}$$

在实际事故统计中，往往取某一固定时间间隔作为单位时间。例如，1 月或 1 年等，在此单位时间（$t=l$）内，发生 n 次事故的概率为：

$$P_n(1)=\frac{\lambda^n}{n!}\mathrm{e}^{-\lambda} \tag{4.14}$$

在单位时间内发生事故不超过 n 次的概率为：

$$P\{N(1)\leqslant n\}=\sum_{k=0}^{n}\frac{\lambda^k}{k!}\mathrm{e}^{-\lambda} \tag{4.15}$$

3）置信区间

随机地从总体中抽取一个样本。在推断总体期望值的场合，我们可以根据样本观测值计算样本的期望值 $\hat{\theta}$。根据总体分布的概率密度函数，可以求出 $\hat{\theta}$ 落入任意两个值 t_1 与 t_2 之间的概率。对于某一特定的概率（$1-\alpha$），如果

$$P_r(t_1\leqslant\hat{\theta}\leqslant t_2)=1-\alpha \tag{4.16}$$

则称 t_1 与 t_2 之间（包括 t_1,t_2 在内）的所有值的集合为参数 $\hat{\theta}$ 的置信区间，t_1 与 t_2 分别为置信上限和置信下限。对应于置信区间的特定概率（$1-\alpha$）或称为置信度，α 称为显著性水平。

例如，期望值为 μ、方差为 σ 的正态分布，其观测值的 94.45% 可能落入（$\mu\pm2\alpha$）的范围内，如图 4.1 所示。置信度与置信区间在事故统计分析中具有重要意义，可以被用来估计统计分析的可靠程度，以及参数的区间估计。

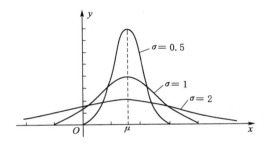

图 4.1　正态分布

4.2 伤亡事故的概念及分类

4.3.1 伤亡事故的概念

1991年3月1日,国务院75号令发布的《企业职工伤亡事故报告和处理规定》对伤亡事故的定义是:"职工在劳动过程中发生的人身伤害、急性中毒事故。"对此概念可理解为:伤亡事故是指企业职工在生产区域内、工作时间中从事与生产有关的劳动或工作时,由于来自生产过程中的危险因素和有害因素的影响,从而导致的突然使人体组织受到损伤或使某些器官失去正常功能的人身伤害或急性中毒事故。

工伤事故既包括工作意外事故又包括职业病所致的伤残及死亡。所谓"伤",是指劳动者在生产工作中发生意外事故,致使身体器官或生理功能受到损害。它分为器官损伤和职业病损伤两类情况,一般表现为暂时性的、部分的劳动能力丧失。所谓"残",是指劳动者在因工负伤或患职业病后,虽经治疗休养仍难痊愈,以致身体功能或智力不全。它分为肢体缺损和智力丧失两类情况,一般表现为永久性的部分劳动能力丧失,或者是永久性的全部劳动能力丧失。

弄清伤亡事故的政策界限,也关系着伤亡事故报告、统计是否真实、准确的问题。

伤亡事故首先指的是企业发生的伤亡事故,事业单位及人民团体发生的伤亡事故参照执行国务院75号令。所谓参照执行,就是按照75号令进行报告、调查、分析、处理及结案,但劳动部门不进行统计。这里所说的企业,是指中华人民共和国境内一切从事经济活动(包括商品的生产、流通、经营、服务),以盈利为目的,并在工商行政管理部门注册的独立核算单位(具有独立的组织形式,独立核算盈亏,有权与其他单位签订合同的单位),包括一切国有、集体、乡镇、个体企业,也包括外商合资、合作、独资企业。总之,我国境内的一切企业均在伤亡事故报告、统计范畴之内。

职工是指由企业支付工资的各种用工形式的工人、干部,其中包括固定工、合同工、协议工及临时工等。这里强调的是由企业支付工资,对于不支付工资的,如民工、居民、外来参观实习者及行人等,虽然也要报告、统计,但记在"企业外人员"栏目内。

在我国,"伤亡事故"与"工伤"是不同范畴的两个概念。但在实际工作中,人们往往将其混为一谈,造成概念混乱,影响工作的开展。

伤亡事故是属于劳动安全范畴的概念。伤亡事故的报告、调查、分析、处理和统计,是负责劳动安全的有关部门的重要工作之一。其目的是全面掌握各类企业、各地区以及全国的安全生产态势,使国家及时发现问题,调整安全生产政策、法规,采取果断措施,控制事故发展趋势,使国家安全生产沿着健康、稳定的道路发展。这是一项关系全局的安全生产工作,也是保护人身安全权益的大事。

工伤是属于工伤保险范畴的概念。工伤的认定、评残、待遇、预防及康复等,是工伤保险部门负责的主要工作任务。其目的是保障劳动者在工作中遭受事故伤害和患职业病后获得医疗救助、经济补偿赔偿和职业康复的权利,分散工伤风险,促进工伤预防。

伤亡事故和工伤分别由国家劳动安全监督检查行政部门和工伤保险机构管理,而事故发生则均在基层企业,处理过程涉及工会组织、公检法系统、卫生部门和行业主管部门。

因此,有必要弄清二者的概念,以便明确分工,划分政策界限。

4.2.2　伤亡事故的分类

为了加强事故管理特别是统一事故统计口径的需要,为了评价企业安全状况并提高可比性,为了便于对事故的科学分析和事故资料的积累,一般对伤亡事故进行如下分类:

1) 按事故类别分类

依据国家标准《企业职工伤亡事故分类》(GB 6441—86),按致害原因将事故类别分为20类,见表4.1。

表 4.1　按致害原因的事故分类

序号	事故类别	备注
1	物体打击	指落物、滚石、捶击、碎裂、崩块、砸伤,不包括爆炸引起的物体打击
2	车辆伤害	包括挤、压、撞、颠覆等
3	机械伤害	包括铰、碾、割、戳
4	起重伤害	各种起重作业引起的伤害
5	触电	电流流过人体或人与带电体间发生放电引起的伤害,包括雷击
6	淹溺	各种作业中落水及非矿山透水引起的溺水伤害
7	灼烫	火焰烧伤、高温物体烫伤、化学物质灼伤、射线引起的皮肤损伤等,不包括电烧伤及火灾事故引起的烧伤
8	火灾	造成人员伤亡的企业火灾事故
9	高处坠落	包括由高处落地和由平地落入地坑
10	坍塌	建筑物、构筑物、堆置物倒塌及土石塌方引起的事故,不适用于矿山冒顶、片帮及爆炸、爆破引起的坍塌事故
11	冒顶片帮	指矿山开采、掘进及其他坑道作业发生的顶板冒落、侧壁垮塌
12	透水	适用于矿山开采及其他坑道作业时因涌水造成的伤害
13	爆破*	由爆破作业引起,包括因爆破引起的中毒
14	火药爆炸	生产、运输和储藏过程中的意外爆炸
15	瓦斯爆炸	包括瓦斯、煤尘与空气混合形成的混合物的爆炸
16	锅炉爆炸	适用于工作压力在 0.07 MPa 以上、以水为介质的蒸汽锅炉的爆炸
17	压力容器爆炸	包括物理爆炸和化学爆炸
18	其他爆炸	可燃性气体、蒸汽、粉尘等与空气混合形成的爆炸性混合物的爆炸;炉膛、钢水包、亚麻粉尘的爆炸等
19	中毒和窒息	职业性毒物进入人体引起的急性中毒、缺氧窒息性伤害
20	其他	上述范围之外的伤害事故,如冻伤、扭伤、摔伤、野兽咬伤等

* 在 GB 6441—86 标准中为"放炮"。"放炮"在《煤炭科技名词》中已规范为"爆破"。

2) 按伤害程度分类

事故发生后,根据事故给受伤害者带来的伤害程度及其劳动能力丧失的程度可将事故分为轻伤、重伤和死亡3种类型:

(1) 轻伤事故:损失工作日低于105日的失能伤害(受伤者暂时不能从事原岗位工作)的事故。

(2) 重伤事故:造成职工肢体残缺或视觉、听觉等器官受到严重损伤,一般能导致人体功能障碍长期存在的,或者损失工作日等于或超过 105 日(小于 6 000 日),劳动能力有重大损失的失能伤害事故。

一般而言,凡有下列情形之一的,即为重伤事故:

① 经医生诊断已成为残废或可能成为残废的。

② 伤势严重。需要进行较大的手术才能抢救的。

③ 人体的要害部位严重烧伤、烫伤,或虽非要害部位,但烧伤、烫伤面积占全身面积的 1/3 以上的。

④ 严重的骨折(胸骨、肋骨、脊椎骨、锁骨、肩胛骨、腕骨、腿骨和脚骨等部位因受伤引起的骨折),严重脑震荡等。

⑤ 眼部受伤较重有失明可能的。

⑥ 大拇指轧断一节的;食指、中指、无名指、小指任何一指轧断两节或任何两指各轧断一节的;局部肌腰受伤甚剧,引起机能障碍,有不能自由伸曲的残废可能的。

⑦ 脚趾轧断三趾以上的;局部肌腱受伤甚剧引起机能障碍,有不能行走自如的残废可能的。

⑧ 内部伤害:内脏损伤、内出血或伤及胸膜的。

⑨凡不在上述范围以内的伤害,经医生诊断后,认为受伤较重,可根据实际情况参考上述各点,由企业提出初步意见,报当地劳动安全管理部门审查确定。

(3) 死亡事故:事故发生后当即死亡(含急性中毒死亡)或负伤后在 30 日内死亡的事故。死亡的损失工作日为 6 000 日(根据我国职工的平均退休年龄和平均死亡年龄计算出来的)。

急性中毒是指生产性毒物一次或短期内通过人的呼吸道、皮肤或消化道大量进入人体,使人体在短时间内发生病变,导致职工死亡或必须接受急救治疗的事故。急性中毒的特点是发病快,一般不超过 1 个工作日。有的毒物因毒性有一定的潜伏期,有可能使受害者在结束工作数小时后发病。

此种分类中所涉及的损失工作日数,均可按 GB 6441—86 中的有关规定选取或计算。

3) 按事故严重程度分类

按事故严重程度分类是根据事故造成的人员伤害程度及其受伤害人数来进行的。

(1) 轻伤事故:在一次事故中只有轻伤发生的事故。

(2) 重伤事故:在一次事故中有重伤(包括轻伤)但无死亡发生的事故。

(3) 死亡事故:一次死亡 1 或 2 人的事故。

(4) 重大死亡事故:一次死亡 3～9 人的事故。

(5) 特大伤亡事故:一次死亡 10 人以上(含 10 人)的事故。

(6) 特别重大死亡事故:根据原劳动部《特别重大事故调查程序暂行规定》(1990 年 3 月 20 日发布)的有关条款,特别重大事故是指下列情形之一:

① 民航客机发生的机毁人亡(死亡 40 人及其以上)事故。

② 专机和外国民航客机在中国境内发生的机毁人亡事故。

③ 铁路、水运、矿山、水利、电力事故造成一次死亡 50 人及其以上,或者一次造成经济损失 1 000 万元及其以上的事故。

④ 公路和其他发生一次死亡 30 人及其以上或直接经济损失在 500 万元及其以上的事故(航空、航天器科研过程中发生的事故除外)。

⑤ 一次造成职工和居民 100 人及其以上的急性中毒事故。

⑥ 其他性质特别严重、产生重大影响的事故。

4) 按经济损失程度分类

根据一次事故造成的经济损失额(包括直接经济损失和间接经济损失,下同),可对事故进行如下分类:

(1) 一般损失事故:经济损失小于 1 万元的事故。

(2) 较大损失事故:经济损失大于 1 万元(含 1 万元)小于 10 万元的事故。

(3) 重大损失事故:经济损失大于 10 万元(含 10 万元)小于 100 万元的事故。

(4) 特大损失事故:经济损失大于 100 万元(含 100 万元)的事故。

5) 按受损方式分类

这种分类方法可将事故分为以下几种:

(1) 火灾及爆炸事故:由可燃物质燃烧或爆炸所引起的事故。

(2) 破裂及崩塌事故:高压容器破裂、钢丝绳断裂、构筑物或机械设备及装置倒塌、砂或土或隧道崩塌等事故。

(3) 工业中毒事故:由于人体接触有毒物质或吸入有毒气体引起的中毒事故。

(4) 劳动伤害事故:如坠落、重物压伤、触电、跌倒引起的骨折、挫伤、创伤、烧伤等事故。

事故分类方法的选择,取决于对伤亡事故进行统计的目的和范围。上级管理部门需要综合掌握全局性的伤亡事故的情况,可选择比较笼统的事故类别划分方法;某个部门或某个企业为了便于追究事故的根源和探索整改方案,常常需要对事故进行比较细致的划分。在样本数一定的情况下,分类越细数据越分散。为了保证分类较细而数据又不过于分散,有时就需要扩大统计范围。

4.3 伤亡事故的统计

4.3.1 伤亡事故统计分析的作用

伤亡事故统计分析是伤亡事故综合分析的主要内容。它是以大量的伤亡事故资料为基础,应用数理统计的原理和方法、从宏观上探索伤亡事故发生原因及规律的过程。

1) 伤亡事故统计分析的目的

(1) 进行企业外的对比分析。依据伤亡事故的主要统计指标进行部门与部门之间、企业与企业之间、企业与本行业平均指标之间的对比。

(2) 对企业、部门的不同时期的伤亡事故发生情况进行对比,用来评价企业安全状况是否有所改善。

(3) 发现企业事故预防工作存在的主要问题,研究事故发生原因,以便采取措施防止事故发生。

2) 伤亡事故统计分析的作用

(1) 能够提供某个时期内伤亡事故的全部情况,包括事故的发生次数、事故类别、严重程度、受害者基本情况、事故所涉及的机器及工具设备、与事故有关的行为类型、事故最常发生的时间和地点等。

(2) 通过对企业历年伤亡事故资料的统计分析,可以了解企业安全生产管理工作的发展趋势和特点,可以发现事故的发生规律,可以找出安全生产管理工作的薄弱环节及其存在的问题,为研究制订安全工作计划、进行安全检查和安全决策提供一定的依据。

(3)伤亡事故统计分析是实行工伤保险浮动费率制和差别费率制的基本条件。

(4)伤亡事故统计分析是开展安全性评价工作的重要前提条件之一。特别是能为各级领导部门掌握全局性的安全生产状况,制定安全目标值提供重要依据。

因此,企业必须十分重视对伤亡事故的统计分析工作,要按规定及时上报统计分析结果,切实保证统计数据的全面性和准确性。

4.3.2 伤亡事故统计方法

事故统计发生通常可以分为描述统计和推断统计两部分。

1)描述统计

描述统计主要是指在获得数据之后,通过分组、有关图表等对现象加以描述。

事故统计是企业、国家建立伤亡事故管理使用的原始记录,是进行事故统计分析的依据,包括生产安全事故情况、火灾事故情况、特种设备事故情况等十种报表。为了搞好伤亡事故的定期统计工作,国家安全生产监督管理总局 2008 年 3 月下发了《生产安全事故统计制度》,要求以此对中华人民共和国领域内从事生产经营活动中发生的造成人员死亡、重伤(包括急性中毒)或者直接经济损失的生产安全事故进行统计上报。事故统计报表目录如表 4.2 所列。

表 4.2　安全生产事故统计报表目录

表号	表名	报告期别	填报范围	报送单位	报送日期及方式
A1 表	生产安全事故登记表	即时报送	生产安全事故	县级以上应急管理部门	接报后 24 h 内在"直报系统"中填报
A2 表	生产安全事故伤亡(含急性工业中毒)人员登记表	即时报送	同上	同上	事故发生 30 日内(火灾、道路运输事故发生 7 日内)伤亡人员发生变化的,应及时补充完善伤亡人员情况。因特殊原因无法及时掌握的部分事故信息,应持续跟踪并予以完善
B1 表	生产安全事故按行业统计表	月报、年报	同上	同上	月报于次月 8 日报送,年报于次年 1 月 8 日报送
B2 表	生产安全事故按地区统计表	月报、年报	同上	同上	月报于次月 8 日报送,年报于次年 1 月 8 日报送

基于真实、准确、完整、及时的生产安全事故数据统计,可以通过绘制柱状图、趋势图、管理图、饼状图、扇形图、玫瑰图、分布图等来直观地展示各生产经营单位、各行业、各地区的产生安全状况,有助于深入分析安全生产形势、科学预测安全生产发展趋势,为安全生产监管工作提供可靠的信息支持和科学的决策依据。

常用的伤亡事故统计方法主要有柱状图、趋势图、管理图、饼状图、扇形图、玫瑰图和分布图。

2)推断统计

推断统计是指通过抽样调查等非全面调查,在获得样本数据的基础上,以概率论和数量统计为依据,对总体情况进行科学推断。通过建立回归模型对现象的依存关系进行模拟、对未来情况进行预测。

预测是人们对客观事物发生变化的一种认识和估计。通过预测可以对事物在未来发生的可能性及发生趋势做出判断和估计,提前采取恰当措施,避免人员伤亡,减少事故损失,防止事故的发生。

事故发生可能性预测是根据以往的事故经验,对某种特定的事故(如倒塌、火灾、爆炸等)能否发生以及发生的可能性进行预测。而事故发生趋势预测主要依据关于事故发生情况的统计资料,对未来事故发生的趋势进行预测。

在宏观安全管理中,往往利用伤亡事故发生趋势预测方法寻找安全管理目标的参考值。在伤亡事故发生趋势预测方法中,回归预测法简单易行,具有一定准确性,因而被广泛应用。此外,还有指数平滑法、灰色系统预测法等方法。

4.3.3 伤亡事故统计的主要指标与计算方法

1) 伤亡事故统计指标

(1) 综合类伤亡事故统计指标体系。为了综合反映我国生产安全事故情况,国家安全生产监督管理总局成立后,围绕国家安全生产监督管理总局安全生产工作的总体思路和部署,结合我国经济发展和行业特点,借鉴国外先进的生产安全事故指标体系和分析方法,对统计指标体系进行了改革,提出了适应我国的生产安全事故综合类伤亡事故统计指标体系。

事故统计指标通常分为绝对指标和相对指标。绝对指标是指反映伤亡事故全面情况的绝对数值,如事故起数、死亡人数、重伤人数、轻伤人数、直接经济损失、损失工作日等。相对指标是伤亡事故的两个相联系的绝对指标之比,表示事故的比例关系,用事故伤害频率来表示,可以反映企业生产过程中职工受到事故伤害的情况(比率),并作为比较不同部门间伤害情况的基准之一,如千人重伤率、千人死亡率、百万吨死亡率等。事故统计指标如图 4.2 所示。

(2) 行业类统计指标体系。目前,我国安全生产涉及工矿企业(包括商贸流通企业)、道路交通、火灾、水上交通、铁路交通、民航飞行、农业机械、渔业船舶等行业。各有关行业主管部门针对本行业特点,制定并实施了各自的事故统计报表制度和统计指标体系,从而反映本行业的事故情况。

① 工矿企业类伤亡事故统计指标体系。工矿企业类伤亡事故统计指标体系包括:煤矿企业伤亡事故统计指标、金属和非金属矿企业(原非煤矿山企业)伤亡事故统计指标、工商企业(原非矿山企业)伤亡事故统计指标、建筑业伤亡事故统计指标、危险化学品伤亡事故统计指标、烟花爆竹伤亡事故统计指标。各有关行业主管部门针对本行业特点,制定并实施了各自的事故统计报表制度和统计指标体系来反映本行业的事故情况。这 6 类统计指标均包含伤亡事故起数、死亡事故起数、死亡人数、重伤人数、轻伤人数、直接经济损失、损失工作日、重大事故起数、重大事故死亡人数、特大事故起数、特大事故死亡人数、特别重大事故起数、特别重大事故死亡人数、千人死亡率、千人重伤率、百万工时死亡率、重大事故率、特大事故率。另外,煤矿企业伤亡事故统计指标还包含百万吨死亡率。

② 道路交通事故统计指标。包括事故起数、死亡事故起数、死亡人数、受伤人数、直接财产损失、重大事故起数、重大事故死亡人数、特大事故起数、特大事故死亡人数、特别重大

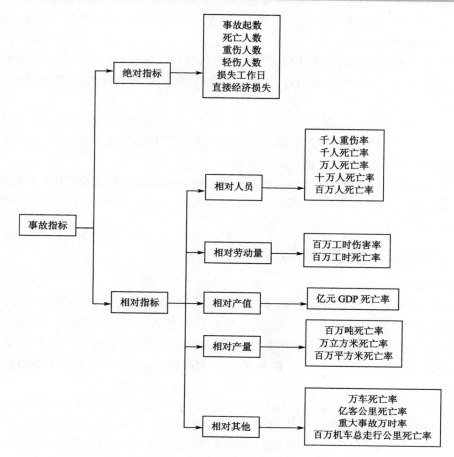

图 4.2 事故统计指标体系

事故起数、特别重大事故死亡人数、万车死亡率、十万人死亡率、生产性事故起数、生产性事故死亡人数、重大事故率、特大事故率。

③ 火灾事故统计指标。包括事故起数、死亡事故起数、死亡人数、受伤人数、直接财产损失、重大事故起数、重大事故死亡人数、特大事故起数、特大事故死亡人数、特别重大事故起数、特别重大事故死亡人数、百万人火灾发生率、百万人火灾死亡率、生产性事故起数、生产性事故死亡人数、重大事故率、特大事故率。

④ 水上交通事故统计指标。包括事故起数、死亡事故起数、死亡和失踪人数、受伤人数、直接经济损失、重大事故起数、重大事故死亡人数、特大事故起数、特大事故死亡人数、特别重大事故起数、特别重大事故死亡人数、沉船艘数、千艘船事故率、亿客公里死亡率、重大事故率、特大事故率。

⑤ 铁路交通事故统计指标。包括事故起数、死亡事故起数、死亡人数、受伤人数、直接经济损失、重大事故起数、重大事故死亡人数、特大事故起数、特大事故死亡人数、特别重大事故起数、特别重大事故死亡人数、百万机车总走行公里死亡率、重大事故率、特大事故率。

⑥ 民航飞行事故统计指标。包括飞行事故起数、死亡事故起数、死亡人数、受伤人数、重大事故万时率、亿客公里死亡率。

⑦ 农机事故统计指标。包括伤亡事故起数、死亡事故起数、死亡人数、重伤人数、轻伤

人数、直接经济损失、重大事故起数、重大事故死亡人数、特大事故起数、特大事故死亡人数、特别重大事故起数、特别重大事故死亡人数、重大事故率、特大事故率。

⑧ 渔业船舶事故统计指标。包括事故起数、死亡事故起数、死亡和失踪人数、受伤人数、直接经济损失、重大事故起数、重大事故死亡人数、特大事故起数、特大事故死亡人数、特别重大事故起数、特别重大事故死亡人数、千艘船事故率、重大事故率、特大事故率。

2）伤亡事故统计指标的计算方法

国家标准《企业职工伤亡事故分类》(GB 6441—86)规定了 6 种伤亡事故统计相对指标及其计算方法。

（1）千人死亡率。千人死亡率表示某时期内,被统计单位平均每千名职工中,因工伤事故造成的死亡人数。其计算公式为:

$$千人死亡率 = \frac{死亡人数}{平均职工人数} \times 10^3 \tag{4.17}$$

（2）千人重伤率。千人重伤率表示某时期内,被统计单位平均每千名职工中,因工伤事故导致重伤的人数。其计算公式为:

$$千人重伤率 = \frac{重伤人数}{平均职工人数} \times 10^3 \tag{4.18}$$

（3）伤害频率。伤害频率表示被统计单位在某时期内,每百万工时因事故造成伤害的人数。伤害人数指轻伤、重伤、死亡人数之和。其计算公式为:

$$百万工时伤害率(A) = \frac{伤害人数}{实际总工时数} \times 10^6 \tag{4.19}$$

（4）伤害严重率。伤害严重率表示被统计单位在某时期内,平均每百万工时因事故造成的损失工作日数。其计算公式为:

$$伤害严重率(B) = \frac{总损失工作日数}{实际总工时数} \times 10^6 \tag{4.20}$$

（5）伤害平均严重率。伤害平均严重率表示每一受伤害人次的平均损失工作日。其计算公式为:

$$伤害平均严重率(N) = \frac{B}{A} = \frac{总损失工作日数}{伤害人数} \tag{4.21}$$

（6）按产品、产量计算的死亡率。最常用的按产品、产量计算的死亡率是百万吨死亡率和万立方米木材死亡率,即:

$$百万吨死亡率 = \frac{死亡人数}{实际产量(t)} \times 10^6$$
$$万立方米木材死亡率 = \frac{死亡人数}{实际产量(m^3)} \times 10^4 \tag{4.22}$$

以上各式中实际总工时的计算,可采用精确或近似两种算法,目前国内倾向于采用如下方法计算:

当出勤率是对全部职工而言时

总工时数＝全部职工满勤的工时数×出勤率－因停产造成的非工作小时＋加班工时数

当出勤率仅对工人而言时

总工时数＝全部工人满勤的工时数×出勤率＋全部职员的工时数－

因停产造成的非工作小时数＋加班工时数

上述的千人死亡率和千人重伤率是为完成"事故月报表"而制定的。它们适用于企业以及省、市、县级劳动安全监察部门和有关部门上报伤亡事故时使用,其特点是易于统计、行文方便,但不利于综合分析。

百万吨死亡率和万立方米木材死亡率,是按产品产量计算的平均死亡率。它们考虑了冶金、矿山、林场等部门或行业的特点,且利于与国际同行业相比较;既可用于综合分析,又可用于按要求上报事故。

伤害频率、伤害严重率和伤害平均严重率,是用于评价安全管理工作成效的常用的计算指标,其计算方法是国际上所通用的。

伤害频率和伤害严重率之所以用 100 万小时进行计算,主要是考虑到用图表进行事故分析时,图形较为稳定,易于掌握伤害事故的变化趋势。需要说明的是,其中的"伤害频率"只是对企业发生伤害事故的人次数的计算,虽然能在一定程度上反映企业的安全状况,但用它来评价企业安全管理工作的成效尚有一定的局限性,也就是说它不是评价企业安全管理工作成效的理想参数。例如,甲乙两个同种类型、同等规模的企业,甲企业因事故死亡 3 人,乙企业发生重轻伤 3 人,如果用伤害频率作为评价指标的话,将得到两个企业的安全管理状况相同的评价结果。显然,这是不符合实际情况的。而伤害严重率则可用数值区别不同事故的伤害严重程度。对于以控制后果严重的事故为主要目标的事故管理工作而言,该指标的计算具有更重要的意义。

其他的统计指标还有事故损失率、事故补偿率、事故危险率、亿元国内生产总值(GDP)死亡率。

事故损失率:平均每死亡 1 人所损失的工作日数,即

$$事故损失率 = \frac{报告期总损失的工作日数}{报告期的死伤人数} \qquad (4.23)$$

事故补偿率:直接补偿费占工资总额的百分比,即

$$事故补偿率 = \frac{报告期的补偿费}{报告期的工资总额} \times 100\% \qquad (4.24)$$

事故危险率:单位产量的死伤人数,即

$$事故危险率 = \frac{报告期的死伤人数}{报告期的生产量} \qquad (4.25)$$

亿元国内生产总值(GDP)死亡率:某时期内,某地区平均每生产亿元国内生产总值时造成的死亡人数,即

$$亿元国内生产总值(GDP)死亡率 = \frac{死亡人数}{国内生产总值(亿元)} \qquad (4.26)$$

3）应用伤亡事故统计指标该注意的问题

事故的发生是一种随机现象。按照伯努利(Bernoulli)大数定律,只有样本容量足够大时,随机现象出现的频率才趋于稳定。样本容量越小,即观测的数据量越少,随机波动越强烈,统计结果的可靠性越差。

因此,在实际工作中利用上述指标进行伤亡事故统计时,为了获得可靠的统计结果,应该设法增加样本的容量,可以从两个方面采取措施。

(1)延长观测期间。在职工人数较少的单位,可以通过适当增加观测期间来扩大样本容量。一般认为,统计的基础数字如果低于 20 万工时,则每年统计的伤亡事故频率会有明显的波动,往往很难据此做出正确的判断;当总的工时数达到 100 万工时,可以得到比较稳定的结果。在这种情况下才能做出较为正确的结论。

（2）扩大统计范围。为了扩大样本容量，美国、日本等国的一些安全专家主张扩大伤亡事故的统计范围。以往的伤亡事故统计只包括造成歇工一个工作日以上的事故，他们建议，应该把歇工不到一个工作日的事故也包括进去。美国劳工统计局职业安全和健康署（U. S. BLS-OSHA）规定：损失工作日不只计算损失的日历日数，而且将因受伤调配到临时岗位的事故及受伤人员虽然能够在其本身的岗位上工作但是不能发挥全部效率，或者不能全天工作的情况，也作为"须记录的事故"。莱阿梅尔提议，将工厂医务所就诊的工伤事故也都统计到伤害事故频率里。

采用了以上措施后，由于统计的伤害事故数增加了，因此伤亡事故频率也增加了，在同样统计基础数字的情况下，统计结果的可靠性也就提高了。

思 考 题

4.1 为什么说置信度与置信区间在事故统计分析中具有重要意义？

4.2 如何理解事故发生率和无事故时间是衡量一个企业或部门安全程度的重要指标？

4.3 事故的基本特性有哪些？掌握和研究这些特性，有何重要意义？

4.4 如何对伤亡事故进行分类？其意义是什么？

4.5 伤亡事故统计分析的目的与作用是什么？

4.6 什么是描述统计和推断统计？常用的伤亡事故统计方法有哪些？

4.7 伤亡事故统计的主要指标分为几类？其计算方法有哪些？

5　事故应急与后果管理

现代化大生产的规模日趋扩大,操作系统也日趋复杂。在生产过程中,巨大能量潜伏着重大危险,尤其是重大火灾、爆炸、毒物泄漏事故危害重大。通过安全设计、操作、维护、检察等;虽然可以在一定程度上防止事故的发生,但由于安全投入的有限性,这些措施只能减小事故发生的可能性,不能绝对性避免事故的发生,这就使得事故发生后的应急处理显得尤为必要。事故应急管理系统即可以通过事前计划和应急措施,充分利用一切可能的力量,在事故发生后迅速控制事故发展并尽可能排除事故,保护现场人员的安全,将事故对人员、财产和环境造成的损失降到最低。

事故应急管理是一门比较年轻的学科,尚处于不断发展和完善的阶段,有许多概念和内容还有待于进一步的研究和深化,至今还未形成较为完整的理论体系框架结构。目前,事故应急管理体系经历了 3 个发展阶段:

第一阶段为单一灾种管理阶段。对已有事故进行分类,对每一大类,成立或归属于相应的管理部门负责应急管理,比如消防部门、公安部门、安全生产监督部门、铁路民航部门等。各部门各行其责,相互之间没有直接和必然的联系,形成各自为政的管理方式。

第二阶段为综合灾种管理阶段。许多事故的应对需要多个管理部门协作共同处置,而且需要社会力量的参与。通过技术手段,实现应急管理部门之间的协同作战。各管理部门的应急管理基本保持原有的管理方式,仅仅增加了部门之间的合作机制和协作方式。

第三阶段为全面应急管理阶段。建立事故应急管理体系,全面整合全社会的应急力量与应急资源,制定统一的战略、统一的政策和统一的应急管理措施,实施统一的组织安排和资源支持等,打破以往的应急管理模式,从规划、组织、机制、资源、平台到管理,构成对各种事故处置的纵向一体化应急管理体系。

5.1　事故应急与后果管理的目的和意义

多年来,我国在消防、地震、洪水、核事故、森林火灾、海上搜救、矿山和化学等领域已逐步建立了一些应急指挥机构和应急管理队伍。然而,在事故救援能力上以及整体综合协调能力上仍存在不少问题,严重地影响了我国近年来的一些重大救援活动。缺乏事故应急管理理论的支持以及应急管理体系不够完善是导致我国重特大事故频发、伤亡后果严重的重要原因之一。

为了提高应急管理工作的整体水平,减少由于各种重大事故造成的人员伤亡和财产损失,必须加强应急管理体系建设工作,并逐步使应急管理规范化、法制化和科学化。应急管理体系是开展安全生产应急管理工作的重要基础。建立健全应急预案体系、应急管理体制、机制、法制,创新安全生产应急管理的方法与手段,建立具有特色的一体化应急平台,构建应急管理体系建设模式,规范事故应急处置的相关程序,为各部门、企业开展应急管理工作提供必要的法律依据和技术手段。

　　事故应急管理的主要目标是控制紧急事件的发生与发展并尽可能消除事故,将事故对人、财产和环境的损失减小到最低程度。工业化国家的统计表明,有效的应急系统可将事故损失降低到无应急系统的 6%。不仅如此,科学的、切合实际的、完备的事故应急管理还体现了对重大事故的全过程管理,贯穿于事故的发生前、中、后的各个过程,涵盖并运用了现代安全理论,充分反映了"预防为主,常备不懈"的应急思想。有效的事故应急管理和后果管理对于预防事故、迅速应急处理事故、降低事故的损失具有巨大的实际意义。

　　1) 事故应急管理体系反映了安全管理工作的本质,包含了安全管理活动的主体

　　事故应急管理是一个动态的过程,包括预防、准备、响应和恢复 4 个阶段。它们相互关联,构成了事故应急管理的循环过程。

　　以上 4 个阶段首尾相连、循环渐进,其预防阶段深刻地反映了安全管理工作的本质,即"防范胜于救灾"的思想、追求设备本质化安全的思想;同时,这 4 个阶段从不同角度全面揭示了安全管理活动的主体,即事故的预防、针对可能发生的事故开展的应急能力的准备(组织机构、职责、预案、演练、应急物资等)、事故状态下的高效救援、事故原因分析、事故的恢复等。

　　2) 事故应急管理是现代安全管理思想的集中体现

　　(1) 事故应急管理体现了"安全第一、预防为主、综合治理"的安全工作方针。在事故应急管理的准备阶段以及编制事故预案前,针对一个具体的危险源,我们根据应急管理要素与预案的编制原则对该危险源存在的危害因素进行充分的辨识、评估及风险性分析;同时,根据评价结果能够通过技术措施、管理措施消除部分危害因素。即使有部分危害因素不能从根本上予以消除,也可以采取诸如增设隔离墙、减少危险物质的量、强化个体防护等措施减缓、降低可能发生的事故对人员、财产、环境的损害与损失。因此,事故应急管理的事故救援思想,充分体现了"安全第一、预防为主、综合治理"的安全工作方针。

　　(2) 事故应急救援体现了现代安全管理的人本原理。重大事故应急预案的 6 个核心要素之一,即方针与原则要素,反映了应急救援工作的优先方向等问题,优先方向明确地规定了保护人员安全优先的原则,这体现了以人为本的现代安全管理的人本思想。

　　(3) 事故应急管理系统充分运用了现代安全管理方法、手段。在事故应急管理系统中,准备阶段关于事故应急预案的建立、维护等过程管理充分运用了现代安全管理方法、手段。重大事故应急预案的策划阶段运用了危险辨识、风险评价等现代安全管理方法;事故响应,即应急救援行动充分反映了现代安全管理的统一指挥、高效协作的思想;预案的评审管理充分体现了现代安全管理的持续更新思想。

　　3) 事故应急救援预案是提高员工安全意识、增强职工安全防护技能的有效载体

　　提升职工安全意识、增强职工安全防护技能是企业安全管理的一项长期性基础工作,在提升职工安全意识、增强职工安全技能上也积累了一些好的方法、手段,的确也收到了一定的效果。但是,职工安全意识和安全防护技能的总体水平与工业化国家相比尚有较大差距。在我国所发生各类事故中,因人的不安全行为所致的事故仍然占相当大的比例。

　　事故应急救援预案是针对具体危险源而编制的。一个完备的预案,应包含对危险源潜在的各种危险因素的详细描述,包含可能发生的各类事故模式的描述,包含正常状态向事故临界状态转变的条件描述以及应采取的应急措施等。因此,对员工进行应急预案的培训学习、演练,能让职工真切地知晓工作岗位、作业环境所存在的危险因素、危险因素转变为事故的必要条件及紧急状况下应采取的应急措施等内容,这样的培训与演练能让员工对危险性有深刻的认识,才能真正地锤炼他们应对突发事故的安全本领,通过这样长期反复的培训必将对全面提升员工安全意识、增强员工安全防护技能起到积极的作用。

4)事故应急管理是控制事故发生与发展并尽可能消除事故,降低事故灾害的根本保障企业

所谓安全管理工作,就是要通过技术手段、管理手段、教育手段消除生产过程中的物的不安全状态、人的不安全行为,最大限度地消除生产安全事故的发生或降低事故灾害,为企业生产经营服务。事故应急管理体系是我们实现安全生产的有力保障。

客观地讲,想要通过对设施、设备、工艺等采取技术措施,从根本上消除危害因素,实现绝对的本质安全,这是不太现实的,也是不太可能的,只是我们的一个努力方向和追求的理想境界而已。但可以肯定的是,运用事故应急管理方法,必将最大限度地消除和控制诸多的危险源,大大减少事故的发生,将会很好地净化安全生产环境。

然而,我们也必须要面对相当一部分危险因素有转变为事故的可能。在事故发生时,可以按事先策划好的程序,知道该怎么做、做什么、由谁做;可以高效且充分地使用事先准备好的应急资源;可以让所有的应急能力得到充分的实施;各应急组织、应急专业队能协调一致,高效运作。因此,事故应急救援体系能够帮助我们控制事态的发展,有效地消除事故,降低事故对人员的伤害,减少事故对财产的损失以及事故对环境的破坏。基于以上分析,认为事故应急管理是控制事故发生与发展并尽可能消除事故、降低事故灾害的根本保障。

一个企业,尤其是高危行业的企业,若能正确地运用与践行事故应急管理思想,按照事故应急管理体系思想,以抓事故应急救援管理工作为主线开展安全管理工作,积极推动企业从被动管理向主动防范转变,这些措施必将全面推动企业安全管理水平上台阶,也必将对扭转我国工业性重特大安全事故频发的事态起到积极的作用。

5.2 事故应急管理的基本原理和方法

5.2.1 应急管理基本理论

1)事故生命周期模型

事故类型虽然多种多样,但都具有基本相同的生存过程,都要经历潜伏期、爆发期、影响期和结束期4个阶段的演变,这也就是事故的生命周期。

(1)潜伏期。与其他阶段相比,潜伏期一般具有较长的时期。在此期间,事故处于质变前的量的积累过程,待量积累到一定的程度后,便处于一触即发的状态,一旦"导火索"被引燃,就会立即爆发出来,给社会带来危害。

在事故爆发之前,会有一些不同于以往的征兆通过各种形式表现出来,比如大地震来临前,动物会有异常的行为,水源会有异常的迹象反应。事故爆发前的各种征兆和迹象为应急预防工作创造了有利条件,可通过有效的措施和手段,切断引发事故爆发的导火索,逐步释放其积累的能量,缓解问题的严重性,将事故消灭在萌芽状态。在目前社会条件下尽管有些事故的爆发还难以控制,但是可以通过提前做好各方面准备工作来降低其危害程度。

(2)爆发期。爆发期是事故发生质变后的一个能量宣泄过程,此阶段一般持续时间比较短而猛烈。受导火索的触发,潜伏期逐步积累起来的能量通过一定的形式快速释放,产生巨大的破坏力,给整个社会带来不同程度的危害。

事故的能量释放形式具有不同的方式。有些事故是一次性全部释放,造成的破坏力巨大;有些事故是升级释放,一次比一次强,破坏力也是逐步升级;有些事故是降级释放,一次比一次弱,破坏力也是逐步降级;有些事故则是先升级后降级。每次能量的释放过程都会有一个触发过程,必须具有特定的导火索,致使事故的能量释放达到一定的点火温度。在此过程中,只要认真做好控制工作,清除能量释放引发的导火索,就能降低事故造成的危害。

(3)影响期。影响期是指在事故爆发之后,由此造成的灾难还在持续产生作用、破坏力还在延续的阶段。在许多情况下,影响期与爆发期之间没有明显的界线划分,二者是交叉重叠的。

在此阶段,事故产生的冲击波会迅速波及社会的各个角落和领域,引起不同的反响,造成各种危害。其产生的影响是多方面的:如果不能得到及时的控制和消除,可能会造成更大的损失,使事态进一步恶化和升级;可能作为触发器,引发其他更严重的事故,使事态失控;还可能对社会造成长期的伤害,留下难以根治的顽症。所以必须采取有效措施,将事故造成的影响降低到最低限度。

(4)结束期。在事故的危害和影响得到控制之后,事故进入结束期。这一时期的结束按照不同的标准会有不同的结论。从管理的角度出发,可以以社会恢复正常运行状态作为结束标志;从过程的角度出发,可以以危害和影响完全消除作为结束标志。

2)应急管理内涵

(1)应急的生物学起源。从生物学角度来看,人都有一种本能叫作应激反应,它是指人的身体在突然受到外界强烈刺激或巨大伤害时,会自动调节身体各部分器官,使之协调一致,保持最佳状态,以对抗来自外界的打击,是自我保护的本能。对于应激反应,有时为局部性,如炎症;有时为全身性,如全适应综合征。但是,不论是局部性的还是全身性的,应激反应通常都是机体的统一反应,因而具有适应性的意义。同样,政府和企业也有这种应激反应的能力,通常各个部门、各个机构都会各司其职,正常有序地工作,社会安全稳定地发展,人民安居乐业。但是,一旦出现威胁到生命财产安全的突发事件时,考验的便是政府和企业的应急管理水平和能力。

(2)应急的安全学内涵。从安全学的角度来看,应急是指为避免事故发生或减轻事故后果而必须立即采取超出正常工作程序的行动,其原理和生物学中的应激反应基本一致,关键也是在于协调。但是,在安全生产应急管理体系中,协调的对象是系统中各个组织或机构,而不是某个人体器官。应急管理的目的是将突发事件对人员伤亡、财产损失、环境影响以及其他影响降至最低程度,其排列顺序也就是应急管理的优先顺序。正因为环境影响和其他影响在应急管理中也同样比较重要,所以现代社会应该提倡可持续应急管理,即在突发事件应急管理中不得以环境破坏或造成其他不良影响为代价。

应急管理是一个动态的过程,根据事故生命周期模型理论,应对其潜伏期、爆发期、影响期和结束期实施全过程综合性管理,包括预防、预备、响应和恢复4个阶段,如图5.1所示。在实际情况中,尽管这些阶段往往是重叠的,但每个阶段都有自己单独的目标,而且每个阶段又是构筑在前一阶段的基础之上。因此,预防、准备、响应和恢复相互关联,构成了应急管理的循环过程。

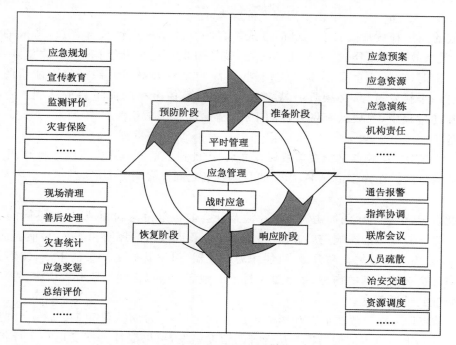

图 5.1　应急管理的内涵

预防:一是事故的预防工作,即通过安全管理和安全技术手段,来尽可能防止事故的发生,实现本质安全,如制定安全法律法规、安全规划,强化安全管理措施、安全技术标准和规范,对员工、管理者及社区进行应急宣传与教育等;二是在假定事故必然发生的前提下,通过预先采取的预防措施,来达到降低或减缓事故的影响或后果严重程度。

预备又称为准备,是在应急发生前进行的工作,主要是为了建立应急能力,它将目标集中在发展应急操作计划及系统上。

响应又称为反应,是在事故发生之前以及事故期间和事故后立即采取的行动。响应的目的是通过发挥预警、疏散、搜寻和营救以及提供避难所和医疗服务等紧急事务功能,使人员伤亡、财产损失、环境破坏以及其他影响减少到最小。

恢复工作应在事故发生后立即进行,使事故影响地区恢复到安全的状态,并且使社区恢复到正常状态。要求立即开展的恢复工作包括事故损失评估、清理废墟、食品供应、提供避难所和其他装备;长期恢复工作包括厂区重建和社区的再发展以及实施安全减灾计划。

所谓应急管理,从宏观上来讲,是指为了应对突发事件而进行的一系列有计划有组织的管理过程,主要任务是有效地预防和处置各种突发事件,最大限度地减少突发事件的负面影响,如图 5.1 所示。应急管理一般是指针对突发、具有破坏力事件所采取预防、响应和恢复的活动与计划。应急工作的主要目标如下:对突发事故灾害做出预警;控制事故灾害发生与扩大;开展有效救援,减少损失和迅速组织恢复正常状态。应急救援对象是突发性和后果与影响严重的事故、灾害与事件。由于应对突发事件需要政府采取与常规管理不同的紧急措施和程序,超出了常态管理的范畴,所以政府应急管理又是一种特殊的政府管理形态,即非常态管理。

在应对突发事件的过程中,政府因其责任、地位和能力之所在,必然要发挥主导作用,不仅要组织动员各种力量和资源共同应对危机,而且要统一指挥、协调、处置各项应急事务。因此,不断探讨总结政府应急管理的经验教训,提高政府应对突发事件的能力,这些将成为各国政府和社会普遍关注的问题,重要性日益凸现。

3）应急管理模式

依据应急管理各阶段的具体要求,按照设定的工作内容和既定的程序,以一定的顺序和排列在时间和空间范围内完成与对应的管理工作任务,如图5.2所示。

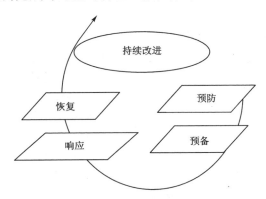

图5.2 可持续应急管理模式

从空间的角度来看,应急管理是由众多的具体工作内容组成的;从时间的角度来看,应急管理又是由一系列具体的管理活动构成的。在空间和时间两个维度上,众多的具体工作内容与一系列的管理活动构成了应急管理工作过程。首先,应急管理是一个连续的过程,使应急管理工作能够持续、稳定地推进,直到实现既定的目标;其次,应急管理是一个和谐的过程,使各项应急管理工作相互匹配,协调一致,共同维系事故;最后,应急管理是一个应变的过程,在应急管理工作推进过程中,能够不断地进行自我调节,以适应外部环境因素的变化。

4）应急管理特征

事故具有突发性、不确定性、后果(影响)易猝变、激化、放大的特点,所以事故应急管理具有突发性、复杂性等特征。

(1)突发性。突发性是各类事故、灾害与事件的共同特征,有些突发事故没有任何可察觉的先兆,一旦触发,迅速发展蔓延,甚至失控。大量资料表明,严重的事故灾难大多数是突发性的。如有毒有害、易燃易爆物质泄漏可能在很短的时间内发生,而且往往伴随着火灾或爆炸。为此,必须在极短的时间内做出应急反应,在造成严重后果之前采取各种有效的防护、急救或疏散措施。此时,应急指挥员应该清楚,一旦发生严重的事故,留给应急准备的时间是非常有限的,时间就是生命。

(2)复杂性。应急工作的复杂性主要是源于事故、灾害或事件影响因素与演变规律的不确定性和不可预见的多变性,来自不同部门参与应急救援活动的单位在沟通、协调、授权、职责及其文化等方面存在的巨大差异,应急响应过程中公众的反应能力、心理压力、公众偏向等突发行为的复杂性等。这些复杂因素都应该在应急活动中给予关注,并且对其引发的各种复杂情况做出足够的估计,制定随时应对各种复杂变化的预案。

大多数事故、灾害与事件的影响因素变化、演变过程和后果估计都十分困难,尤其是一些技术性事故,这种复杂性更为突出。例如,2005年11月13日中国石油吉林石化公司发生爆炸事故,大量有毒有害物质泄漏,不仅浓度高、数量大、持续时间较长、扩散的范围广泛,而且被污染的对象多种多样,包括空气、水域、地面、植物、食物、建筑物及各种物质器材等。由于污染的形态不同、程度不一,因此有毒有害化学物品的爆炸、泄漏将会污染水资源,威胁公众的生命健康。当事故伴随着爆炸、火灾时,还会产生建筑倒塌、交通堵塞、局部高温区等情况,这又将增大应急的复杂程度。工业设施中有较多易燃易爆物质,爆炸、火灾、泄漏之间的耦合作用必将导致事故损伤的多样性与复杂性,这些都给应急救援指挥增加困难。

应急管理中的协调也应格外受到关注,特别是不同部门、不同辖区和不同专业的救援力量共同参与一个或多个不同阶段的应急救援活动时,事故指挥系统会面临严重挑战。

从一定意义上讲,应急指挥就是协调执行任务的各单位之间(包括出事故单位本身及其领导机构和外来的救援单位)的行动,使它们既能充分发挥自己的作用,又能相互配合,提高整体效能。由此可见,除事故本身的复杂性外,参与应急活动单位的数量、管辖范围和专业特点决定了应急指挥的复杂程度。在事故应急救援行动中,参与的单位很多,专业分类繁杂,如果协同动作搞不好,既不能高效地完成总的任务,又难以有效地完成各单位承担的局部任务。一旦组织指挥工作出现疏漏、协作不力或配合不紧密,就可能在某一时间、地点产生混乱局面。必须强调的是,某一环节的梗阻,就可能对全局产生不利影响,增大不必要的伤亡或损失。高效运作的应急指挥可以在节省资源的前提下大幅度减少事故后果和缩短应急反应周期,不断汲取大量的应急指挥经验或教训。

(3)挑战性。应急管理的挑战性体现在以下几个方面:一是在任何领域事故都有可能发生,而且每次发生都各式各样;二是有些事故前所未有,应对起来无章可循,需要因势而变,灵活处置;三是近年来由于多种原因促使事故发生频次增加,形成的规模越来越大,影响的范围有国际化的趋势,造成的危害程度越来越严重;四是由于应急管理理论涉及很多学科的内容,许多内容、机理和机制还在探索之中,对应急管理缺乏强有力的理论支撑,需要在实践中不断积累经验和知识。

(4)社会性。事故带来的危害是全社会性的,政府作为整个社会的管理者,预防、处置事故是其义不容辞的职责;同时政府作为应急管理的核心,需要统帅社会共同开展事故的应对工作。尽管政府具有绝对的资源和各方面优势,如果单靠政府的力量,要做好应急工作是非常困难的,也肯定是做不好的。第一,应急工作不仅涉及社会的各个阶层和不同团体,而且涉及社会每个成员,需要社会的共同参与。第二,在事故发生后,需要临时聚集大量的资源。政府掌握的资源不可能是无限的,尽管有事前的资源准备,但不可能做到充分准备,必须要依靠和借用社会上已有的优势资源及其他资源,保障处置事故的资源供给。第三,"一方有难,八方支援",重大事故的应对不但要依靠本地区、本市、本国的力量,还要依靠国际性组织和其他国家的支持,形成世界范围内的共同抗灾力量。

(5)多样性。应急管理多样性体现在应急工作的各个方面。第一,应急工作有常态和非常态之分,也可分为日常、预警和处置3种工作状态。第二,有些事故发生之前没有任何前兆,没有预警就已出现,这主要是目前人类还缺乏有力的科学技术手段为其潜伏期各种异常因素的提取提供支持,所以预警工作状态在应急工作中就不会出现。第三,参与各种事故响应的应急机构是各不相同的,需要依据事故的类型、状态、规模等情况来决定。如果事态发生变化,应急机构就需要做相应的调整,其管理是一个动态的过程。

(6)预防性。应急管理应以预防为主,在事故潜伏期或爆发之前,通过各种行之有效的工具和手段,消除引发事故的导火索,或者通过引导方式使其逐渐释放积累的能量,不能形成事故,这样就可以完全避免事故爆发后造成的巨大危害,节省大量的人力、物力和财力。

从某种意义上讲,预防是一种事前控制行为,也是一种积极主动出击的工作方式,它将危害消灭在萌芽之中;响应是一种事中控制行为,也是一种防御性的做法,危害已经造成,只是如何减少危害的问题。可见,预防是应急管理中最重要的一环。

(7)长期性。应急管理过程本身就是一个预防、准备、响应、善后和改进循环往复、不断重复的连续过程,也是一个逐步完善、不断进步的过程。从全面综合应急管理来看,既要涉及各种事故的应对,又要涉及政府、非政府组织、企业和社会公众的组织,因此,应设置专门的管理部门,保证应急工作的连续性和长期性。

(8)具体性。事故来势突猛,危害严重,具有不确定性。因此,要求应急管理应尽可能具体化,包括运作流程、工作程序、任务执行、资源调动等需要提前进行设计和安排,以保证在应急响应过程中政令畅通,信息快速准确传递,行动步伐协调一致。在应急管理过程中,部门和人员职责和权力应具体、清晰和明确,尽可能多地采用定量化的管理方式,减少定性化的管理内容。

(9)全局性。随着时代的变迁,应急管理已从过去单一灾种的管理方式向全面综合的管理方式转变。因此,应急管理应立足于整个城市社会,站在全局的角度去考虑问题。在应对事故时,各组织、部门、个人要有全局意识,个体利益要服从整体利益,局部利益要服从全局利益。在考虑问题时,要以大局为重,实现整体利益和效能的最大化。

(10)后果(影响)易产生猝变、激化与放大。事故、灾害与事件从总体上是小概率事件,但一般后果比较严重,大多能造成广泛的公众影响。由于事故具有社会性和不确定性以及伤害后果严重(危及人身生命安全)的特点,事故的后果与影响一般很难预测,应急处理稍有不慎,就可能改变事故、灾害与事件的性质,使平稳、有序的和平状态向动态、混乱和冲突方面发展,引起事故、灾害与事件波及范围扩展,卷入人群数量增加和人员伤亡与财产损失后果加大。猝变、激化与放大造成的失控状态不但迫使应急响应升级,甚至可能导致危机出现。事故、灾害与事件突然爆发后,使公众立刻陷入巨大的动荡与恐慌之中,由于这类事故的巨大社会冲击力和广泛的影响力,使公众的心理压力明显加大。在没有建立应急预案和没有开展过应急培训演习的地区,一旦发生严重的事故,公众的第一个反应往往是无方向的盲目行动,以求迅速脱离危险区。处于惊恐中的公众,很难做出如下判断:怎样针对事故的性质采取有效自我防护措施;是立即脱离居住点有利,还是关闭门窗就地隐蔽有利;通向安全区和避难所的方向在哪里。针对这些状况,采取的处理措施必须坚决果断,而且越早越好,防止事态扩大。

5.2.2　事故应急救援体系

惨痛的生产事故教训使人们清醒地认识到:在防范生产事故工作中,主动预测可能发生的重大生产事故,制定相应的生产安全事故应急救援预案,建立和完善生产安全应急救援体系。在重大生产安全事故发生时,人们就能够沉着应对,及时采取必要的措施,按照正确的方法和程序对事故进行快速响应与有效控制,救助和疏散人员,最大限度地减少损失,降低事故的危害后果。

早在20世纪80年代,一些发达国家便纷纷以立法的形式规定,必须建立重大事故应急救援预案。我国也在2002年6月29日第九届全国人民代表大会常务委员会第二十八次会议通过的《安全生产法》中,对生产安全应急救援体系及预案做了有关规定;2021年9月1日起施行《安全生产法》(2021年修订版)。

《安全生产法》(2021年修订版)第八十条规定,县级以上地方各级人民政府应当组织有关部门制定本行政区域内生产安全事故应急救援预案,建立应急救援体系。第八十二条规定,危险物品的生产、经营、储存单位以及矿山、金属冶炼、城市轨道交通运营、建筑施工单位应当建立应急救援组织;生产经营规模较小的,可以不建立应急救援组织,但应当指定兼职的应急救援人员。另外,《国务院关于进一步加强安全生产工作的决定》(国发〔2004〕2号)提出,国家应建立生产安全应急救援体系,加快全国生产安全应急救援体系建设;尽快建立国家生产安全应急救援指挥中心;充分利用现有的应急救援资源,建设具有快速反应能力的专业化救援队伍;提高救援装备水平,增强生产安全事故的抢险救援能力;加强区域性生产安全应急救援基地建设,搞好重大危险源的普查登记。并要求加强国家、省(区、市)、市(地)、县(市)四级重大危险源监控工作,建立应急救援预案和生产安全预警机制。

应急预案编制工作带动了安全生产应急救援投入的加大,促进了应急救援队伍建设的加强,推动了应急救援培训和应急演练工作的开展,使我国的安全生产救援能力不断得到提高,在应对事故灾难中发挥了重要作用。例如,在2017年"5·31"沧州氯气泄漏事故、2021年的"6·13"湖北十堰重大燃气爆炸事故救援中,都及时启动了应急预案,迅速、有序地开展了应急行动,发挥了应急预案应有的作用。

5.2.2.1 突发公共事件应急预案体系

1)突发公共事件应急预案分类

(1)国家突发公共事件总体应急预案。总体是全国应急预案体系的总纲,是国务院应对特别重大突发公共事件的规范性文件。

(2)突发公共事件专项应急预案。专项应急预案主要是国务院及其有关部门为应对某一类型或某几种类型突发公共事件而制定的应急预案。

(3)突发公共事件部门应急预案。部门应急预案是国务院有关部门根据总体应急预案、专项应急预案和部门职责为应对突发公共事件制定的预案。

(4)突发公共事件地方应急预案。地方应急预案具体包括:省级人民政府的突发公共事件总体应急预案、专项应急预案和部门应急预案;各市(地)、县(市)人民政府及其基层政权组织的突发公共事件应急预案。上述预案在省人民政府的领导下,按照分类管理、分级负责的原则,由地方人民政府及其有关部门分别制定。

(5)企事业单位根据有关法律法规制定的应急预案。

(6)举办大型会展和文化体育等重大活动,主办单位应制定应急预案。

各类突发公共事件按照其性质、严重程度、可控性和影响范围等因素,一般分为4级:Ⅰ级(特别重大)、Ⅱ级(重大)、Ⅲ级(较大)和Ⅳ级(一般)。

2)事故灾害类型

(1)自然灾害。主要包括水旱灾害、气象灾害、地震灾害、地质灾害、海洋灾害、生物灾害和森林草原火灾等。

(2)事故灾难。主要包括工矿商贸等企业的各类安全事故、交通运输事故、公共设施和设备事故、环境污染和生态破坏事件等。

(3)公共卫生事件。主要包括传染病疫情、群体性不明原因疾病、食品安全和职业危害、动物疫情,以及其他严重影响公众健康和生命安全的事件。

(4)社会安全事件。主要包括恐怖袭击事件、经济安全事件和涉外突发事件等。

各类突发公共事件还可以按区域、时间特征、适用对象、灾害类别等分类。

3) 应急指挥机构和应急救援队伍

多年来,我国已在消防、地震、洪水、核事故、森林火灾、海上搜救、矿山和化工等领域逐步建立了应急指挥机构和应急救援队伍。目前,正在建立国家的综合性的生产安全应急救援体系。

(1) 公安消防部队。为了有效控制化学事故,根据国家的要求,自20世纪90年代起,消防部队逐步承担起了化学灾害事故处置的工作。由于公安消防具有布点密、昼夜备勤、专业性和机动性强以及完全公益化等特点,经过多年的发展,公安消防部门已经成为处置突发事件和担负抢险救援的主要力量。

(2) 防化部队。1986年,我国建立了国家、地方和核电厂的三级核事故应急管理体制,由国防科学技术工业委员会为牵头单位,在国务院设立国家核事故应急协调委员会。目前,核事故应急管理体制基本上以军队化学事故应急救援管理体系为主体,坚持"以地方为主、军队主动配合"的原则。化学应急救援准备由防化部队牵头,应急响应由作战部门指挥,其他部门按职责承担相应的救援任务。

(3) 化学事故应急救援抢救中心。中国是联合国确定为开展化学事故应急救援的试点国家之一。我国政府对化学事故应急救援工作十分重视。在化学工业建设的初期,我国就已经开始了化学事故的救援抢救工作,各大化工企业相继建立了职业病防治所。随后,部分省、自治区和直辖市也相继设立化工职业病防治研究所。1998年国家经贸委调整成立国家经贸委化学事故应急救援抢救系统,并在上海、吉林、沈阳、天津、济南、青岛、株洲、大连建立了8个国家经贸委化学事故应急救援抢救中心,负责实施重、特大化学事故现场紧急救援工作,并开展事故应急救援的培训和咨询服务工作。

(4) 中国海上搜救中心。中国海上搜救中心由国务院和中央军委领导,负责我国海上搜救工作的统一组织和协调。

(5) 国家中毒控制中心。为降低化学事故的危害,减少因化学中毒事故造成的人员伤亡,我国卫生部于1999年4月23日组建了国家中毒控制中心。国家中毒控制中心承担中毒信息服务、公共卫生事件现场救援、毒物鉴定与检测;化学品安全卫生管理及毒物控制策略研究;职业病(中毒)信息收集、汇总与分析;为政府决策提供支持;促进中国中毒控制体系的建立和完善,构筑全国中毒控制网络等任务。

(6) 企业专职消防队。根据我国《消防法》和《企业事业单位专职消防队组织条例》的规定,火灾危险性较大的单位应设企业专职消防队,主要负责企事业单位的消防保卫工作,受当地公安消防部门的业务指导和调度指挥。我国大多数大中型化工企业拥有自己的专职消防队。尤其是中国石油、中国石化、中国海洋三大石油化工集团公司,拥有数量较多的具有专业化学事故应急技能、装备精良的专职队伍,在化学事故应急救援中扮演了不可或缺的角色。

5.2.2.2　事故应急救援体系的基本构成

当事故或灾害不可避免的时候,有效的应急救援行动是唯一可以抵御事故或灾害蔓延并减缓危害后果的有力措施。在事故或灾害发生前建立完善的应急救援体系,制订周密的救援计划,而在事故发生时采取及时有效的应急救援行动,以及事故后的系统恢复和善后处理,可以拯救生命、保护财产、保护环境。一个完整的应急救援体系应由组织机构、运作机制、法制基础和支持保障系统组成。

1) 事故应急救援体系的组织机构

生产安全事故应急救援工作是政府为减少事故的社会危害,及时进行事故抢险,减少人员伤亡、财产损失和环境污染,按照预先制定的应急救援预案进行的事故抢险救援工作。生产安全事故应急救援工作,应坚持"以人为本、预防为主、快速高效"的方针,贯彻"统一领导、属地为主、协同配合、资源共享"的原则。

企业发生生产安全事故后,进行事故抢险仍无法控制事态时,就应及时向政府请求应急救援,重大生产安全事故应急救援是政府的职责。政府按生产安全事故的可控性、严重程度和影响范围启动不同的响应等级。应急响应级别分为4级:Ⅰ级为国家响应;Ⅱ级为省、自治区、直辖市响应,Ⅲ级为市、地、盟响应;Ⅳ级为县响应。

不同的响应等级对应不同级别的应急救援工作机构和指挥机构;同时,国家和地方建立若干应急救援组织以应对不同事故的抢险救援。这些不同级别的应急救援工作机构、指挥机构和应急救援组织构成了我国生产安全应急救援体系。

体系运行过程中涉及的组织或机构如下:

(1)应急救援专家组。应急救援专家组在应急救援准备和应急救援中起着重要的参谋作用。在应急救援体系中,应针对各类重大危险源建立相应的专家库。专家组应对该地区、行业潜在重大危险的评估、应急救援资源的配备、事态及发展趋势的预测、应急力量的重新调整和部署、个人防护、公众疏散、抢险、监测、洗消、现场恢复等行动提出决策性的建议。

(2)医疗救治组。医疗救治组通常由医院、急救中心和军队医院组成。应急救援中心应与医疗救治组织建立畅通的联系渠道,要求医疗救治组织针对各类重大危险源制定相关的救治方案,准备相关的救治资源;在现场救援时,主要负责设立现场医疗急救站,对伤员进行现场分类和急救处理,并及时合理转送医院治疗救治,同时对现场救援人员进行医学监护。

(3)抢险救援组。抢险救援组主要由公安消防队、专业应急救援组织、军队防化兵和工程兵等组成。其主要职责包括:尽可能、尽快控制并消除事故;营救受伤、受困人员。

(4)监测组。监测组主要由环保监测站、卫生防疫站、军队防化侦察分队、气象部门等组成。其主要职责包括:迅速测定事故的危害区域、范围及危害性质;监测空气、水、设备(施)的污染情况以及气象监测等。

(5)公众疏散组。公众疏散组主要由公安、民政部门和街道居民组织抽调力量组成,必要时可吸收工厂、学校中的骨干力量参加,或者请求军队支援。其主要职责包括:根据现场指挥部发布的警报和防护措施,指导相关地域的居民实施隐蔽,引导必须撤离的居民有序地撤至安全区或安置区,组织好特殊人群的疏散安置工作;引导受污染的人员前往洗消去污点,维护安全区或安置区的秩序和治安。

(6)警戒与治安组。警戒与治安组通常由公安部门、武警、军队、联防等组成。其主要职责包括:对危害区外围的交通路口实施定向、定时封锁,阻止事故危害区外的公众进入;指挥、调度撤出危害区的人员和车辆顺利地通过通道,及时疏散交通阻塞;对重要目标实施保护,维护社会治安。

(7)洗消去污组。洗消去污组主要由公安消防队伍、环卫队伍、军队防化部队组成。其主要职责包括:开设洗消点(站),对受污染的人员或设备、器材等进行消毒,组织地面洗消队实施地面消毒,开辟通道或对建筑物表面进行消毒;临时组成喷雾分队,降低有毒有害的空气浓度,减少扩散范围。

（8）后勤保障组。后勤保障组涉及计划部门,交通部门,电力、通信、市政、民政部门,物资供应企业等,主要负责应急救援所需的各种设施、设备、物资以及生活、医药等后勤保障。

（9）信息发布组。信息发布组由宣传部门、新闻媒体、广播电视系统等组成,主要负责事故和救援信息的统一发布,及时准确地向公众发布有关保护措施的紧急公告等。

（10）其他组。其他组主要包括参加现场救援的志愿者等。

2）事故应急救援体系的运作机制

应急救援活动一般划分为应急准备、初级反应、扩大应急和应急恢复 4 个阶段。应急机制与应急活动密切相关,包括统一指挥、分级响应、属地管理和公众动员 4 个基本原则。

统一指挥是应急活动的最基本原则。在应急活动中必须采取统一指挥,这样保证应急活动正常有效地进行。应急指挥一般可分为集中指挥与现场指挥以及场外指挥与场内指挥几种形式。无论采用哪一种指挥形式,都必须实行统一指挥的模式;无论应急救援活动涉及单位的行政级别高低和隶属关系是否相同,都必须在应急指挥部的统一组织协调下行动,有令则行,有禁则止,统一号令,步调一致。

应急响应可涉及部门中多方面的人员、相关部门的人员、扩大应急时的政府各部门和其他人员及志愿者。所以,必须在紧急事件发生之前建立协调所有这些不同类型应急者的机制。应急指挥的结构应当在紧急事件发生前就已建立,一旦响应开始,如应由谁负责,以及谁向谁报告等情况应有明确的规定。应急预案应在指挥机构中做出明确的规定,并达成共识,这将有助于保证所有应急活动的参与人员明确自己的职责,并在紧急事件发生时很好地履行其职责。

分级响应是指在初级响应到扩大应急的过程中实行分级响应的机制。扩大或提高在应急级别的主要依据是事故灾难的危害程度、影响范围和控制事态能力,而后者是"升级"的基本条件。扩大应急救援主要是为了提高指挥级别、扩大应急范围、增强响应的能力。因为对于应急响应的初期来讲,最重要的应急力量和响应是在企业,但有些事故的发生并不是企业的应急能力和资源所能解决的。当事态扩大时,已经超出了企业的应急响应能力,这时必须扩大应急的范围和层次。不同的事故类型应有不同的响应级别,以确保应急活动的有效性,最大限度地降低风险后果。即使在企业内部,也有响应级别:

① 一级紧急情况:(本部门)用一个部门正常可利用的资源即可处理的紧急情况。

② 二级紧急情况:(有关部门)需要两个或更多部门响应的紧急情况。

③ 三级紧急情况:(外部机构)必须利用所有相关部门及一切资源的紧急情况。

属地为主强调的是"第一反应"的思想和以现场应急现场指挥为主的原则。强调属地管理是因为:只有地方管理者对于本地区情况、气候条件、地理位置最熟悉;只有地方应急力量才能在紧急行动中最快捷地到达;只有地方管理者才能有权调配本区域内的各种资源和协调各部门的组织。

公众动员是应急机制的基础,也是整个应急体系的基础。我国在这方面普遍差距较大,全民性的教育和培训还远远不足。

3）事故应急救援体系的法治基础

法治建设是应急体系的基础和保障,也是开展各项应急活动的依据。与应急有关的法规可分为 4 个层次:一是由立法机关通过的法律,如《安全生产法》《消防法》等;二是由政府、行业和企业颁布的应急救援管理的相关规章或条例等;三是包括预案在内的以企业发布令形式颁布的规定等;四是与应急救援活动直接有关的一些标准或管理办法。

各个企业和部门在制定此类文件过程中必须符合国务院相关通知的规定和要求。与应急救援及预案编制相关的法律法规主要有：

①《安全生产法》。

②《职业病防治法》。

③《消防法》。

④《矿山安全法》。

⑤《建筑法》。

⑥《国家突发公共事件总体应急预案》。

⑦《国家安全生产事故灾难应急预案》。

⑧《危险化学品安全管理条例》(国务院令第 645 号)。

⑨《特种设备安全监察条例》(国务院令第 549 号)。

⑩《建设工程安全生产管理条例》。

⑪《使用有毒物品作业安全管理条例》。

⑫《危险化学品事故应急救援预案编制导则》。

⑬《关于加强安全生产事故应急预案监督管理工作的通知》。

⑭其他相关法律法规。

⑮国际公约。

4) 应急支持保障体系

应急救援工作快速、有效地开展主人依赖于充分的应急保障体系。保障体系包括：人力资源保障、各类物资保障和应急能力保障。

排在应急保障体系首位的是信息通信系统。建立集中管理的信息通信平台是应急体系的最重要基础建设之一。事故发生时，所有预警、报警、警报、报告和指挥等活动的信息交流，要通过应急信息通信系统的保障才能快速、顺畅、准确到达。另外，建立信息平台可以使宝贵的信息资源共享。但是，有些信息具有一定的军事价值和商业价值，应界定信息、资源共享的范围和人员，同时要防止借信息共享之名，将一些重要的军事、国家(地区)安全、地理和商业的信息泄露出去，给国家造成损失。有些企业制定的应急预案，对于企业核心技术部分资源的了解就限定了相应的权限。

物资与装备不但要保证足够的资源，而且还一定要实现快速、及时供应到位，并且要界定和明确对于不同应急资源管理、使用、维护和更新的相应的职责部门和人员。用于应急的通信联络设备以及进入事故现场实施救援的人员的防护用品，一定要保证其数量充足、质量合格。

应急活动中除了常用的一些救援装备以外，特殊情况下还需要一些特种救援装备，如破拆、吊装、起重、运送设备，建筑破拆、金属切割和挖掘设备，探测设备，支撑、防护设备，以及封闭等特种设备和侦检装备等。企业应了解哪里有这些设备，通过什么样的快捷方式能在需要时迅速得到，这些在救援出现紧急情况时是非常重要的。

另外，有些虽不属于设备，但也应作为保障体系的一部分，如现场地图和图表以及有关材料(特别是危险化学品)的储存区域、工艺区域、服务区域、路径、厂区规划、化学品物质安全技术说明书(MSDS)等信息和资料。在国外，很多救援活动指挥开始就是在图纸上进行的。在了解相关的信息情况时，图纸常常可以给予我们最直观的印象。

现场应急设备还包括危险化学品泄漏控制装置、营救设备、应急电力设备、重型设备、文件资料等。另外,医疗服务机构、设施、设备和供应应有足够的准备。保安和进出管制设备方面,应有足够的控制交通及疏散时的执法、进出管制设备,如路障等。

应急人力资源保障主要是指紧急情况下可动员的全职及兼职人员,其应急能力和培训水平应达到要求。人力资源保障包括专业队伍和志愿人员及其他有关人员,他们是经过相应的培训教育,并能在应急反应中起到相应作用的人员,如指挥人员、医疗救护人员、抢险人员、指挥疏散人员等。

应急财务保障,是指以保障应急管理运行和应急反应中各项活动的开支。

5.2.3　制订应急计划的基本步骤

在确定灾难性事件之后,应急部门应采取下列步骤制订应急计划。

1）评估事件发生的可能性

针对某一特定的灾难性事件,判断其发生的可能性。当然,灾难性事件发生后可能后果的严重性也应予以考虑。评估的方法可采用危险风险评价的方法,如危险风险评价矩阵（RAC）、总风险暴露指数法（TREC）等。

2）评估所涉及的危险

灾难性事件发生后,评估其对企业的可能的危害。这项工作要结合企业的现状、设备、工艺、原材料、建筑及人员情况并加以考虑。结合可能性的评估,确定本企业控制灾难性事件的优先次序,并根据该次序做出相应的投资力度及资金分配方面的管理决策。

3）任命应急计划实施负责人

任命应急计划实施负责人是保证应急计划实施的必要条件,主要负责现场指挥、决策及应急计划的实施、人员培训等。

4）制订应急计划

在制订应急计划过程中,首先应考虑该计划的可行性,同时应包括所有可能涉及的灾难性事件。此外,还应使实施过程尽可能地简单化,使有关人员易于掌握。关于应急计划的内容将在后面章节详细介绍。

5）计划的批准

由于应急计划与企业的生存发展紧密相关,因而必须使计划得到高级领导部门的认可和批准,同时也要让主要领导对应急计划有更为全面的认识和理解。

6）人员培训

要想使制订的计划得以成功实施,人员培训是必不可少的一环,旨在使相关人员了解逃生、救生路线、方法及相应设备、设施的应用等。

7）应急演习

应急计划制订得是否合适,这是不能等到灾难性事件发生后才去验证的。因此,进行应急演习是验证应急计划是否合适的重要手段之一,而且应急演习也是一种人员培训的手段。

8）计划的修改

在应急计划的演习或实施过程中,通过了解参与者的反馈信息,对应急计划进行必要的修改与调整是非常重要的。一方面,即使一个小环节出现问题,也可能导致整个计划失败;另一方面,企业各个方面在不断发生变化,人员的调动、产品的变更、领导的交替都会不同程度影响到原有计划的实施,因而及时对应急计划进行评定与修订也是适应变化、保证计划顺利实施的重要手段。在计划的修订过程中,应注意发现涉及管理系统缺陷的问题,如培训不足以及管理者对人员、设施等方面的变化缺乏必要的调整等。

9）及时沟通

在对应急计划进行修订之后，应及时将变化告知应急计划涉及的各有关部门。如果某关键人员的联系电话变更后没有及时通知，则在灾难性事件发生后台使有关人员在找到新电话号码的过程中浪费关键的几分钟，导致生命财产的重大损失。因此，对诸如逃生路线、应急设备位置等有关信息的及时更新与沟通，将会保证应急计划的顺利实施。

5.2.4 事故应急预案的主要内容

1）完整应急预案的重点内容

（1）计划概况：对应急救援管理提供简述和必要的说明（简介、有关概念、应急组织及职责等）。

（2）预防程序：对潜在灾害（事故）进行确认并采取减缓灾害（事故）的有效措施（危害辨识、评价和监控，制定法规规程等）。

（3）准备程序：说明应急行动前所需采取的准备工作（培训程序、演习程序等）。

（4）基本应急程序：任何灾害（事故）都可适用的应急行动程序（报警程序、通信程序、疏散程序等）。

（5）特殊危险应急程序：针对特殊危险性灾害（事故）的应急程序（如化学泄漏等）。

（6）恢复程序：灾害（事故）现场应急行动结束后所需采取的清除和恢复程序。

2）事故应急计划的主要内容

（1）指导方针。指导方针是企业对应急计划基本思想的阐述，一般应简洁明了，但也应全面地阐述该应急计划的基本功能和执行过程。

（2）目的。应急计划的主要目的包括使灾难性事件不扩大及尽可能地减少人员伤亡和财产损失以及对环境产生的不利影响两个部分。阐明一个特定的应急计划的目的对于防止人们对其的错误理解还是有必要的，因为一个应急计划不可能应对企业可能面临的所有灾难性事件。

（3）人员安排。要想应急计划得以实施，承担计划执行过程的人选最为关键。尤其是总负责人，由于灾难性事件随时可能降临，而有关负责人却可能由于种种原因不能及时担负相应的责任。因此，在制订应急计划时，应事先安排好接替者人选及排列顺序，以保证应急计划的执行。当然，也应赋予相关责任人员应有的权利并规定对关键人员的资格要求。

（4）控制中心。企业应建立应急控制中心以负责指挥和协调处理有关问题。控制中心的位置应能保证其在大多数灾难性事件发生后仍能正常运转或受影响较小，且能顺利与企业外部及事件现场进行必要且及时的信息交流。

（5）消防设备、设施。应急计划中应列出企业所有可用的消防设备、设施及其性能，适用范围，以及哪些是便携式的，哪些是固定的，正常应在的位置等。

（6）灾难性事件分类及描述。应急计划中应简单地将其所适用的灾难性事件予以分类并对各灾难性事件予以适当的描述，以便正确应用该计划。

（7）厂区分布图。应急计划中应具有厂区分布简图，以便在灾难性事件发生后，合理地将厂区分解成不同的区域，采取不同的处置措施。区域划分后，则应利用各区域详图（如地下管线分布图等）进行具体的应急活动。

（8）医疗设备、设施。当医疗及急救设备数量较多时，应制图标明各设备、设施所在的地点、状态及数量。这样既便于日常的维修保养,也使得在灾难性事件发生后能合理地利用相关的设备、设施。此外,应急计划中还应考虑应急抢救人员的选拔、培训,受伤人员的现场处理及运输方式和线路,与地方各医疗部门的联系及相关的物质、药品的供给等,同时将上述内容知会有关的保卫、安全、交通、消防及通信部门等。

(9)安全区分布。对于不同的灾难性事件,均具有相应的相对安全区域,而这类区域的分布图示对在灾难性事件中人员疏散路线的安排及避难方式的选择极为重要。例如,对于洪水,地势较高处为首选;对于地震,开阔处则较为安全。

(10)疏散路线。在灾难性事件发生后,人员的紧急疏散是减少伤害的主要手段之一。而疏散路线的设计和选择与疏散效果的优劣紧密相关。因此,在应急计划中,应根据灾难性事件的类型、可能发生的地点及波及的区域设计合理的疏散或营救路线,并设置相应的标志,以提高疏散效果,避免或减少不必要的损失。

(11)通信。在灾难性事件中,各项应急措施的实施与通信联系的保持紧密相关,包括对内通信联系和对外通信联系。

对内通信联系:应使每个与应急计划相关的人都准确知道其应完成的任务及应当怎样完成,并应了解人员的所在位置及任务执行情况和相关现场的状态。除电话外,各类信号及报警装置实际上也起到了相应的作用。

对外通信联系:一是与公安、消防、医疗等部门的联系,以使灾难性事件的损失尽可能减少;二是与员工家属、产品订购方、供货方及公众的联系,这是避免不必要的恐慌和减少不良社会影响的重要手段。

(12)应急关闭。在灾难性事件发生后,对能源供应系统及有关设备的应急关闭对于保护员工的生命安全、企业的设备与资源及相邻区域的安全都起着非常重要的作用,特别是对于大多数工业企业、工程技术实验室、储藏设施等更为明显。爆炸物、燃料、高压线路及其他可能因灾难性事件引起严重后果的设备、设施,都应采取应急关闭的措施。

由于这类应急关闭会使企业造成一定的损失,因而决策者必须明确应急关闭的条件,并做出正确的判断。

(13)外来人员控制。外来人员对企业应急计划知之甚少,在灾难性事件发生后,保证其安全则依赖于专门负责的人员和各类标志和应急措施。与之同等重要的是,在灾难性事件发生后,应通过严格的管理阻止外来人员进入危险区域。

(14)安全保卫。在应急计划中,应充分考虑安全保卫工作,这样既能减少不必要的损失,也能保持企业内部的稳定,避免应急部门对局面失去控制。

(15)恢复与修理。在灾难性事件得到控制后,对关键设备的修复和对能源供给等方面的恢复也应在应急计划中予以考虑,这对于树立员工的信心和使企业及时恢复生产极为重要。另外,能源及其他关键系统的关闭也会影响许多救援及恢复工作的进行。

(16)运输。与通信一样,运输也是应付灾难性事件所必须具备的一项基本功能。将受伤害者送往医疗机构,抢险物资设备运到需要的区域,危险区域的人员迁移到安全地带等,都需要通过运输的手段来解决。当然,应急计划应充分考虑并合理利用所有可能的运力,同时使相关人员做好相应的准备。

(17)培训。在灾难性事件,特别是可能危及生命安全的灾难性事件面前,人们应当做出怎样的反应,很大程度取决于其在这方面所受到的教育与培训及其所具备的安全素质。因此,在制订应急计划过程中,必须考虑怎样搞好相关的培训工作,以保证应急计划的正确执行。

(18) 应急设施。应急设施是在灾难性事件发生后保护相关人员的重要手段。应急设施主要包括应急照明装置、报警及警告装置、指示标志与装置等，应急计划应对这类设施、设备的布局及效能给予充分的考虑和论证。

(19) 个体防护装备。个体防护装备包括个体保护装备和救援设备。在制定应急计划过程中，应考虑选择和安置适用的个体防护设备以及日常的维修保养和使用人员培训等。

(20) 资料保护。在灾难性事件中对各类重要的数据资料的保护也是一项非常重要的工作。一些资料的损失有时会对企业造成致命性的打击，而有些资料对于深入分析灾难性事件发生或失控的原因起着举足轻重的作用。因此，应急计划应考虑对重要的数据资料(如工作记录、设备故障记录、账目图纸等)的保护；同时，及时收集和记录灾难性事件中的数据与资料，对以后控制该类事件所造成的损失至关重要。

5.2.5 应急预案的实施

应急预案的实施是企业应急管理的重要工作环节。应急预案批准发布后，企业所有应急机构应做好以下工作：

1) 应急预案的宣传、教育和培训

各应急机构应广泛宣传应急预案，使普通公众了解应急救援预案中的有关内容；同时，积极组织应急预案培训工作，使各类应急人员掌握、熟悉或了解应急预案中与其承担职责和任务相关的工作程序、标准等内容。

2) 应急资源的定期检查落实

各应急机构应根据应急预案的要求，定期检查落实本部门应急人员、设施、设备、物资等应急资源的准备情况，识别额外的应急资源要求，保持所有应急资源的可用状态。

3) 应急演习和训练

各应急机构应积极参加各类重大事故的应急演习和训练工作，及时发现应急预案、工作程序和应急资源准备中的缺陷和不足，澄清相关机构和人员的职责，改善不同机构和人员之间的协调问题，检验应急人员对应急预案、程序的了解程度和操作技能的拿捏程度，评估应急培训效果，分析培训需求，并促进公众、媒体对应急预案的了解，争取到他们对重大事故应急工作的支持，使应急预案有机地融入应急保障工作中，真正将应急预案的要求落实到实处。

4) 应急预案的实践

各应急机构应在重大事故的应急实际工作中，积极运用应急预案、开展应急决策，指挥和控制相关机构和人员的应急行动，从实践中检验应急预案的实用性，检验各应急机构之间的协调能力和应急人员实际操作技能的掌握程度，发现应急预案、工作程序、应急资源准备中的缺陷和不足，以便修订、更新相关的应急预案和工作程序。

5) 应急预案的电子化

应急预案的电子化将使应急预案更易于管理和查询。采用"1+4"结构的基于应急功能的预案编制方法使预案的电子化应用更容易实现。因此，在预案实施过程中，应考虑充分利用现代计算机及信息技术，实现应急预案的电子化。尤其是包含了大量信息数据的应急预案的支持附件，是应急预案电子化的主体内容，在结合地理信息管理系统的应用基础上，将为应急工作发挥重要的支持作用。

6）事故回顾

应急预案管理部门应积极收集与本企业相关的事故灾害应急信息，积极开展事故回顾工作，评估应急过程的不足和缺陷，吸取经验和教训，为预案的修订和更新提供依据。

5.3　事故损失的表现形式及估算方法

伤亡事故的经济损失是安全经济问题的核心。它关系着能否摆正安全经济在劳动经济中的地位，也关系着对安全经济效益和安全工程投资经济合理性的评价问题，还关系着能否激发企业决策者的安全动机问题。总之，一切安全经济问题的研究都必须从伤亡事故经济损失的计算做起。

5.3.1　事故损失的表现形式

事故是危害人类的意外事件，事故给人类造成的危害多种多样，如人员伤亡或设备、装置、构筑物等的破坏、环境破坏、家庭痛苦、社会动荡等，一方面会带来许多不良的社会影响，另一方面也给企业带来巨大的经济损失。在伤亡事故的调查处理中，仅仅注重人员的伤亡情况、事故经过、原因分析、责任人处理、人员教育、措施制定等是完全不够的，还必须对事故经济损失进行统计。

事故对经济造成的危害的量化表示就是事故的经济损失，通常用货币单位计量。事故经济损失是事故危害的最一般、最直接、通常也是最重要的表现形式。事故不论大小通常会造成经济损失，但只有大的事故才会给社会、政治造成比较明显的危害。因此，事故经济损失包括一切经济价值的减少、费用支出的增加、经济收入的减少。财物和资源的毁灭是经济损失，因其本身具有经济价值且会影响系统的投入产出；环境的破坏含有经济损失，因为恢复环境需要费用支出；人员伤亡不可避免地造成经济损失，不仅人员伤亡救治、抚恤要发生费用支出，而且人能创造价值，其成长、培养也具有成本。

事故造成的物质破坏而带来的经济损失很容易计算出来，而弄清人员伤亡带来的经济损失却是件十分困难的事情。为此，人们进行了大量的研究，寻求一种方便、准确的经济损失计算方法。值得注意的是，所有的伤亡事故经济损失计算方法都是以实际统计资料为基础的。

5.3.2　伤亡事故直接经济损失与间接经济损失

一起伤亡事故发生后，会给企业带来多方面的经济损失。一般地，伤亡事故的经济损失包括直接经济损失和间接经济损失两部分。其中，直接经济损失很容易直接统计出来，而间接经济损失比较隐蔽，不容易直接在财务账面上查到。国内外对伤亡事故的直接经济损失和间接经济损失做了不同规定。

1）国外对伤亡事故直接经济损失和间接经济损失的划分

在国外，特别是在西方国家，事故的赔偿主要由保险公司承担。于是，将由保险公司支付的费用定义为直接经济损失，而将其他由企业承担的经济损失定义为间接经济损失。

（1）海因里希的间接经济损失内容。海因里希认为，伤亡事故的间接经济损失包括以下内容：

① 受伤害者的时间损失。

② 其他人员由于好奇、同情、救助等引起的时间损失。

③ 工长、监督人员和其他管理人员的时间损失。

④ 医疗救护人员等不由保险公司支付酬金人员的时间损失。

⑤ 机械设备、工具、材料及其他财产损失。

⑥ 生产受到事故的影响而不能按期交货的罚金等损失。

⑦ 按职工福利制度所支付的经费。

⑧ 负伤者返回岗位后,由于工作能力降低而造成的工作损失以及照付原工资的损失。

⑨ 由于事故引起人员心理紧张或情绪低落而诱发其他事故造成的损失。

⑩ 即使负伤者停工也要支付的照明、取暖等每人平均费用的损失。

(2) 西蒙兹规定的间接经济损失内容。海因里希提出间接经济损失内容之后,西蒙兹(R. H. Simons)认为,伤亡事故间接经济损失包括以下内容:

① 非负伤者由于中止作业而引起的工作损失。

② 修理、拆除被损坏的设备、材料的费用。

③ 受伤害者停止工作造成的生产损失。

④ 加班劳动的费用。

⑤ 监督人员的工资。

⑥ 受伤害者返回工作岗位后,生产减少造成的损失。

⑦ 补充新工人的教育、训练费用。

⑧ 企业负担的医疗费用。

⑨ 为进行事故调查,付给监督人员和有关工人的费用。

⑩ 其他损失。

2) 我国对伤亡事故直接经济损失和间接经济损失的划分

1987 年,我国开始执行《企业职工伤亡事故经济损失统计标准》(GB 6721—86)。该标准将因事故造成人身伤亡和善后处理所支出的费用以及被毁坏的财产的价值规定为直接经济损失;将因事故导致的产值减少、资源的破坏和受事故影响而造成的其他损失规定为间接经济损失。

(1) 伤亡事故直接经济损失。伤亡事故直接经济损失包括以下内容:

① 人身伤亡后支出费用,其中包括医疗费用(含护理费用)、丧葬及抚恤费用、补助及救济费用、歇工工资。

② 善后处理费用,其中包括处理事故的事务性费用、现场抢救费用、清理现场费用、事故罚款及赔偿费用。

③ 财产损失价值,其中包括固定资产损失价值、流动资产损失价值。

(2) 伤亡事故间接经济损失。伤亡事故间接经济损失包括以下内容:

① 停产、减产损失价值。

② 工作损失价值。

③ 资源损失价值。

④ 处理环境污染的费用。

⑤ 补充新职工的培训费用。

⑥ 其他费用。

《企业职工伤亡事故经济损失统计标准》(GB 6721—86)对于实现我国伤亡事故经济损

失统计工作的科学化和标准化起到了十分重要的作用。当时颁布、实施这一标准时，我国尚未进行工伤保险和医疗保险改革，特别是劳动部《企业职工工伤保险试行办法》于 1996 年颁布以后，该标准已经不能适应当前形势的发展，有关内容应该进行修订。

3) 伤亡事故直接经济损失与间接经济损失的比例

如前面所述，伤亡事故间接经济损失很难被直接统计出来，于是人们就尝试如何由伤亡事故直接经济损失来算出间接经济损失，进而估计伤亡事故的总经济损失。

海因里希最早进行了这方面的工作。他通过对 5 000 余起伤亡事故经济损失的统计分析，得出直接经济损失与间接经济损失的比例为 1∶4 的结论，即伤亡事故的总经济损失为直接经济损失的 5 倍。这一结论至今仍被国际劳联（ILO）所采用，作为估算各国伤亡事故经济损失的依据。

如果将伤亡事故经济损失看作一座浮在海面上的冰山，则直接经济损失相当于冰山露出水面的部分，占总经济损失 4/5 的间接经济损失相当于冰山的水下部分，不容易被人们发现。

继海因里希的研究之后，许多国家的学者探讨了这一问题。人们普遍认为，由于生产条件、经济状况和管理水平等方面的差异，伤亡事故直接经济损失与间接经济损失的比例，在较大的范围之内变化。例如，芬兰国家安全委员会于 1982 年公布的比例为 1∶1；英国的雷欧普尔德（Leopold）等对建筑业伤亡事故经济损失的调查，得到的比例为 5∶1。博德在分析 20 世纪七八十年代美国伤亡事故直接与间接经济损失时，给出了"冰山"图，如图 5.3 所示。可以看出，间接经济损失最高可达直接经济损失的 50 多倍。

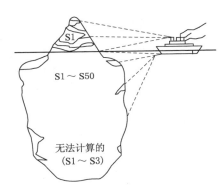

图 5.3　博德"冰山"图

由于国内外对伤亡事故直接经济损失和间接经济损失划分不同，直接经济损失与间接经济损失的比例也不同。在我国规定的直接经济损失项目中，包含了一些在国外属于间接经济损失的内容。一般来说，我国的伤亡事故直接经济损失所占的比例应该较国外大。根据对少数企业伤亡事故经济损失资料的统计，直接经济损失与间接经济损失的比例为 1∶1.2～1∶2。

5.3.3　伤亡事故经济损失计算方法

伤亡事故经济损失 C_T 可由直接经济损失与间接经济损失之和求出，则：

$$C_T = C_D + C_I \tag{5.1}$$

式中　C_D——直接经济损失；

　　　C_I——间接经济损失。

由于间接经济损失的许多项目很难得到准确的统计结果，所以人们必须探索一种实际可行的伤亡事故经济损失计算方法。这里介绍几种比较典型的计算方法。

1) 我国现行标准规定的计算方法

（1）工作损失。工作损失可以按下式计算：

$$L = D\frac{M}{SD_0} \tag{5.2}$$

式中　L——工作损失价值,万元;

　　　D——损失工作日数,死亡一名职工按 6 000 个工作日计算,受伤职工视伤害情况按
　　　　　《企业职工伤亡事故分类》(GB 6441—86)的附表或《事故损失工作日标准》
　　　　　(GB/T 15499—95)确定;

　　　M——企业上年的利税,万元;

　　　S——企业上年平均职工人数,人;

　　　D_0——企业上年法定工作日数,d。

(2)医疗费用。医疗费用是指用于治疗受伤害职工所需费用。事故结案前的医疗费用
按实际费用计算即可。对于事故结案后仍需治疗的受伤害职工的医疗费用,其总的医疗费
按下式计算:

$$M = M_b\frac{P}{D_c} \tag{5.3}$$

式中　M——被伤害职工的医疗费,万元;

　　　M_b——结案日前的医疗费,万元;

　　　P——事故发生之日至结案之日的天数,d;

　　　D_c——延续医疗天数,指事故结案后还须继续医治的时间,由企业劳资、安全、工会
　　　　　等按医生诊断意见确定,d。

上述公式是测算一名被伤害职工的医疗费,一次事故中多名被伤害职工的医疗费应累
计计算。

(3)歇工工资。歇工工资按下式计算:

$$L = L_a(D_a + D_k) \tag{5.4}$$

式中　L——被伤害职工的歇工工资,元;

　　　L_a——被伤害职工日工资,元;

　　　D_a——事故结案日前的歇工日,d;

　　　D_k——延续歇工日,指事故结案后被伤害职工还须继续歇工的时间,由企业劳资、安
　　　　　全、工会等部门与有关单位酌情商定,d。

上述公式是测算一名被伤害职工的歇工工资,一次事故中多名被伤害职工工资应累计
计算。

(4)处理事故的事务性费用。该项费用包括交通及差旅费、亲属接待费、事故调查处理
费、器材费、工亡者尸体处理费等,按实际的费用统计。

(5)现场抢救费用。现场抢救费用包括清理事故现场尘、毒、放射性物质及消除其他危
险和有害因素所需费用,整理、整顿现场所需费用等。

(6)事故罚款和赔偿费用。事故罚款是指依据法律、法规,上级行政及行业管理部门对
事故单位的罚款,而不是对事故责任人的罚款。赔偿费用包括事故单位因不能按期履行产
品生产合同而导致的对用户的经济赔偿费用和因公共设施的损坏而需赔偿的费用,不包括
对个人的赔偿和因环境污染造成的赔偿。

(7)固定资产损失价值。该项损失包括报废的固定资产损失价值和损坏后有待修复的
固定资产损失价值。前者用固定资产净值减去固定资产残值来计算,后者由修复费用来

决定。

（8）流动资产损失价值。流动资产是指在企业生产过程中和流通领域中不断变换形态的物质，主要包括原料、燃料、辅助材料、产品、半成品、在制品等。原料、燃料、辅助材料的损失价值为账面值减去残留值；产品、半成品、在制品的损失价值为实际成本减去残值。

（9）资源损失价值。该项损失主要是指由于发生工伤事故而造成的物质资源损失价值。例如，煤矿井下发生火灾事故，造成一部分煤炭资源被烧掉，另一部分煤炭资源被永久性冻结。物质资源损失涉及的因素较多且较复杂，其损失价值有时很难计算，所以常常采用估算法来确定。

（10）处理环境污染的费用。该项费用主要包括排污费、治理费、保护费和赔偿费等。

（11）补充新职工的培训费用。补充技术工人，每人的培训费用按 2 000 元计算；技术人员的培训费用按每人 10 000 元计算。在新的培训费用标准出台之前，当前仍执行这一标准。

（12）补助费、抚恤费。被伤害职工供养未成年直系亲属的抚恤费累计统计到 16 周岁，普通中学在校生累计统计到 18 周岁。

被伤害职工及供养成年直系亲属补助费、抚恤费累计统计到我国人口的平均寿命 68 周岁。

2）海因里希算法

海因里希通过对事故资料的统计分析，得出伤亡事故间接经济损失是直接经济损失的 4 倍的结论；同时，提出了伤亡事故经济损失的计算公式，见式（5.1）。于是，只要知道了直接经济损失，则很容易算出总经济损失。

如前所述，不同国家、不同地区、不同企业，甚至同一企业内事故严重程度不同时，其伤亡事故直接经济损失与间接经济损失的比例是不同的。因此，这种计算方法主要用于宏观地估算一个国家或地区的伤亡事故经济损失。

3）西蒙兹算法

首先，西蒙兹将死亡事故和永久性全失能伤害事故的经济损失单独计算；然后，将其他的事故划分为以下 4 级：

（1）暂时性全失能和永久性部分失能伤害事故。

（2）暂时性部分失能和需要到企业外就医的伤害事故。

（3）在企业内治疗的、损失工作时间在 8 h 之内的伤害事故，以及与之相当的 20 美元以内的物质损失事故。

（4）相当于损失工作时间 8 h 以上价值的物质损失事故。

根据实际数据统计出各级事故的平均间接经济损失后，可按下式计算各级事故的总经济损失：

$$C_T = C_D + C_I = C_D + \sum_{i=1}^{4} N_i C_i \tag{5.5}$$

式中　N_i——第 i 级事故发生的次数；

　　　C_i——第 i 级事故的平均间接经济损失。

由于该算法按不同级别事故发生次数、平均间接经济损失来考虑，其计算结果较海因里希算法的结果准确，因而在美国被广泛采用。

4) 辛克莱算法

该计算方法与西蒙兹算法类似,其不同之处主要在于辛克莱(Sinclair)将伤亡事故划分为死亡、严重伤害和其他伤害事故三级。首先,计算出每级事故的直接经济损失和间接经济损失的平均值;然后,按各级事故发生频率和事故平均经济损失计算每起事故的平均经济损失,则:

$$\overline{C}_T = \overline{P}_i(\overline{C}_D + \overline{C}_I) \tag{5.6}$$

式中 $\overline{C}_T$——每起事故的平均经济损失,元;

$\overline{P}_i$——第 i 级事故的发生频率;

$\overline{C}_D$——第 i 级事故的平均直接经济损失,元;

$\overline{C}_I$——第 i 级事故的平均间接经济损失,元。

于是,N 次事故造成的总经济损失为:

$$C_T = N \cdot \overline{C}_T \tag{5.7}$$

5) 斯奇巴算法

斯奇巴提出了一种简捷、快速的伤亡事故经济损失计算方法。他将经济损失划分为固定经济损失和可变经济损失两部分,分别计算各部分损失的基本损失后,以修正系数的形式考虑其余的损失。该方法的计算公式为:

$$C_T = C_F + C_V \tag{5.8}$$

式中 C_F——固定经济损失,元;

C_V——可变经济损失,元。

其中,固定经济损失为:

$$C_F = aC_S \tag{5.9}$$

式中 C_S——伤亡事故保险费,元;

a——考虑预防事故的固定费用的修正系数,一般取 $a = 1.1 \sim 1.5$。

可变经济损失按下式计算:

$$C_V = bNDS \tag{5.10}$$

式中 N——伤亡事故次数;

D——每起事故平均损失工作日数,d;

S——平均日工资(包括各种补助费),元;

b——考虑企业具体情况的修正系数,一般地,$b = 1.2 \sim 3.0$。

该计算方法省去了大量的统计工作,但是计算结果可能与实际情况差别较大。

6) 直接计算法

该计算方法以保险公司提供的保险等待期为标准,将伤亡事故划分为三级:

(1)受伤害者能够在发生事故当天恢复工作的伤害事故。

(2)受伤害者丧失工作能力的时间少于或等于保险等待期的伤亡事故。

(3)受伤害者丧失工作能力的时间超过保险等待期的伤害事故。

每一级伤害事故的经济损失可按下式计算:

$$C_i = C_p + C_s + C_o + C_m + C_b \tag{5.11}$$

式中 C_i——第 i 级伤害事故的经济损失,元;

C_p——用于防止伤害事故的投资,包括固定投资、可变投资及额外投资 3 部分,元;

C_s——职业伤害的保险费,包括固定保险费和可变保险费两部分,元;

C_o——事务性费用,元;

C_m——材料损失费用,元;

C_b——因停、减产造成的损失,元。

在企业没有多余人员、满负荷生产的情况下,停、减产造成的损失按下式计算:

$$C_b = BLr \tag{5.12}$$

式中　B——按生产计划预计的单位产量净效益;

L——由于伤亡事故造成的工作时间损失;

r——正常生产条件下的全员劳动生产率。

伤亡事故经济损失等于各级伤亡事故经济损失之和,则:

$$C_T = \sum N_i C_i \tag{5.13}$$

式中　N_i——第 i 级伤害事故发生次数;

C_i——第 i 级伤害事故经济损失,元。

5.4　工伤事故善后处理

所谓工伤事故善后处理,是指对已认定的工伤事故从填报工伤登记表、组织或参与事故善后处理,确定工伤医疗期和事故善后处理意见、医疗终结的伤残等级鉴定及一次性伤残补助的确定和发放的全过程。

5.4.1　工伤事故善后处理的程序

第一步:部门、车间。发生工伤事故后,应及时上报企业安全环保部、企业主管部门,并按国家规定上报当地人民政府及安全生产监督管理部门。

第二步:安全环保部。安全环保部成立事故善后处理小组,通知相关部门填写工伤登记表。重伤以上事故由安监部门负责组织,人力资源、财务、工会等部门派人参加;轻伤事故由人力资源部牵头组织,安监部门指定人员参加。工伤事故善后处理小组的任务是依据事故性质和国家政策规定提出初步处理意见,参加与地方、安监部门、劳动部门的关系协调,并负责向工伤人员和家属解释政策和处理意见,指导做好接待工作。

第三步:发生事故部门。根据事故认定结论和工伤事故善后处理小组提出的处理意见填写《工伤登记和处理意见表》,轻伤事故在发生后 7 d 内、重伤以上事故在 30 d 内报企业人力资源部备案。

第四步:人力资源部。参加工伤事故的分析认定,负责向医疗单位索取医疗证明。对已结束初步治疗进入恢复疗养期的工伤员工,确定工伤医疗期和工伤医疗期内的待遇,并及时通知工伤员工本人。

第五步:人力资源部。工伤医疗期在半年以内的,员工隶属关系不变,工伤待遇和护理由原单位承担。工伤医疗期超过半年的,将员工人事关系转移到人力资源部,由人力资源部将其转入人才中心统一管理。工伤医疗期满并具备上岗能力的人员,由所在单位提出安置意见并安置。

第六步:安全环保部。进行工伤残疾等级鉴定,即安排工伤人员进行劳动能力和伤残等级鉴定。确定工伤事故善后处理意见。根据国家有关规定以及同死亡人员家属的协商,提出包括丧葬补贴、供养亲属抚恤金及一次性工亡补助金的意见,包括丧葬补助金、供养亲属抚恤金及一次性工亡补助金。

第七步:人力资源部。签订工伤善后处理协议书,即同伤残人员或死亡者家属签订工伤善后协议书。

第八步:财务部。伤残人员或死亡人家属到财务结算、领款。

5.4.2 工伤认定

1) 工伤认定申请

根据《工伤保险条例》第十七条规定:职工发生事故伤害或者按照职业病防治法规定被诊断、鉴定为职业病,所在单位应当自事故伤害发生之日或者被诊断、鉴定为职业病之日起30日内,向统筹地区劳动保障行政部门提出工伤认定申请。遇有特殊情况,报劳动保障行政部门同意,申请时限可以适当延长。

用人单位未按前款规定提出工伤认定申请的,工伤职工或者其直系亲属、工会组织在事故伤害发生之日或者被诊断、鉴定为职业病之日起1年内,可以直接向用人单位所在地统筹地区劳动保障行政部门提出工伤认定申请。

按照该条第一款规定应当由省级劳动保障行政部门进行工伤认定的事项,根据属地原则由用人单位所在地的设区的市级劳动保障行政部门办理。

用人单位未在该条第一款规定的时限内提交工伤认定申请,在此期间发生符合该条例规定的工伤待遇等有关费用由该用人单位负担。

2) 工伤认定范围

(1) 职工有下列情形之一的,应当认定为工伤:

① 在工作时间和工作场所内,因工作原因受到事故伤害的;

② 工作时间前后在工作场所内,从事与工作有关的预备性或者收尾性工作受到事故伤害的;

③ 在工作时间和工作场所内,因履行工作职责受到暴力等意外伤害的;

④ 患职业病的;

⑤ 因工外出期间,由于工作原因受到伤害或者发生事故下落不明的;

⑥ 在上下班途中,受到非本人主要责任的交通事故或者城市交通、客运轮渡、火车事故伤害的;

⑦ 法律、行政法规规定应当认定为工伤的其他情形。

(2) 职工有下列情形之一的,视同工伤:

① 在工作时间和工作岗位,突发疾病死亡或者在48 h之内经抢救无效死亡的;

② 在抢险救灾等维护国家利益、公共利益活动中受到伤害的;

③ 职工原在军队服役,因战、因公负伤致残,已取得革命伤残军人证,到用人单位后旧伤复发的。

(3) 职工有下列情形之一的,不得认定为工伤或者视同工伤:

① 故意犯罪的;

② 醉酒或者吸毒的;

③ 自残或者自杀的。

5.4.3 工伤鉴定

1）工伤鉴定类别

（1）工伤鉴定。工伤鉴定是在申请工伤鉴定的职工被认定为工伤的基础上，在其医疗终结或医疗期满之后，由设区的市以上劳动能力鉴定委员会对其工伤有关事宜进行鉴定的行为。工伤鉴定的范围包括：劳动能力鉴定，停工留薪期鉴定确认，护理等级鉴定，伤残辅助器具配置鉴定等。

（2）劳动能力鉴定。劳动能力鉴定也称为劳动鉴定，是指劳动者在生产工作中因种种原因造成劳动能力不同程度的损害，致使劳动者在部分、大部分或完全丧失劳动能力时，有关部门在医学方面对其做出的鉴别和评定。通常情况下，我国的劳动能力鉴定工作只负责因工伤或因病而导致的劳动能力鉴定问题。

（3）初次劳动能力鉴定。初次劳动能力鉴定是由用人单位、工伤职工或者其直系亲属向设区的市级劳动能力鉴定委员会提出申请，申请的时间应当是工伤职工的伤情处于相对稳定的状态或者是已经痊愈。

（4）致残等级鉴定。致残等级鉴定也称工伤评残，是劳动鉴定委员会在劳动能力鉴定技术小组认为工伤职工丧失劳动能力需要评残的基础上，依据《职工工伤和职业病致残程度鉴定》，对因工负伤或患职业病的职工伤残后丧失劳动能力的程度和依赖护理的程度做出的判别和评定，一共有 10 个级别。

2）工伤鉴定的程序

（1）因工伤残职工在医疗终结后应携带资料到当地社保机构申请伤残等级评定。

（2）鉴定者携带医疗机构出具的伤、病、残诊断证明，如病历、出院证明、CT 片、化验单、心电图等相关诊断材料及《职工伤病残劳动鉴定审批表》于每周一、二、三、五来做鉴定。

（3）鉴定办对鉴定者携带的材料由专家确认后，交纳鉴定费。如材料不全，由鉴定办出具委托诊断后，再来鉴定。

（4）鉴定办于每周四定期召开鉴定会，做出等级评定，并予以公布。

（5）自鉴定材料收下登记之日起 15 日后，由单位劳资人员前来领取鉴定结果及所收全部材料。

3）工伤鉴定等级

一级：器官缺失或功能完全丧失，其他器官不能代偿，存在特殊医疗依赖，生活完全或大部分不能自理。

二级：器官严重缺损或畸形，有严重功能障碍或并发症，存在特殊医疗依赖或生活大部分不能自理。

三级：器官严重缺损或畸形，有严重功能障碍或并发症，存在特殊医疗依赖或生活部分不能自理。

四级：器官严重缺损或畸形，有严重功能障碍或并发症，存在特殊医疗依赖，生活可以自理。

五级：器官大部缺损或明显畸形，有较重功能障碍或并发症，存在一般医疗依赖，生活能自理。

六级：器官大部缺损或明显畸形，有中等功能障碍或并发症，存在一般医疗依赖，生活能自理。

七级：器官大部分缺损或畸形，有轻度功能障碍或并发症，存在一般医疗依赖，生活能自理。

八级：器官部分缺损，形态异常，轻度功能障碍，有医疗依赖，生活能自理。

九级：器官部分缺损，形态异常，轻度功能障碍，无医疗依赖，生活能自理。

十级：器官部分缺损，形态异常，无功能障碍，无医疗依赖，生活能自理。

4）工伤鉴定所需材料

（1）申请工伤劳动功能障碍程度等级鉴定须填报《××市劳动能力鉴定申请表》一式两份，并同时报送以下材料：

①《××市职工工伤认定申请表》《××市劳动和社会保障局工伤认定决定书》原件及复印件。

② 发生工伤后首次就诊病历，与该次工伤相关的住院资料及其后所有门诊病历。

③ 首次及其后复查的各项影像学检查（如 X 射线、CT、MRI 等）报告单。

④ 受伤部位存在疤痕、缺损、畸形的，须提供受伤部位的彩色照片。

（2）申请劳动功能障碍程度复查鉴定须填报《××市劳动能力复查鉴定申请表》一式两份，并同时报送以下材料：

①《××市职工工伤认定申请表》《××市劳动和社会保障局工伤认定决定书》《劳动能力鉴定结论书》原件及复印件；工伤职工申请劳动能力重新鉴定的，须提供原工伤认定书、工伤鉴定结论及工伤复查鉴定结论原件及复印件。

② 申请劳动能力复查鉴定的报告和相关病历等证明材料。

③ 发生工伤后首次就诊病历、与该次工伤相关的住院资料及其后所有门诊病历。

④ 首次及其后复查的各项影像学检查（如 X 射线、CT、MRI 等）报告单。

⑤ 受伤部位存在疤痕、缺损、畸形的，须提供受伤部位的彩色照片。

（3）申请劳动功能障碍程度变化的复查须填报《××市劳动能力复查鉴定申请表》一式两份，并同时报送以下材料：

①《××市职工工伤认定申请表》《××市劳动和社会保障局工伤认定决定书》《劳动能力鉴定结论书》原件及复印件。

② 申请伤残程度变化复查的报告和相关病历等证明材料。

③ 发生工伤后首次就诊病历、与该次工伤相关的住院资料及其后所有门诊病历。

④ 首次及其后复查的各项影像学检查（如 X 射线、CT、MRI 等）报告单。

⑤ 受伤部位存在疤痕、缺损、畸形的，须提供受伤部位的彩色照片。

5.4.4　工伤保险

工伤事故善后处理的内容主要包括受伤人员的救治、伤亡人员的经济补偿等方面的内容。工伤事故的经济补偿依据《工伤保险条例》。

5.4.4.1　工伤保险的概念

工伤保险又称为职业伤害保险，是对在劳动过程中遭受人身伤害（包括事故伤残和职业病以及因这两种情况造成死亡）的职工、遗属提供经济补偿的一种社会保险制度。其补偿内容包括对伤残职工的医疗救治、经济补偿、职业康复训练和对工伤死亡者遗属的经济补偿等。作为社会保险制度体系的一个重要组成部分，它对于预防工伤事故、分散事故风险，保障因工伤事故或职业病而伤、残、亡的职工及其供养直系亲属的基本生活，减轻企业负担，促进企业安全生产和维护社会安定都发挥着极为重要的作用。

工伤保险作为社会保险体系中不可缺少的组成部分，不仅与其他社会保险项目有着相同的特点，还具有某些独特的运作方式。例如：职工个人不缴纳保险费；实行无责任赔偿；享受工残退休待遇不受年龄、工龄等条件的限制；工伤保险待遇要高于因病或非因工伤亡待遇及退休待遇；伤残待遇根据残废程度和工资损失情况确定等。因此，工伤保险不但具有保障性，而且带有补偿性。

5.4.4.2 工伤保险的实施原则

1）强制性实施原则

强制性实施原则是指由国家通过法律法规强制企业实行工伤赔偿，并依照法定的项目、标准和方式支付待遇，依照法定的标准和时间缴纳保险费，对于违反有关规定的，要依法追究法律责任。

工伤保险实行强制性原则的原因之一是，普通的劳动者大都以工资收入为主要生活来源，如果遭遇了有损健康的事故以致不能劳动，则将丧失部分或全部工资收入。此外，由于工资收入有限，缴纳保险金的能力就比较低，所以现在各国实行的工伤保险都由国家统一管理。通过国家立法强制实施，受保人不必承担任何费用。其原因之二是，由于工伤事故具有突发性和不可逆转性，因而其造成的损失也难以挽回，对遭遇工伤事故或患职业病的个人则有可能带来终身痛苦。如果再雪上加霜不能保证他们顺利地得到经济补偿，必将使其生活陷入困境，这既不符合人道主义精神，又使社会保障无从谈起。因此，工伤保险应该是强制性的，包括保险费的征收、缴费标准与时间、待遇的构成、计发标准、支付方式与时间等都是强制的，目的是保障以工资收入为主要生活来源的劳动者因工伤残后的基本生活。

2）无责任赔偿原则

无责任赔偿原则又称为无过失补偿原则，它始于 1884 年德国的《工人灾害赔偿保险法》，是指劳动者在生产工作过程中遭遇工伤事故后，无论其是否对意外事故负有责任（蓄意制造事故者除外），均应依法按照规定的标准享受工伤保险待遇。

按照该原则，工伤事故的原因即便完全出自劳动者一方，也应对负伤者给予极大的关注、爱护和经济补偿。这是因为在正常情况下，劳动者不会认为负伤对自己有利而甘愿遭受事故痛苦，而劳动者受到事故伤害即使有个人原因，往往同时也有劳动条件不完备、劳动组织不合理等非劳动者个人的原因。因工遭受伤害已然给自身及家属带来痛苦，如果严重致残，将会使本人及家属陷入困境，还会影响到其他劳动者的生产情绪，给企业生产经营活动的正常开展带来不利影响。在这种情况下，若追究工伤劳动者的责任，减少补偿乃至完全中断其经济来源，只会酿成不良的社会后果，既不能体现社会保险的作用，也不利于职工队伍的稳定和社会安定。因此，对为社会、为企业而遭受损失和痛苦的受害者无条件提供补偿是理所应当的。该原则的执行既能够确保受害者及时地得到法定的生活保障与经济补偿，又简化了工伤处理中落实待遇给付的程序，有利于企业工作效率的提高。

无过失补偿原则的实施并不意味着不去追究事故责任；相反，为了防止类似事故的重复出现，必须认真调查事故原因，澄清事故责任，并做出必要的结论。因此，追究行政责任与无条件地执行工伤经济补偿并不矛盾。

3）个人不缴费原则

个人不缴费原则是指无论是直接支付保险待遇还是缴费投保，全部费用由用人单位负担，劳动者个人不缴费。工伤保险费用不实行分担方式，这是由工伤保险的补偿性质所决定的。工伤事故属于职业性伤害,伤害成本被认为是一种制造成本,工伤保险待遇属于企业生产成本的特殊部分。因此,按照国际惯例,工伤保险费不实行职工和企业分担制,而是由企业全部负担。

4）损失补偿与事故预防及职业康复相结合的原则

现代工伤保险不仅局限于对工伤职工给予工伤补偿,而是将工伤补偿、工伤预防与工伤康复紧密地联系起来,更好地发挥其在维护社会安定、保护和促进生产力发展方面的积极作用。一方面,工伤保险的社会化管理有利于使工伤事故的预防,即劳动安全管理工作形成合理的社会制约机制;待遇给付的社会化可促使劳动者重视自身的工伤保险权利,积极监督企业履行职责,防止以往存在的隐瞒工伤不报的现象,从而促使企业重视事故隐患的治理,力防事故的发生。另一方面,工伤保险基金的建立,也使工伤康复事业在资金来源上有所保证。

工伤保险既重赔偿,更重预防,它是为安全生产服务的。强调工伤保险的补偿、预防、康复相结合的原则是为了避免形成一种错误诱导,即企业既然缴纳了工伤保险费,发生事故后由社会保险经办机构支付待遇,企业就可以放松安全管理;相反,尽管企业参加了工伤保险,只要发生了重大事故,也要从安全生产管理的角度追究其经济的,甚至刑事的责任。因此,在立法原则上,要确立工伤保险与工伤预防、职业康复相结合;在费率机制上,实行差别费率和浮动费率,事故多要多收费,事故少则少收费;在管理上,配合安全监察督促企业和教育职工落实安全生产法律法规。

5.4.4.3 工伤保险待遇

1）工伤医疗待遇

职工因工作遭受事故伤害或者患职业病进行治疗,享受工伤医疗待遇。职工治疗工伤应当在签订服务协议的医疗机构就医,情况紧急时可以先到就近的医疗机构急救。

职工因工作遭受事故伤害或者患职业病需要暂停工作接受工伤医疗的,在停工留薪期内,原工资福利待遇不变,由所在单位按月支付。停工留薪期一般不超过 12 个月。工伤职工评定伤残等级后,停发原待遇,享受伤残待遇。

2）工伤护理费

评残时确认符合护理条件的,定为全部、大部分和部分护理三级,一级每月发给当地上年度职工月平均工资的 50%,二级为 40%,三级为 30%。从工伤保险基金按月支付生活护理费。

3）伤残待遇

职工因工致残后,可以享受的伤残待遇包括:从工伤保险基金按伤残等级支付一次性伤残补助金;从工伤保险基金按月支付伤残津贴。工伤职工达到退休年龄并办理退休手续后,停发伤残津贴,享受基本养老保险待遇。表 5.1 中列出了不同伤残等级应该享受的伤残待遇。

表 5.1　伤残等级、定义和支付额

残废等级	支付额		定义
	月伤残津贴	一次性伤残补助金	
第 1 级	本人工资的 90%	27 个月的本人工资,下同	全部丧失劳动能力,即不能从事任何工作且生活起居需人扶持者
第 2 级	本人工资的 85%	25 个月工资	
第 3 级	本人工资的 80%	23 个月工资	
第 4 级	本人工资的 75%	21 个月工资	

表 5.1(续)

残废等级	支付额		定义
	月伤残津贴	一次性伤残补助金	
第 5 级	本人工资的 70%	18 个月工资	大部分丧失劳动能力,即不能从事原工作但生活起居不需要他人扶持者
第 6 级	本人工资的 60%	16 个月工资	
第 7 级	—	13 个月工资	部分丧失劳动能力,即仍可能从事较轻便工作者
第 8 级	—	11 个月工资	
第 9 级	—	9 个月工资	
第 10 级	—	7 个月工资	

《工伤保险条例》还规定,职工因工致残被鉴定为一级至四级伤残的,保留劳动关系,退出工作岗位;被鉴定为五级、六级伤残的,保留与用人单位的劳动关系,由用人单位安排适当工作,难以安排工作的,由用人单位按月发给伤残津贴;被鉴定为七级至十级伤残的,从工伤保险基金按伤残等级支付一次性伤残补助金,劳动合同期满终止,或者职工本人提出解除劳动合同的,由用人单位支付一次性工伤医疗补助金和伤残就业补助金;工伤职工工伤复发,确认需要治疗的,继续享受工伤医疗待遇。

5）丧葬补助金、抚恤金和工亡补助金的领取

职工因工死亡,其近亲属按照下列规定从工伤保险基金中领取丧葬补助金、供养亲属抚恤金和一次性工亡补助金:

(1)丧葬补助金为 6 个月的统筹地区上年度职工月平均工资。

(2)供养亲属抚恤金按照职工本人工资的一定比例发给由因工死亡职工生前提供主要生活来源、无劳动能力的亲属。标准为:配偶每月 40%,其他亲属每人每月 30%,孤寡老人或者孤儿每人每月在上述标准的基础上增加 10%。核定的各供养亲属的抚恤金之和不应高于因工死亡职工生前的工资。

(3)一次性工亡补助金标准为上一年度全国城镇居民人均可支配收入的 20 倍。

6）职业康复待遇

职业康复待遇包括:

(1)因工负伤医疗终结后经鉴定确认为伤残,因日常生活或者就业需要,必须安置假肢、假眼、假牙和配置轮椅等辅助器具的,所需费用按照国家规定的标准从工伤保险基金支付。

(2)因工伤残丧失部分劳动能力的职工,原单位有责任安排其从事力所能及的工作。因工负伤或经鉴定确认为职业病患者的劳动合同制职工和私营企业雇员,企业不得解除其劳动合同。

7）停止享受工伤保险待遇

工伤职工有下列情形之一的,停止享受工伤保险待遇:

(1)丧失享受待遇条件的。

(2)拒不接受劳动能力鉴定的。

(3)拒绝治疗的。

5.5 职业病管理

5.5.1 职业病的概念与特点

1) 职业病的定义

广义上的职业病泛指劳动者在生产劳动及其他职业活动中,由于职业性有害因素的影响而引起的疾病。本书论及的职业病是狭义的职业病,即法定职业病。它是指职工因受职业性有害因素的影响而引起的,由国家以法规形式规定并经国家指定的医疗机构确诊的疾病。法定职业病,必须具备 4 个条件:一是患病主体是企业、事业单位或个体经济组织的劳动者;二是必须是在从事职业活动的过程中产生的;三是必须因接触粉尘、放射性物质和其他有毒、有害物质等职业病危害因素引起的;四是必须是国家公布的职业病分类和目录所列的职业病。以上 4 个条件缺一不可。

1987 年 11 月,卫生部、劳动人事部、财政部、中华全国总工会联合发布了《职业病范围和职业病患者处理办法的规定》,确定了 9 大类共 99 种法定职业病的名单。2002 年 4 月 18 日,根据《中华人民共和国职业病防治法》规定,卫生部、劳动保障部《关于印发〈职业病目录〉的通知》(卫法监发〔2002〕108 号)中又进一步明确了我国现阶段职业病有:尘肺、职业性放射性疾病、职业中毒、物理因素所致职业病、生物因素所致职业病、职业性皮肤病、职业性眼病、职业性耳鼻喉口腔疾病、职业性肿瘤和其他职业病,共 10 类 115 种,见表 5.2。

2) 职业性有害因素

职业性有害因素又称生产性有害因素,是指能对职工的健康和劳动能力产生有害作用并导致疾病的生产因素。按职业性有害因素来源可分为生产过程中的、劳动过程中的和与作业场所有关的有害因素 3 种。

(1) 生产过程中的有害因素。

① 化学因素。目前,引发职业病的最主要的职业性有害因素被公认为化学因素。它包括生产性毒物和生产性粉尘。生产性毒物可分为窒息性毒物(硫化氢、一氧化碳、氢化物等)、刺激性毒物(光气、氨气、二氧化硫等)、徊液性毒物(苯、苯的硝基化合物等)和神经性毒物(铅、汞、锰、有机磷农药等)。它们主要通过呼吸道(特殊情况下通过消化道或通过皮肤)侵入人体,对人体的组织、器官产生毒物作用,再依毒性的不同对人体的神经系统、血液系统、呼吸系统、消化系统、骨组织等产生作用。除了产生局部刺激和腐蚀作用及中毒现象以外,还可产生致突变作用、致癌作用、致畸作用等。生产性粉尘是指能长期悬浮在空气中的固体微粒,包括无机性粉尘(石棉、煤、金属性粉尘、水泥等)、有机性粉尘(烟草、麻、棉、人造纤维等)和混合性粉尘(金属研磨尘、合金加工尘等)。劳动者在生产过程中被动吸入的这些生产性粉尘随时间的推移在肺内逐渐沉积到一定程度时,会引起以肺组织纤维化为主的病变,即导致尘肺病的发生。

② 物理因素。物理性职业有害因素主要包括:不良的气候条件;异常气压;生产性噪声、振动;电离辐射,如 α 射线,β 射线,γ 射线或中子流等;非电离辐射,如紫外线、红外线、微波、高频电磁场等。

③ 生物因素。生物因素主要指病原微生物和致病寄生虫,如炭疽杆菌、布氏杆菌、森林脑炎病毒等。

表 5.2　职业病种类

一、职业性尘肺病及其他呼吸系统疾病	四、职业性耳鼻喉口腔疾病	37. 氯乙烯中毒	8. 放射性甲状腺疾病
（一）尘肺病	1. 噪声聋	38. 三氯乙烯中毒	9. 放射性腺疾病
1. 矽肺	2. 铬鼻病	39. 氯丙烯中毒	10. 放射复合伤
2. 煤工尘肺	3. 牙酸蚀病	40. 氯丁二烯中毒	11. 根据《职业性放射性疾病诊断标准（总则）》可以诊断的其他放射性损伤
3. 石墨尘肺	4. 爆震聋	41. 苯的氨基及硝基化合物（不包括三硝基甲苯）中毒	
4. 碳黑尘肺	**五、职业性化学中毒**	42. 三硝基甲苯中毒	**八、职业性传染病**
5. 石棉肺	1. 铅及其化合物中毒（不包括四乙基铅）	43. 甲醇中毒	1. 炭疽
6. 滑石尘肺	2. 汞及其化合物中毒	44. 酚中毒	2. 森林脑炎
7. 水泥尘肺	3. 锰及其化合物中毒	45. 五氯酚（钠）中毒	3. 布鲁氏菌病
8. 云母尘肺	4. 镉及其化合物中毒	46. 甲醛中毒	4. 艾滋病（限于医疗卫生人员及人民警察）
9. 陶工尘肺	5. 铍病	47. 硫酸二甲酯中毒	5. 莱姆病
10. 铝尘肺	6. 铊及其化合物中毒	48. 丙烯酰胺中毒	**九、职业性肿瘤**
11. 电焊工尘肺	7. 钡及其化合物中毒	49. 二甲基甲酰胺中毒	1. 石棉所致肺癌、间皮瘤
12. 铸工尘肺	8. 钒及其化合物中毒	50. 有机磷中毒	2. 联苯胺所致膀胱癌
13. 根据《尘肺病诊断标准》和《尘肺病理诊断标准》可以诊断的其他尘肺病	9. 磷及其化合物中毒	51. 氨基甲酸酯类中毒	3.苯所致白血病
（二）其他呼吸系统疾病	10. 砷及其化合物中毒	52. 杀虫脒中毒	4. 氯甲醚、双氯甲醚所致肺癌
1. 过敏性肺炎	11. 铀及其化合物中毒	53. 溴甲烷中毒	5. 砷及其化合物所致肺癌、皮肤癌
2. 棉尘病	12. 砷化氢中毒	54. 拟除虫菊酯类中毒	6. 氯乙烯所致肝血管肉瘤
3. 哮喘	13. 氯气中毒	55. 铟及其化合物中毒	7. 焦炉逸散物所致肺癌
4. 金属及其化合物粉尘肺沉着病（锡、铁、锑、钡及其化合物等）	14. 二氧化硫中毒	56. 溴丙烷中毒	8.六价铬化合物所致肺癌
5. 刺激性化学物所致慢性阻塞性肺疾病	15. 光气中毒	57. 碘甲烷中毒	9. 毛沸石所致肺癌、胸膜间皮瘤
6. 硬金属肺病	16. 氨中毒	58. 氯乙酸中毒	10. 煤焦油、煤焦油沥青、石油沥青所致皮肤癌
二、职业性皮肤病	17. 偏二甲基肼中毒	59. 环氧乙烷中毒	11. β-萘胺所致膀胱癌
1. 接触性皮炎	18. 氮氧化合物中毒	60. 上述条目未提及的与职业有害因素接触之间存在直接因果联系的其他化学中毒	**十、其他职业病**
2. 光接触性皮炎	19. 一氧化碳中毒		1. 金属烟热
3. 电光性皮炎	20. 二硫化碳中毒	**六、物理因素所致职业病**	2. 滑囊炎（限于井下工人）
4. 黑变病	21. 硫化氢中毒	1. 中暑	3. 股静脉血栓综合征、股动脉闭塞症或淋巴管闭塞症（限于刮研作业人员）
5. 痤疮	22. 磷化氢、磷化锌、磷化铝中毒	2. 减压病	
6. 溃疡	23. 氟及其无机化合物中毒	3. 高原病	
7. 化学性皮肤灼伤	24. 氰及腈类化合物中毒	4. 航空病	
8. 白斑	25. 四乙基铅中毒	5. 手臂振动病	
9. 根据《职业性皮肤病的诊断总则》可以诊断的其他职业性皮肤病	26. 有机锡中毒	6. 激光所致眼（角膜、晶状体、视网膜）损伤	
三、职业性眼病	27. 羰基镍中毒	7. 冻伤	
1. 化学性眼部灼伤	28. 苯中毒	**七、职业性放射性疾病月**	
2. 电光性眼炎	29. 甲苯中毒	1. 外照射急性放射病	
3. 白内障（含放射性白内障、三硝基甲苯白内障）	30. 二甲苯中毒	2. 外照射亚急性放射病	
	31. 正己烷中毒	3. 外照射慢性放射病	
	32. 汽油中毒	4. 内照射放射病	
	33. 一甲胺中毒	5. 放射性皮肤疾病	
	34. 有机氟聚合物单体及其热裂解物中毒	6. 放射性肿瘤（含矿工高氡暴露所致肺癌）	
	35. 二氯乙烷中毒	7. 放射性骨损伤	
	36. 四氯化碳中毒		

（2）劳动过程中的职业性有害因素。主要包括劳动时间过长、劳动强度过大、作业安排与劳动者的生理状态不相适应、长时间处于某种不良体位、长时间从事某一单调动作的作业或身体的个别器官和肢体过度紧张等。

（3）与作业场所有关的职业性有害因素。

① 作业场所的设计不符合卫生标准和要求，厂房狭小、厂房建筑及车间布置不合理。

② 缺乏必要的卫生技术设施，如缺少通风换气设施、采暖设施、防尘防毒设施、防暑降温设施、防噪防振设施、防射线设施等。

③ 安全防护设施不完善，使用个人防护用具方法不当或防护用具本身有缺陷等。

上述各种职业性有害因素对人体产生不良影响并显现病状，是要满足一定条件的，如有害因素的强度（数量）、人体接触有害因素的时间和程度、个体因素及环境因素等。当职业性有害因素作用于人体并造成人体功能性或器质性病变时所导致的疾病即为职业病。

按职业病危害因素性质可分为环境因素、与职业有关的其他因素以及其他因素 3 种：环境因素，如物理因素（高温、低温、辐射、噪声、振动）、化学因素（工业毒物、生产性粉尘）、生物因素（炭疽杆菌、布氏杆菌、病毒、真菌等）；与职业有关的其他因素，如不合适的生产布局、劳动制度等；其他因素，如劳动过程有关的劳动生理、劳动心理方面的因素等。

3）职业病的特点

与其他职业伤害相比，职业病具有以下特点：

（1）由于劳动者在职业性活动过程中，或者长期受到来自化学的、物理的、生物的职业性危害因素的侵蚀，或者长期受不良的作业方法、恶劣的作业条件的影响，这些因素及影响可能直接或间接地、个别或共同地发生着作用，成为职业病的起因。

（2）职业病不同于突发的事故或疾病，其病症要经过一个较长的逐渐形成期或潜伏期后才能显现，属于缓发性伤残。

（3）由于职业病多表现为体内生理器官或生理功能的损伤，因而只见"疾病"，不见"外伤"。

（4）职业病属于不可逆性损伤，很少有痊愈的可能。换言之，除了促使患者远离致病源自然痊愈之外，由于没有更为积极的治疗方法，因而对职业病预防问题的研究尤为重要。因此，可以通过作业者的注意、作业环境条件的改善和作业方法的改进等管理手段减少患病率。

总之，职业病虽然被列入因工伤残的范围，但它同工伤伤残又是有区别的。

5.5.2　职业病的发病机理

1）职业性有害因素的作用条件

（1）接触机会。在生产工艺过程中，不断接触或使用某些有毒有害因素，如油漆工，长期接触并使用含苯、甲苯、二甲苯的油漆，而容易引起相应的职业性中毒。

（2）接触方式。有毒有害物质经呼吸道、消化道或皮肤可进入人体，或者由于意外事故造成病伤。例如：粉尘经呼吸道进入人体，引起尘肺病；苯的氨基硝基化合物经皮肤进入人体，引起中毒；玻璃制品的磨工，由于卫生条件差，玻璃中的铅经消化道进入人体，引起铅中毒。

（3）接触时间。接触时间是指每天和一生中累积接触的总时间。

（4）接触的强度（浓度）是指每次或总接触的强度（浓度）。

接触时间和接触的强度（浓度）是决定机体所受危害剂量的主要因素。

2）职业性损害作用的影响因素

（1）环境因素。劳动条件包括生产工艺过程、劳动过程和生产环境，控制这些因素的办法为定期检测职业性有害因素的强度(浓度),改善劳动条件。

(2) 职业卫生服务状况。实行职业人群就业前后的体检以及健全健康档案,以便及早发现职业性损害。

(3) 个体感受。不同的年龄和性别对职业性有害因素的感受有差异,包括妇女和未成年工。有害因素对职业人群个体,甚至其胎儿、乳儿均可产生影响,而某些易感者(身体状况欠佳者)要比非易感者(身体健康者)更容易受到有害因素的影响。

(4) 生活方式。长期摄取不合理膳食、吸烟、过量饮酒、缺乏锻炼和过度精神紧张,这些均能增加职业性损害的程度。

3) 职业病发病的特点

(1) 病因明确。病因是指职业性有害因素,在控制病因或作用条件后,可消除或减少发病。

(2) 所接触的病因大多是可检测和识别的,且其强度(浓度)需达到一定的程度才能使劳动者致病,一般具有接触水平反应的关系,即接触强度(浓度)越大,机体反应越明显。

(3) 在接触同一有害因素的人群中,通常有一定数量的发病,很少只出现个别病人。

(4) 早期诊断、及时治疗、妥善处理,愈后较好,康复较容易。

5.5.3　职业病的预防和管理

职业病预防和管理工作包括作业环境管理、作业管理和健康管理3个方面的内容。

1) 作业环境管理

作业环境即生产环境,是指在生产劳动过程中由人员环境与自然环境因素组合而成的小环境。它受自然环境的影响,劳动者对其适应能力的大小除了与自身条件有关外,主要受作业性质、作业方式和相应的技术组织措施的影响。作业环境不仅会影响工作效率,还会直接影响职工的安全与健康。

在掌握了不同的作业及作业环境中使用的物质、机器可能给人体健康带来何种危害的知识的基础上,必须考虑有效的作业环境对策。

① 换气设备:设置换气、排气设备,并进行经常的保养、检查或改进。此外,设置必要的排出物收集、集尘装置。

② 环境测定:从最重要的环境因素开始,对作业的特性以及有害物质的发生源、发生量随时间、空间的改变而变化的情况进行测定。对那些看似不重要的环境因素,也不能轻视。

③ 采用封闭系统,探讨自动化或代替物品的使用。

④ 建立休息室、配置卫生设施等。

2) 作业管理

作业管理是指企业给定的作业环境范围内,为使作业最安全、最舒适、最高效地进行而采取的保证措施。

① 坚持不懈地进行卫生教育,特别是以使作业者对与之相关的作业对象的充分认识为目的的卫生教育尤为重要。

② 标准化的严格遵守及协调性的作业是安全、高效地从事作业的重要保障。因此,必须对机械的配置、清洁、整顿,有害物的表示及处理方法、作业程序、作业姿势,应当使用的器具等内容进行管理和监督。

③ 责任者的选任及其职责权限的明确。

④ 个人防护用品、用具的选用及保养管理。

3) 健康管理

健康管理是指对职工的健康状况进行定期检查并依据检查结果对其进行适当处置的过

程,它是以对职工健康障碍进行早期发现为主要目的的。健康管理主要包括:

(1)建立健康检查制度:

① 对新入厂人员(包括因调动工作新上岗的人员)进行从事岗位工作前的健康检查,根据检查结果,对其从事该岗位工作的适宜性与否做出结论。

② 对从事有害工种作业的职工,其所在单位要定期组织健康检查,并建立健康档案。因按规定接受职业性健康检查所占用的生产、工作时间,应按正常出勤处理。

(2)健康检查的事后处理。根据健康检查的结果既能观察职工群体健康指标的变化,又可以对职工个体的健康状况逐一进行评价,并且对其进行适当的健康指导和治疗。健康检查的事后处理应从医疗和工作安排两个方面同时展开,如要观察、要治疗、要调动、要进行工作限定等。当职工被确认患有职业病后,其所在单位应根据职业病诊断机构的意见,安排其医治和疗养。对在医治和疗养后被确认不宜继续从事原有害工种作业的职工,应在确认之日起的 2 个月内将其调离原工作岗位,另行安排工作。

5.5.4 职业病的统计分析

1)有关概念

(1)职业病例数。在进行职业病规模的统计时,一般都使用病例作为统计单位。所谓病例,是指一个人的每次或每种患病,即一个人每患一次或一种职业病时就是一个病例,一个病人可能因同时患两种以上职业病而作为两个以上的病例出现。

(2)发生职业病例数。发生职业病例数是指一定时期内新发生的职业病的病例数,它反映了该时期新发生的职业病规模的指标。

(3)患有职业病例数。患有职业病例数是指一定时点上或一定时期内职业病的总病例数,不仅包括新发生的病例,还包括已有的旧病例,它反映了该时期职工患有职业病的总规模。

2)常用的职业病统计分析指标

(1)职业病受检率。职业病受检率是指在职业病普查时实际受检人数占应受检人数的比例。作为职业病统计的一个重要指标,受检率直接关系着职业病例数,即职业病患者规模的可信程度。其计算公式为:

$$职业病受检率 = \frac{实际受检人数}{应受检人数} \times 100\% \tag{5.15}$$

(2)某种职业病发病率。它表示在每百名(千名)从事某种作业的职工中新发现的某种职业病例数的指标。其计算公式为:

$$某种职业病发病率 = \frac{某时期内发现某种职业病新病例数}{某时期内某种作业职工数(百人或千人)} \tag{5.16}$$

(3)某种职业病患病率。它表示每百名(千名)职工中患有某种职业病的总病例数。该项计算应在受检率达到 90% 以上的基础上进行,否则就不足以保证统计的可靠性。其计算公式为:

$$某种职业病患病率 = \frac{某时期内发现的某种职业病新、旧病例总数}{某时期内某种作业职工数(百人或千人)} \tag{5.17}$$

(4)某种职业病受检人患病率。它表示在一次检查中受检人中被确认患某种职业病的人数占此次检查的受检人总数的比率,反映了某一时点上从事某种作业的职工患有某种职业病的程度。其计算公式为:

$$某种职业病受检人患病率 = \frac{受检人中患某种职业病人数}{受检人数(百人或千人)} \tag{5.18}$$

需要注意对"一次检查中"的理解。有时因某种职业病普查涉及的范围广、受检人数多、检查条件的限制等客观原因,有可能使对所有受检者的检查在数天、数周甚至数月内才能完成。此时,虽然各部分受检者未在同一时点接受检查,但仍应作为"一次检查中"的结果予以记录或统计,它与时点患病率具有相同的意义。

(5)某种职业病平均发病工龄。它表示职工开始从事某种作业起到被确诊为职业病患者时的工龄。某种职业病平均发病工龄则是某种职业病的患者发生该病时的工龄的一般水平。其计算公式为:

$$某种职业病平均发病工龄 = \frac{某种职业病患者到确诊时的工龄综合}{某种职业病例数} \qquad (5.19)$$

(6)某种职业病死亡率。它表示某一时期内每百名某种职业病患者中,因该种职业病而死亡的人数,反映了各种职业病对职工生命安全的危害程度,即对劳动力的损害程度。其计算公式为:

$$某种职业病死亡率 = \frac{某种职业病死亡人数}{同种职业病患者人数(百人)} \qquad (5.20)$$

思 考 题

5.1　事故应急与后果管理的目的和意义是什么?

5.2　什么是事故生命周期?应急的安全学内涵是什么?

5.3　事故应急管理有哪些基本特征,其应急管理模式是什么?

5.4　事故灾害类型有哪些?突发公共事件应急预案分几类?

5.5　事故应急救援体系有哪些基本构成?

5.6　制订应急计划的基本步骤有哪些?

5.7　事故应急预案的主要内容有哪些?

5.8　如何有效实施应急救援预案?

5.9　事故损失的表现形式有哪些?如何进行伤亡事故经济损失计算?

5.10　工伤事故善后处理的程序是什么?如何进行工伤认定?

5.11　工伤鉴定程序是什么?如何进行工伤鉴定?

5.12　工伤保险的实施原则是什么?其范围有哪些?

5.13　什么是职业病?我国职业病分为哪些类别?

5.14　职业病的发病机理是什么?如何进行预防和管理?

5.15　什么是职业病例数?如何进行职业病统计分析?

6 安全目标管理

由于安全工作具有长期性和阶段性的特点,因此对安全工作必须实行长计划、短安排,进行目标管理。古人云:"凡事预则立,不预则废。"讲的就是做事要有计划,在这种辩证思维中,蕴涵着更深层次的东西,那就是目标。安全计划是根据安全目标而制订,安全目标是安全计划的最终服务对象,一个个安全目标的实现就是安全发展,而安全发展的结果又推动更高安全目标的制定。

6.1 目标及其作用

目标一般是指人们从事某项活动所要达到的预期结果。组织目标是指作为一个由人群组成的团体,其组织活动所要达到的预期结果。

任何一个组织都是为了实现一定的目的而组成的,在一定时期内为达到一定的目的而工作。目标正是组织构成、活动目的的具体体现。

6.1.1 目标的特征

目标管理中的目标,不同于社会生活中的人的一般行为目标,它属于一种管理目标,具有以下 7 个特征:

1) 目标的整体系统性特征

在目标管理中,企业各部门、各成员的目标不是单个的、孤立的或零乱的,它们必须在整体上形成一个系统。企业的经营总目标是企业各个成员共同形成的行为目标,企业中各部门、各基层单位以及个人的分目标、子目标等是企业成本最小化、资本增值盈利最大化总目标的分解和具体化。在目标管理中,总目标指导分目标、子目标的设置,分目标、子目标保证总目标的实现。目标管理中的众多目标要形成一个以总目标为核心,包括各个部门、各责任中心甚至各成员的目标在内的目标系统,即价值增值目标链。

2) 目标的动态性特征

目标管理过程中的目标,与个人的奋斗目标,社会生活中人的一般行为目标相比,具有更强的发展变化性,即动态性。在目标管理过程中,随着企业内、外部条件的变化和实施中信息的反馈,企业目标常常需要修订、调整。如果实施过程中发现有的目标定得过高,就需要适当降下来;有的目标定得较低,缺乏激励性,就需要调高一些等,只有这样才能使目标与实际目标符合,更有利于发挥其作用。根据这个特点,在目标管理工作中,要注意自觉地考察所设置目标在运行中的状况,必要时及时对目标进行修正和调整,切不可认为目标一经确定就始终不变。

3）目标的时限性特征

目标管理中的目标不像人生奋斗目标或社会生活中的一般行为目标那样，只有一个笼统的实现期限。它在确定时，必须提出一个比较严格的时间限制，时限是一月、一季、一年或是更长时间，都应该是非常明确的，大都在书面上有所显示或记载。例如，如果确定的时限是半年，结果 7 个月就达到了预定标准，这就不能算真正完成了目标管理中确定的任务。可见，时限性是目标管理的一个重要特征。

在目标管理中，目标的时间限制特点是激发被管理者的心智潜力和体能潜力，提高工作质量的重要因素。例如，在某厂有一项生产任务，按一般的管理，则需要 3 个月才能完成。在目标管理中，分析了各方面的情况，确定 70 日完成这一任务的目标，结果任务如期完成。有位精通管理的领导认为，这个目标时限确定得不科学，他分析了工作量、难度和职工的能力及其潜力，确定再完成这种任务的时限是 50 日。结果显示，具有这一时限的目标激发了职工的工作积极性，越接近时限职工的热情越高，潜力发挥得越充分，结果 45 d 就完成了任务。可见，时限性直接影响着目标管理的成效。

4）目标的先进可行性特征

目标管理中的目标必须具备先进可行性，否则目标管理就难以发挥其优势。一方面，目标的先进性具有相当的难度，能够充分激发、调动干部职工的心智力量和体能实现目标，以保证取得最大的绩效；另一方面，经营目标的方向正确，能保证职工的工作行为产生一定的社会效益。经营目标的可行性是指设置的目标的难度，必须建立在对实现目标的人力、物力、财力和主、客观条件正确分析和准确把握的基础之上，设置的目标要切实可靠，犹如奋力跳跃方可越过的高度。如果目标太高，使人感到高不可攀或者力不从心，从而失去信心，目标的激励功能就会丧失。根据这一特点，在目标设置阶段，要尽可能地使目标既是先进的，又是经过人们努力奋斗可以实现的。

5）目标的可分性特征

目标管理中的经营目标应具有可分性。企业总目标、各部门的分目标都应尽可能地数量化、具体化，应能根据一定标准层层分解展开。这个特点保证了目标的具体落实，保证了目标能调动企业全体员工的积极性。

6）目标的具体性和可评价性特征

虽然一般目标也具有用来评价检验实践活动的作用，但目标管理中的目标应具有很强的可评性。由于目标管理就是依据目标进行管理，它之所以能富有成效地激发被管理者工作的积极性，主要是因为管理者要根据目标实现的情况来衡量一个人或一个部门管理绩效的大小，从而确定给予相应的经济和精神的报酬、奖励或者是处罚。如果所设置的目标的可评性很差，势必给目标管理工作带来损坏。要增强目标管理的可评性，就要使目标具有具体性的特点，就要在目标设置阶段尽可能使所设置的目标明确、具体，使目标数量化。评价目标实现的标准也应明确、具体、量化。

7）目标的形成须有被管理者参与

目标管理中的经营目标不同于一般行为目标和一般管理目标的另一个显著特点，其制定过程必须有被管理者参与；而且不像有些工作目标只由领导研究就可以确定。经营目标要充分激发全体员工的积极性、主动性，只有被管理者参与制定的目标才能调动他们的积极性、主动性。此外，被管理者的参与能够保证经营目标高低适当、切合实际，增强目标的可接受性。

6.1.2 目标的作用

1）目标在企业管理中具有重要作用

（1）导向作用。管理的基本职能是为管理的组织确定目标。组织目标确定后,组织内的一切活动应围绕目标的实现而开展,一切人员均应为目标的实现而努力工作,组织内各层次人员的关系围绕目标实现进行调节。因此,目标的设置为管理指明了方向。

（2）组织作用。管理是一种群体活动,不论组织的目的是什么,组织的构成的复杂程度如何,要达到组织的目标必须把其成员组织起来,心往一处想,共同劳动,协作配合。而目标的设定恰恰能使组织成员看到大家具有同一目的,从而朝着同一方向努力,起到内聚力的作用。

（3）激励作用。激励是激发人的行为动机的心理过程,就是调动人的积极性,焕发人的内在动力。目标是人们对未来的期望,目标的设定使组织成员看到了努力的方向,也看到了希望,从而产生为实现目标而努力工作的愿望和动力。

（4）计划作用。计划是管理的首要职能,目标规划和制定是计划工作的首要任务。组织的总目标确定之后,以总目标为中心逐级分解产生各级分目标,制定达到目标的具体步骤、方法,规范人们的行为,使各级人员按计划工作。

（5）控制作用。控制是管理的重要职能,是通过对计划实施过程中的监督、检查、追踪、反馈和纠偏,达到保证目标圆满完成的目的的一系列活动。目标的设置为控制指明了方向,提供了标准,使组织内部人员在工作中自觉地按目标调整自己的行为,以期很好地完成任务。

综上所述,目标是一切管理活动的中心和方向,它决定了组织最终目的执行时的行为导向,考核时的具体标准,纠正偏差时的依据。总之,在组织内部依据组织的具体情况设定目标是管理工作的重要方法和内容。

2）目标管理的基本思想

目标管理是随着经济竞争和企业经营管理需要而产生和发展起来的。1954 年,美国管理学家杜拉克在《管理实践》一书中首先提出目标管理和自我控制的基本思想,以后在《有效的管理者》《管理的任务、责任和实践》《效果管理》等著作中做过多次论述。

目标管理的基本思想是:根据管理组织在一定时期的总方针,确定总目标;然后将总目标层层分解,逐级展开,通过上下协调,制定各层次、各部门、每个人的分目标,使总目标指导分目标,分目标保证总目标,从而建立起一个自上而下层层展开、自下而上层层保证的目标体系;最终将目标完成情况作为绩效考核的依据。

目标管理的思想批判地吸收了古典管理理论和行为科学的管理理论。这种管理事先为组织的每个成员规定明确的责任和任务,并对完成这些责任和任务规定了时间、数量和质量要求。通过目标将人和工作统一起来,使成员不但了解工作的目的、意义和责任,而且对工作产生兴趣,从而实现自我控制和自我管理。

这一思想较为科学地体现了现代管理的基本理论和原则,适应了现代企业生产的需要,因而较快地得到许多管理学者和企业家的重视。20 世纪 60 年代后,这一思想迅速传遍全世界,成为现代管理的新趋势。在美国,目标管理方法被广泛应用,从工业生产到商业、服务业,从大规模的企业到小型厂家,到处都可以发现在应用目标管理。在日本,一些大企业从1957 年开始引进目标管理,在不到 10 年的时间里,目标管理在产业界得到极其广泛的应用。目前,目标管理已成为世界各国广泛重视的管理方法。

我国从 20 世纪 80 年代开始在一些大型企业中试行这种管理方法,在取得初步经验的基础上正式作为原国家经济委员会推荐的 18 种现代管理方法之一向全国推广。我国的目标管理在借鉴国外管理经验的基础上与责任制相结合,更加适合于我国的国情。目前,在企事业单位、科研机构得到广泛的应用,并收到较好的效果。

3)目标管理的特点

(1)目标管理是面向未来的管理。面向未来的管理要求管理者具有预见性,要对未来进行谋划和决策。目标正是人们对未来的期望和工作的目的,目标的实施也将在未来展开,以目标为导向,通过组织的有效工作,协调一致,只有自觉地追求目标的实施成果,才能实现目标。

(2)目标管理是重视成果的管理。目标管理要达到的目的是目标的实施效果,而非管理的过程。目标管理中检查、监督、评比、反馈的是各阶段及最终目标的完成情况,对完成任务的方法和过程不做限制。

(3)目标管理是自主管理。目标管理是人人参与的全员管理,通过目标将人和工作结合起来,充分发挥每个人的主观能动性和创造性,通过自我管理、自我控制、协调配合达到各自的分目标,进而达到组织的总目标。

4)安全目标管理

安全目标管理是目标管理方法在安全工作上的应用,也是企业目标管理的重要组成部分,更是围绕实施安全目标开展安全管理的一种综合性较强的管理方法。

(1)安全目标管理的基本内容。安全目标管理的基本内容是动员全体职工参加制定安全生产目标并保证目标的实现。具体而言,就是企业领导根据上级要求和本单位具体情况,在充分听取广大职工意见的基础上,制定企业的安全生产总目标(组织目标),然后层层展开、层层落实,下属各部门乃至每个职工根据安全生产总目标,分别制定部门及个人安全生产目标和保证措施,形成一个全过程、多层次的安全目标管理体系。安全目标管理的基本内容如图 6.1 所示。

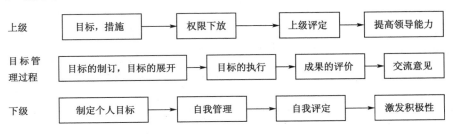

图 6.1　安全目标管理的基本内容

(2)安全管理目标。安全管理目标是指人们进行安全管理活动所要达到的预期结果。从严格意义上讲,安全管理目标与一般所说的目标在含义上有所不同。通常所说的目标往往只考虑要达到预期结果,而不去过多地考虑如何达到这一结果的问题。然而,安全管理目标不但要考虑预期结果,而且要考虑如何达到这一预期结果。所谓安全管理目标,是指人们在安全管理活动中,用合理科学的安全管理措施所要达到的预期结果。不难理解,安全管理目标这一概念包括双重任务:一是安全预期结果;二是达到这一安全预期结果所应采取的安全管理措施。

(3)安全目标管理分类。由于任何安全管理活动都要确定自己的安全管理目标,所以安全管理目标必然有丰富的外延可按各种标准进行分类。以下仅列举几种主要类型:

① 按安全管理的领域分,可分为安全技术管理目标、安全教育管理目标、安全检查管理

目标、安全活动管理目标和安全文化管理目标等。

在实际安全管理中,以上类型还要再细分:安全技术管理目标又可分为公共安全技术、设备安全技术、电气安全技术管理等目标;安全教育管理目标可分为新职工入厂安全教育、特种作业人员安全技术教育、短期专题安全培训教育等安全管理目标;安全检查管理目标可分为日常安全检查、专业安全检查、季节安全检查、节假日安全检查、综合安全大检查等安全管理目标;安全活动管理目标可分为安全文体活动、安全文艺活动、安全技术比武活动、安全知识竞赛活动等安全管理目标;安全文化管理目标可分为"安全在我心中"演讲、安全隐患消除比贡献、安全漫画展览、安全板报展评、安全理论研讨等安全管理活动。

② 按安全管理的职能分,可分为安全决策目标、安全计划目标、安全组织目标、安全协调目标、安全监督目标、安全控制目标等。上述各种安全管理职能目标中就安全管理的全过程来说,它们是一致的;但就各项安全职能的具体行使阶段和行使部门来说,它们又在内容的侧重点上有所区别。

③ 按安全管理的层次分,可分为高层安全管理目标、中层安全管理目标和基层安全管理目标,它们是相对而言的。从全国范围来说,应急管理部安全管理目标是高层目标,各企业安全管理目标是基层目标;就一个企业来说,公司级安全管理目标则是高层目标,车间和班组安全管理目标是中层和基层管理目标。

④ 按安全管理目标的实现期限分,可分为长期安全管理目标,中期安全管理目标和短期安全管理目标。一般来说,期限在 10 年以上的为长期目标,期限在 5 年左右的为中期目标,期限在 1 年以内的为短期目标。

(5) 安全管理目标的特点。在分析安全管理目标内涵、外延的基础上,还要进一步分析安全管理目标的特点。认识和掌握这些特点,对于安全管理目标的制定和实现都有重要的意义。一般来说,安全管理目标有以下特点:

① 统一性与矛盾性。安全管理目标,特别是长期性、全局性的安全管理目标,往往是一个矛盾的统一体。从统一性来说,它往往是安全目标各项内容的统一、人们各种安全愿望的统一、各种制约因素的统一和各项安全管理措施的统一。没有这种统一,就不能形成一个安全目标整体,也不能引导各项安全管理措施发挥作用。但是,从安全管理目标的内部构成看,其构成内容、制约因素以及提出的各种要求和采取的各项管理措施往往又是矛盾的。以经济管理目标为例,制定这类目标往往既要考虑速度、又要考虑效益;既要考虑重点,又要考虑比例;既要考虑全局,又要考虑局部。从目标的整体性出发,必须使上述几个方面相互间达到高度的统一。就上述各个因素来说,它们相互间也存在矛盾,在实际管理中还容易顾此失彼,甚至可能采取完全相悖的措施。正是这种矛盾性的存在,才要求企业在安全管理目标的制定和实现中一定要从实际出发,统筹兼顾,适当安排,力争使各种相互矛盾的因素达到满意的统一。

② 综合性与可分性。安全管理目标,特别是一些总体性的安全管理目标,要全面考虑各方面的制约因素,综合反映各层次的共同要求。同时,由于安全管理目标贯穿于安全管理活动的全过程,因此它要综合利用各项安全管理职能和管理方法,借助他们的合力达到安全目标的实现,这就是安全管理目标的综合性。另外,安全管理目标又具有可分性,这种可分性不但表现在它可以划分为各种具体指标,而且还可划分为安全管理的各个职能部门、各个单位,甚至每个安全管理者和被管理者的分目标。然而,安全管理目标的综合性和可分性只是同一事物的表现形式,它们的分合只是整体与局部的变化,并不破坏它们的统一性、从属

性和相关性。

③ 时间性和阶段性。任何安全管理目标都具有一定的时间限制。企业安全管理目标一定要说明在什么时间或时期内、采取什么管理措施、达到什么预想结果。对于一些安全管理目标,为了有计划、有重点、有步骤地实现,也可以根据时间和条件的可能,划分为阶段性安全生产目标。这种阶段性安全生产目标也是一种分目标,它不是按空间划分的,而是按时间划分的。

④ 明确性与伸缩性。任何安全管理目标都要力求简要明确,指标能够量化,否则就难以在实际中执行。但是,对此也不能做极端的理解和要求。有些影响因素复杂的安全管理目标,特别是中长期目标和总体性的目标,由于人们的认识和手段所限,有时在文字表达或数量化方面并不一定做到十分精确,应当允许有一定程度的伸缩性或弹性。对有些安全管理目标的制定,有时只描述一个基本方向,有时限定一个幅度,不但不失其明确性和科学性,而且使人感到更加实际、可行。

(6) 安全管理目标的作用:

① 发挥每个人的力量,提高整个组织的"战斗力"。随着现代化科学技术的进步和社会经济的发展,安全管理工作也相应地复杂起来。传统安全管理往往用行政命令规定各部门的工作任务而忽视了充分发挥人的积极性和创造性这一关键问题,致使部门或每个职工看不清为整个组织做出更大贡献的努力方向,从而削弱了部门或个人工作共同完成整个组织任务之间的有机联系。在这种情况下,尽管每个人都极其认真地进行工作,但由于在一些无关紧要的工作上花费了过多的力量,或者由于力量分散,或者由于力量互相排斥,结果对完成目标任务没有多大的推动力。安全目标管理可以集中发挥职工的全部力量,提高整个组织的"战斗力",将企业的安全工作做好。

② 提高管理组织的应变能力。随着工作环境的变化,安全管理工作必须及时调整管理组织和工作方法,以迅速适应变化了的工作环境。安全目标管理是一个不间断的、反复的循环过程,其循环周期可以是一年、半年、三个月,甚至更短些。这样就能根据变化了的环境,适时且正确地制定安全目标,动员全体职工去实现目标。在安全目标管理实施过程中,上级必须下放适当的权限,让每个职工实行自我管理,充分发挥每个人的智慧和力量,使每一个职工面对变化了的工作条件,适时且合理地做出判断和决定,并积极采取必要的措施以适应复杂多变的工作环境。实行目标管理,迫使各部门加强基础工作,如规章制度、事故统计分析、事故档案及信息工作等,使安全管理基础工作得到改善。因此,安全目标管理能增强管理组织的应变能力。

③ 提高各级管理人员的领导能力。实行目标管理能够创造一个培养和锻炼管理人员领导能力的管理环境,使他们逐渐具备真正的领导能力,不是单凭职务、权威和地位、尊严去领导下级,而是通过相信群众、领先群众来实现领导,即采用"信任型"的领导方式。因此,目标管理在管理方式上实现了从"命令型"向"信任型"的过渡,即从以往的"由上级发布命令,下级服从"的传统管理方法转移到"下级自己制定与上级目标紧密联系的个人目标,并由自己来实施和评价目标"的现代管理方法上来。

④ 促进职工素质的提高。实行目标管理能促进职工素质的提高。一方面,职工为实现既定的安全目标,乐于主动识别本岗位的危险因素并加以消除、控制、改进工作方法,逐步向规范操作、标准操作前进;另一方面,企业为保证总目标的实现,又将职工安全技术水平的提高作为目标纳入目标体系,从而促进了职工素质的改善。

⑤ 利于企业的长远发展。目标管理是通过目标的体系化把企业各方面的工作合理地组织起来,将企业的上、下力量充分地调动起来,形成一个实现总目标而协同工作的群体活动。这样能够有效地解决企业各个时期存在的主要问题,使企业朝着长远安全目标顺利发展。

当然,安全目标管理也有其局限性。例如,有些工作很难设置具体的、定量的目标,由于伤亡事故发生的随机性质,以伤亡人数为基础的安全目标值很难合理确定等,这些问题需要在今后的安全管理实践中研究解决。

6.2　目标设置理论

安全目标管理的理论依据是目标设置理论。根据目标设置理论,人的行为的一个重要特征是有目的的行为。目标是一种刺激,合适的目标能够诱发人的动机、规定行为的方向。通过目标管理,可以将目标这种外界的刺激转化为个人的内在动力,形成从组织到个人的目标体系,如图 6.2 所示。

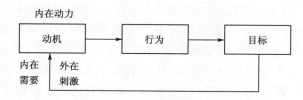

图 6.2　目标诱发动机过程

安全目标管理既是一种激励技术,也是广大职工参与管理的形式。

美国马里兰大学管理学兼心理学教授爱德温·洛克(Edwin A. Locke)等人在研究中发现,外来的刺激(如奖励、工作反馈、监督的压力)都是通过目标来影响动机的。目标能引导活动指向与目标有关的行为,使人们根据难度的大小来调整努力的程度,并影响行为的持久性。于是,在一系列科学研究的基础上,他于 1967 年最先提出目标设定理论(Goal Setting Theory),认为目标本身就具有激励作用,目标能将人的需要转变为动机,使人们的行为朝着一定的方向努力,并将自己的行为结果与既定的目标相对照,及时进行调整和修正,从而能实现目标。这种使需要转化为动机、再由动机支配行动以达成目标的过程就是目标激励,其效果受目标本身的性质和周围变量的影响。

6.2.1　目标设置理论的原则

目标设置要遵循以下原则:

(1) 目标应当具体。用具体到每小时、每天、每周的任务指标来代替"好好干"的口号。

(2) 目标应当难度适中。自我效能感影响难度的大小,自我效能感是指一个人对他能胜任一项工作的信心。

(3) 目标应当被个人所接受。

(4) 必须对达到目标的进程有及时客观的反馈信息。

(5) 个人参与设置目标要比别人为其设置目标更为有效。

6.2.2 目标设置理论的基本模式

目标有两个最基本的属性:明确度和难度。

1)明确度

从明确度来看,内容可以是模糊的,如只告诉被试者"请你做这件事";目标也可以是明确的,如"请在 10 min 内做完 25 个题目"。明确的目标可使人们更清楚要怎么做,付出多大的努力才能达到目标。目标设定得明确,以便于评价个体的能力。显然,模糊的目标不利于引导个体的行为和评价其成绩。因此,目标设定得越明确越好。事实上,明确的目标本身就具有激励作用,这是因为人们有希望了解自己行为的认知倾向。对行为目的和结果的了解能减少行为的盲目性,提高行为的自我控制水平。另外,目标的明确与否对绩效的变化也有影响。也就是说,完成明确目标的被试者绩效变化很小,而目标模糊的被试者绩效变化则很大,这是因为模糊目标的不确定性容易产生多种可能的结果。

2)难度

从难度来看,目标可以是容易的,如"请在 20 min 内做完 10 个题目";目标可以是中等的,如"请在 20 min 内做完 20 个题目";目标可以是难的,如"请在 20 min 内做完 30 个题目",目标也可以是不可能完成的,如"请在 20 min 内做完 100 个题目"。难度依赖于人和目标之间的关系,同样的目标对某人来说可能是容易的,而对另一个人来说可能是难的,这取决于他们的能力和经验。一般来说,目标的绝对难度越高,人们就越难达到它。有 400 多项研究发现,绩效与目标的难度水平呈线性关系。当然,这是有前提的,前提条件就是完成任务的人有足够的能力、对目标又有高度的承诺。在这样的条件下,任务越难,绩效越好。一般认为,绩效与目标难度水平之间存在线性关系,是因为人们可以根据不同的任务难度来调整自己的努力程度。

目标对绩效直接产生的影响,可用模型表示,如图 6.3 所示。

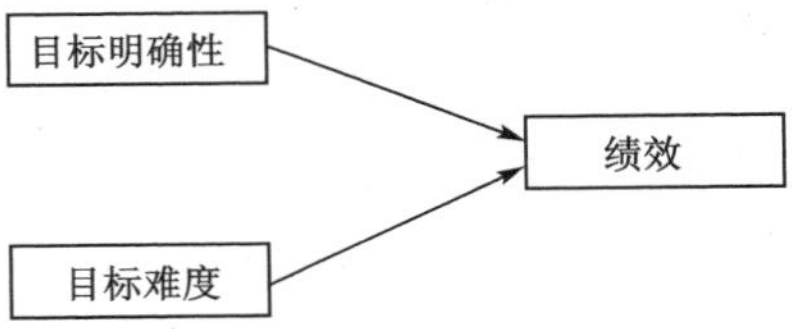

图 6.3　目标影响绩效模型

6.2.3 目标设置理论的扩展模式

在目标设定与绩效之间还有其他一些重要的因素产生影响,这些因素包括对目标的承诺、反馈、自我效能感、任务策略、满意感等。

1)承诺

承诺是指个体被目标所吸引,认为目标重要,持之以恒地为达到目标而努力的程度。个体在最强烈地想解决一个问题的时候,最能产生对目标的承诺,并随后真正解决问题。

由权威人士指定目标或个体参与设定目标,哪一种方式更能导致目标承诺、增加下属的绩效呢? 研究发现,合理制定的目标(所谓合理,即目标有吸引力,也有可能达到)与参与设定的目标有着相同的激励力量。它们都比只是简单地设定目标而并不考虑目标的合理性要更有效。当人们认为目标能够达到,而达到目标又有很重要的意义时,对目标的承诺就加强了。研究发现,人们认为目标能够达到可以加强自我效能感。

近来的研究发现,激励物对产生承诺的作用是很复杂的。一般来说,对于无法达到的目标,提供奖金只能降低承诺;对于中等难度的任务,给予奖金最能提高承诺。

2）反馈

目标与反馈结合在一起更能提高绩效。目标给人们指出应达到什么样的目的或结果，同时它也是个体评价自己绩效的标准。反馈则告诉人们这些标准满足得怎么样，哪些地方做得好，哪些地方尚有待于改进。

反馈是组织里常用的激励策略和行为矫正手段。许多年来，人们已经研究了多种类型的反馈。其中，研究得最多的是能力反馈，它是由上司或同事提供的关于个体在某项活动上的绩效是否达到了特定标准的信息。能力反馈可以分为正反馈和负反馈：正反馈个体是指个体达到了某项标准而得到的反馈；负反馈是指个体没有达到某项标准而得到的反馈。

另外，反馈的表达有两种方式：信息方式和控制方式。信息方式的反馈不强调外界的要求和限制，仅告诉被试者任务完成得如何，表明被试者可以控制自己的行为和活动。因此，这种方式能加强接受者的内控感。控制方式的反馈则强调外界的要求和期望，如告诉被试者必须达到什么样的标准和水平，使被试者产生外控的感觉——他的行为或活动是由外人控制的。

用信息方式表达正反馈可以加强被试者的内部动机，对需要发挥创造性的任务给予被试者信息方式的正反馈，可以使被试者最好地完成任务。

3）自我效能感

自我效能感的概念是由班杜拉（Bandura）提出的，目标激励的效果与个体自我效能感的关系也是目标设定理论中研究得比较多的内容。自我效能感就是个体在处理某种问题时能做得如何的一种自我判断，它以对个体全部资源的评估为基础，包括能力、经验、训练、过去的绩效、关于任务的信息等。

当对某个任务的自我效能感强时，对这个目标的承诺就会提高。这是因为高的自我效能感有助于个体长期坚持某一个活动，尤其是当这种活动需要克服困难、战胜阻碍时，高自我效能感的人比低自我效能感的人坚持努力的时间要长。

目标影响自我效能感的另一个方面是目标设定的难度。当目标太难时，个体很难达到目标，这时他的自我评价可能就比较低。然而，一再失败就会削弱一个人的自我效能感。目标根据它的重要性可以分为中心目标和边缘目标，中心目标是很重要的目标，边缘目标就是次要的目标。安排被试者完成中心目标任务可以增强被试者的自我效能感，因为被试者觉得他被安排的是重要任务，这是对他能力的信任。研究表明，被安排达到中心目标的被试者的自我效能感明显比只被安排边缘目标的被试者强。

4）任务策略

目标本身就有助于个体直接实现目标。首先，目标引导活动指向与目标有关的行为，而不是与目标无关的行为；其次，目标会引导人们根据难度的大小来调整努力的程度；最后，目标会影响行为的持久性，使人们在遇到挫折时也不放弃，直到实现目标。

当这些直接的方式还不能够实现目标时，个体就需要寻找一种有效的任务策略。尤其是当面临困难任务时，仅有努力、注意力和持久性是不够的，还需要有适当的任务策略。任务策略是指个体在面对复杂问题时使用的有效的解决方法。

在目标设定理论中，有很多关于复杂任务中使用任务策略的研究。相对于简单任务，复杂任务中有更多可能的策略，而这些策略中有很多是不好的。要想完成目标、得到更好的绩效，选择一个良好的策略是至关重要的。在切斯利（Cheslley）等人发现，在一个管理情景的模拟研究中，只有在使用适宜策略的情况下，任务难度与被试者的绩效才能显著相关。

何种情景、何种目标更利于形成有效策略目前还太清楚。前文提到,在能力允许的范围下,目标的难度越大,绩效越好。但有时人们在完成困难目标时选择的策略不佳,结果他的绩效反而不如完成容易目标时的绩效好。对此现象的解释为:完成困难目标的被试者在面对频繁而不系统的策略变化时,表现了一种恐慌,使他最终也没有学会完成任务的最佳策略;而完成容易目标的被试者反而会更有耐心地发展和完善他的任务策略。

5)满意感

当个体经过种种努力终于达到目标后,如果能得到他所需要的报酬和奖赏,就会感到满意;如果没有得到预料中的奖赏,个体就会感到不满意。同时,满意感还受到另一个因素的影响,那就是个体对他所得报酬是否公平的理解。如果通过与同事相比、与朋友相比、与自己的过去相比、与自己的投入相比,他感到所得的报酬是公平的,就会感到满意;反之,则会不满意。

目标的难度也会影响满意感。当任务越容易时,越易取得成功,个体就会经常体验到伴随成功而来的满意感;当目标困难时,取得成功的可能性就小,从而个体就很少体验到满意感。这就意味着容易的目标比困难的目标能产生更多满意感。然而,达到困难的目标会产生更高的绩效,对个体、对组织有更大的价值。是让个体更满意好呢?还是取得更高的绩效好?这样就产生了矛盾。如何平衡这种矛盾,有下面一些可能的解决办法:

(1)设定中等难度的目标。从而使个体既有一定的满意感,同时又有比较高的绩效。

(2)当达到部分的目标时也给予奖励,而不仅是在完全达到目标时才给。

(3)使目标在任何时候都是中等难度,但不断小量地增加目标的难度。

(4)运用多重目标—奖励结构,达到的目标难度越高,得到的奖励越重。

6)高绩效循环模型

综合的目标设定模型被称作高绩效循环模型(high performance cycle,HPC),如图6.4所示。模型从明确的、有难度的目标开始,如果有对这些目标的高度承诺、恰当的反馈、高的自我效能感以及适宜的策略,就会产生高的绩效。如果高的绩效导致希望中的回报(具有吸引力的奖赏),就会产生高的满意感。工作满意感与工作承诺联系在一起,高的承诺又使人们愿意留在该项工作上。此外,高度的满意感还能增强自我效能感。人们的满意感和对工作的承诺使他们愿意接受新的挑战,这样就能导致新一轮高绩效的产生。反之,如果没有满足这个高绩效循环的要求(如低挑战性,缺少回报),就会导致低绩效循环。

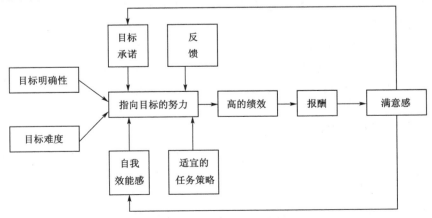

图6.4 高绩效循环模型

6.2.4 目标设置理论的途径

目标也是一种重要的激励因素。洛克的目标设定理论认为,假如适当地设定目标并妥善地管理工作进展,目标能够有效地激励员工、提高工作表现。目标在日常工作中十分普遍,常见的目标包括销售配额、完工期限、节约成本等。

1) 目标通过 4 个途径提高工作效率

(1) 设定困难的目标使员工更加努力工作,当他们意识到要完成困难的目标时,便会尽力地工作;相反,假如他们认为所设定的目标很容易达到,他们会失去工作的动力,只会付出最低的能力来完成目标。

(2) 设定目标能使员工清楚上级对他们的要求,将他们的精力和时间用在正确的方向上。

(3) 设定目标可以延长员工的工作持久力,进而改善他们的工作表现。长时间的努力工作容易使人感到疲倦,产生放弃的念头。设定目标可以使人们知道距离完工还有多远,在知道距离目标不远时,员工是不会轻易放弃以往的努力的。

(4) 目标使人们更加仔细地选择完成工作的方法,在工作进行前做出详细的计划,工作表现自然会比在没有目标和计划的情况下进行得更好。

2) 在通过设定目标提高工作表现时要注意的问题

(1) 目标的难度必须适中,太容易达到的目标会使人失去对工作的兴趣;相反,太困难的目标也会使人对目标的完成失去信心。因此,目标最好是比员工的现有表现高一些,不但提供了挑战性,同时使员工感到有达到目标的可能。

(2) 目标必须明确,最好是能够清楚地衡量是否达到目标。"尽力""尽快"都不是良好的目标,因为员工和上级对这些不明确的目标会有不同的理解,在进行绩效评价时会有争执。

(3) 在工作进行过程中,应当为员工提供反馈。因为反馈可以使员工知道自己的工作进度以及离目标还有多远,对员工能起到激励的作用。

(4) 必须使员工投入到实现目标的努力之中。员工接受目标并不表示他会投入其中,但假如达到目标可以得到奖赏,或者上级适当地利用职权和惩罚,都可以使员工努力地争取达到目标。

设定目标时应该由上级独自决定还是与员工一起商讨,并无定论。有些研究报告指出,在激励员工士气方面,给员工制定目标和与员工一起设定目标同样有效。一方面,上级独自决定目标不但可以节省时间,还可以避免不必要的争执;另一方面,员工在参与设定目标的过程中,可以更加了解工作的内容与方法,因而可以改善工作表现。在执行简单的工作时,上级应该给员工制定目标;在执行复杂的工作时,应该让员工参与目标的制定。

6.3 安全目标的制定

6.3.1 安全目标的制定依据

要制定安全管理目标,就要有科学的依据。制定不同安全管理目标可能会有不同的依据。一般情况下,主要有以下几个方面:

1）安全管理所应解决的问题

安全管理所应解决的问题是制定安全管理目标的直接依据。安全管理目标是安全管理所应解决问题的正面表述，只有问题明确并分析透彻了，安全管理所要达到的预期结果才能明确，所采取的安全管理措施才能得当。例如，企业安全管理所要解决的主要问题是安全生产和消灭事故的问题，那么企业安全管理目标就必须要包括这一内容，并且要根据企业安全生产状况，提出解决安全与生产、安全与效益、安全与发展等管理措施。在一项安全管理中，往往要解决许多问题，但必有一个主要问题。因此，主要问题是安全管理目标制定的主要依据，在可能情况下也要尽量兼顾其他问题。

2）事物自身的发展规律

自然界和人类社会中一切事物都有其自身的发展规律。企业安全管理目标的制定只能遵循客观规律，而不能违背客观规律。企业安全管理目标的制定要反映人们的愿望，但是这些愿望必须是基于对事物发展规律的反映，而不能是拔苗助长、缘木求鱼之类的妄想。安全管理目标的制定并非完全否定人的主观能动性，只是强调人的主观能动性要建立在实事求是的基础上。

3）安全管理的内部条件所提供的可能性

安全管理的内部条件所提供的可能性，是安全管理目标制定的内在依据。所谓内部条件，是指安全管理系统内部所具备的人员（包括安全管理者和被管理者）的素质条件、物质条件、技术条件、信息条件、文化条件以及以往的安全管理经验等。在安全管理目标的制定中，要考虑各种内部条件的综合水平。对于这一水平的估计既不能过高，也不能过低。估计过高了，可能使目标缺乏可行性；估计过低了，可能使目标缺乏先进性。

4）安全管理的外部环境所提供的可行性

安全管理目标的制定不仅要考虑安全管理系统内部条件所提供的可能性，而且还要考虑安全管理的外部环境所提供的可行性。安全管理的外部环境从范围角度来说，它是一个相对的概念，比如一个企业，市情、省情、国情都是它的环境；而作为一个国家，则主要是指国际环境，国情只是它的内部条件。从内容上来划分，主要包括以下几个方面：政治环境，主要是指国家的政治形势、政治体制及由此所制定的一系列方针、政策；法律环境，主要是指国家及地方的所有法律、条例、规定以及立法、司法特点；经济环境，主要是指国家的经济运行特点、各项经济政策规定、市场条件、社会生产力水平以及人民的消费水平和消费特点等；社会环境，主要是指社会的治安环境、人口数量质量、社会保障条件以及公共设施水平等；自然环境，主要是指自然资源和生态平衡情况。以上各类环境因素对安全管理目标的制定都有很大的制约作用，如果不全面考虑，安全目标的实现就会缺乏可行性。

作为一个企业，安全目标的制定可以主要考虑以下几个方面：

（1）党和国家的安全生产方针、政策，上级部门的重视和要求。

（2）本系统本企业安全生产的中、长期规划。

（3）工伤事故和职业病统计数据。

（4）企业长远规划和安全工作的现状。

（5）企业的经济技术条件。

6.3.2 安全管理目标的制定原则

1）科学预测原则

安全管理目标的制定,必须要以科学的预测为前提。因为只有进行科学的预测,才能准确地掌握安全管理系统内部和外部信息,才能预见事物的未来发展趋势,从而为安全管理目标的确定提供科学而可靠的依据。在安全管理目标的确定中进行科学预测,不但要进行定性预测,而且要进行定量预测;不但要运用现代预测手段,而且要进行深入实际的调查研究。只有这样才能使预测的结果既全面又准确,既有定性分析又有定量分析,从而保证安全管理目标的制定既科学又可行。

2）职工参与原则

安全管理目标的制定不应只是企业领导者、安全管理者的事,还应当广泛发动职工共同参与制定。发动职工参与目标的制订不仅可以听取职工要求、集中职工智慧、增强安全管理目标的科学性,而且有利于安全管理目标的贯彻和执行。这就是在安全管理目标的制定中之所以要强调坚持职工参与民主决策的原因。

3）方案选优原则

安全管理目标的制定必须坚持方案选优的原则。在安全管理目标的制定中,首先要确定每种选择方案,然后通过科学决策和可行性研究,从多种方案中选出一满意的方案。所谓满意,主要有以下 3 个标准:第一,目标要有较高的效益性,其中包括有较高的安全效益、经济效益和社会效益;第二,目标要有先进性,有一定的创新,有一定的难度;第三,目标要有可行性,切合实际,通过努力能够实现。

4）信息反馈原则

在坚持上述原则的基础上制定的安全管理目标并不一定有足够的科学性、先进性和可行性,其原因主要有 3 个方面:一是人们的认识总有一定局限性。有些认识在当时看来是科学的、合理的,事后有可能会发现仍有不科学、不合理之处。二是实践是检验真理的标准。安全管理目标科学性、先进性和可行性如何,最终还是要在执行中检验。三是情况在不断变化,条件在不断改变,原定的安全管理目标出现一些偏差,实属难免。由于以上原因,在安全管理目标的制定中,必须坚持安全信息反馈的原则,要在安全管理目标的制定和执行中不断收集反馈安全信息,及时纠正偏差。

6.3.3 目标的制定要求

1）突出重点

目标应体现组织在一定时期内在安全工作上主要达到的目的,要切中要害,体现组织安全工作的关键问题;要集中控制重大伤亡事故和后果严重的工伤事故、急性中毒事故及职业病的发生、发展。

2）先进性

目标要有一定的先进性,能够促人努力、促人奋进还要具有一定的挑战性;目标要高于本企业前期的安全工作的各项指标,还要略高于我国同行业平均水平。

3）可行性

目标的制定要结合本组织的具体情况,经广泛论证、综合分析,确实保证经过努力可以实现,否则会影响职工参与安全管理的积极性,失去实施目标管理的作用。

4）全面性

目标的制定要有全局观念、整体观念。目标设定既要体现组织的基本战略和基本条件，又要考虑企业外部环境对企业的影响。安全分目标的实现是各职能部门和各级人员的责任和任务，而安全总目标的实现需要各级部门各类人员的具体条件和部门与部门间、人员与人员间的协调和配合。因此，总目标的设定既要考虑组织的全面工作和在经济、技术方面的条件以及安全工作的需求，也要考虑各职能部门、各级各类人员的配合与协作的可能与方便。

5）尽可能数量化

目标具体并尽可能数量化，不但有利于对目标的检查、评比、监督与考核，而且有利于调动职工努力工作实现目标的积极性。对难于量化的目标可采取定性的方法加以具体化、明确化，避免用模棱两可的语言描述，应尽可能考虑可考核性。

6）目标与措施要对应

目标的实现需要具体措施作保证，只设立目标而没有实现目标的措施，目标管理就会失去作用。

7）灵活性

所设定的目标要有可调性。在目标实施过程中，组织内部、外部的环境均有可能发生变化，要求主要目标的实施有多种措施作保证，使环境的变化不影响主要目标的实现。

6.3.4　安全目标内容

安全目标的制定包括：确定企业安全目标方针和总体目标，制定实现目标的措施。

1）企业安全目标方针

企业安全目标方针即用简明扼要、激励人心的文字、数字对企业安全目标所进行的高度概括，反映了企业安全工作的奋斗方向和行动纲领。企业安全目标方针应根据上级的要求和企业的主客观条件，经过科学分析充分论证后加以确定。

譬如，某厂1986年制定的安全目标——加强基础抓管理，减少轻伤无死亡，改善条件除隐患，齐心协力展宏图。再如，鞍钢基于该公司冶金工厂15.2万职工曾连续近7个月未发生工亡事故，还有53个厂矿三五年甚至十几年工亡事故为零的事实，又运用线性回归法预测了事故发生的趋势，提出了"一个零"（即人身死亡和重大设备事故为零）的目标方针。

2）总体目标（企业总安全目标）

总体目标是目标方针的具体化，具体地规定了为实现目标方针在各主要方面应达到的要求和水平。只有目标方针而没有总体目标，方针就成了一句空话；也只有根据目标方针确定总目标，总目标才能有正确的方向，才能保证方针的实现。目标方针与总体目标是紧密联系不可分割的。

总体目标由若干目标项目组成。这些目标项目应既能全面反映安全工作在各个方面的要求，又能适用于国家和企业的实际情况。

每一个目标项目都应规定达到的标准，而且必须数值化，即一定要有定量的目标值。因为只有这样才能使职工的行动方向明确具体，在实施过程中便于检查控制，在考核评比时有准确的依据。

一般地，目标项目可以包括下列各个方面：

（1）各类工伤事故指标。根据《企业职工伤亡事故分类》（GB 6441—86），主要的工伤事故指标有千人死亡率、千人重伤率、伤害频率、伤害严重率。根据行业特点,也可选用按产品、产量计算的死亡率(百万吨死亡率、万立方米木材死亡率)。

(2)工伤事故造成的经济损失指标。根据《企业职工伤亡事故经济损失统计标准》(GB 6721—86),这类指标有千人经济损失率和百万元产值经济损失率。根据企业的实际情况,为了便于统计计算,也可以只考虑直接经济损失,即以直接经济损失率作为控制目标。

(3)尘、毒、噪声等职业危害作业点合格率。

(4)日常安全管理工作指标。对于安全管理的组织机构、安全生产责任制、安全生产规章制度、安全技术措施计划、安全教育、安全检查、文明生产、隐患整改、安全档案、班组安全建设、经济承包中的安全保障以及"三同时""五同时"等日常安全管理工作的各个方面均应设定目标并确定目标数值。

3)对策措施

为了保证安全目标的实现,在制定目标时必须制定相应的对策措施,作为安全目标的不可缺少的组成部分。制定对策措施要避免蜻蜓点水、面面俱到,应该抓住影响全局的关键项目,针对薄弱环节,集中力量,有效地解决问题,对策措施应规定时限,落实责任,并尽可能有定量的指标要求。从以上意义来说,对策措施也可以看作为实现总体目标而确定的具体工作目标。

6.3.5　安全目标的制定程序

安全目标的制定程序一般分为3个步骤,即调查分析评价、确定目标、制定对策措施。

1)对企业安全状况的调查、分析、评价

调查、分析、评价是安全目标的制定基础。要应用系统安全分析与危险性评价的原理和方法对企业的安全状况进行系统、全面的调查、分析、评价,重点掌握情况包括:企业的生产、技术状况;由于企业发展、改革开放带来的新情况、新问题;技术装备的安全程度;人员的素质;主要的危险因素及危险程度;安全管理的薄弱环节;曾经发生过的重大事故情况及对事故的原因分析和统计分析;历年有关安全目标指标的统计数据。

通过调查、分析、评价,确定为了实现安全目标以及需要重点控制的对象。一般可以有如下几个方面:

(1)危险点:可能发生事故,并能造成人员重大伤亡,设备系统造成重大损失的生产现场。

(2)危害点:尘、毒、噪声等物理化学有害因素严重,容易产生职业病和恶性中毒的场所。

(3)危险作业:进行爆破、吊装、建设工程拆除、外墙清洗、高处悬吊等作业,临近高压输电线路作业、临近易燃易爆场所作业、在密闭或受限空间内作业,在 2 m 及以上高处作业、临时动火、临时拉接电线以及临时安排的作业等。

(4)特种作业:对操作者本人,尤其对他人和周围设施的安全有重大危害因素的作业。

国家规定特种作业的范围是:电工作业;锅炉司炉;压力容器操作;起重机械作业;爆破作业;金属焊接(气割)作业;煤矿井下瓦斯检验;机动车辆驾驶;机动船舶驾驶、轮机操作;建筑登高架设作业;符合本标准基本定义的其他作业。

(5)特殊人员:心理、生理素质较差,容易产生不安全行为,造成危险的人员。

对危险点、危害点应适当加以分级,以便确定重点控制的范围。

2)确定目标

确定目标值要根据上级下达的指标,比照同行业其他企业的情况。但是,不应简单地就以此作为自己企业的数值,而应主要立足于对本企业安全状况的分析评价,并以历年来有关目标指标的统计数据为基础,对目标值加以预测,再进行综合考虑后确定。对于不同的目标项目,在确定目标值时可以有 3 种不同的情况:

（1）只有近几年统计数据的目标项目,可以以其平均值作为起点目标值(如经济损失率的统计近几年才开始受到重视,过去的数据很不准确,不能作为确定目标值的依据)。

（2）对于统计数据比较齐全的目标项目(如千人死亡率、千人重伤率等)可以利用回归分析等数理统计的方法进行定量预测。

（3）对于日常安全管理工作的目标值,可以结合对安全工作的考核评价加以确定,将安全工作考核评价的指标作为安全管理工作的目标值。具体地说,就是根据企业的实际情况确定考核的项目、内容、达到的标准,给出达到标准值应得的分数,所有项目标准分的总和就是日常安全管理工作最高的目标值,以此为基础结合实际情况确定一个适当的低于此值的分数值作为实际目标值。这样将安全目标管理和对安全工作的考核评价有机地结合起来就能更加有效地推动安全管理工作,促进安全生产的发展。

3）制定对策措施

如前所述,制定对策措施应该抓住重点,针对影响实现目标的关键问题,集中力量加以解决。一般来说,可以从下列各方面进行考虑:组织、制度;安全技术;安全教育;安全检查;隐患整改;班组建设;信息管理;竞赛评比、考核评价;奖惩;其他。

制定对策措施要重视研究新情况、新问题,比如企业承包经营的安全对策、采用新技术的安全对策等;要积极开拓先进的管理方法和技术,如危险点控制管理、安全性评价等;要逐项列出,规定措施内容、完成日期,并落实实施责任。

6.4　安全目标的展开

企业的总目标设定后,必须按层次逐级进行目标的分解落实,将总目标从上到下层层展开,从纵向、横向或时序上分解到各级、各部门直到每个人,形成自下而上层层保证的目标体系。这种对总目标的逐级分解或细分解称为目标分解。目标分解的目的是得到完整的纵、横方向的目标体系,如图 6.5 所示。

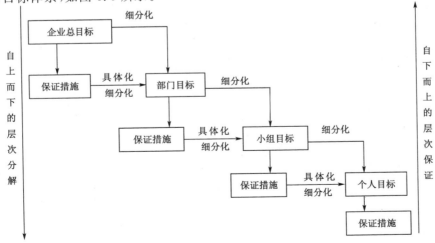

图 6.5　目标分解

6.4.1 目标展开的形式

目标分解的形式多种多样,常见的有以下 3 种:

(1)按管理层次纵向分解,将总目标自上而下逐级分解为每个管理层次直至每个人的分目标。例如,企业安全总目标可分解为分厂级、车间级、班组级及个人安全目标。

(2)按职能部门横向分解,将目标在同一层次上分解为不同部门的分目标。例如,企业安全目标的实现涉及安全专职机构、生产部门、技术部门、计划部门、动力部门、人事部门等,要将企业安全目标分解到上述各部门,通过各部门协作配合共同努力,使企业安全总目标得以完成。

(3)按时间顺序分解,即总目标按照时间的顺序分解为各时期的分目标。企业在一定时期内的安全总目标可以分解为不同年度的分目标,不同年度的分目标又可分为不同季度的分目标等。这种分法便于检查、控制和纠正偏差。

在实际应用中,上述 3 种方法往往是综合应用的。一个企业的安全总目标既要横向分解到各个职能部门,又要纵向分解到班组和个人,还要在不同年度、不同季度有各自的分目标。只有横向到边,纵向到底,结合不同时期的工作重点,才能构成科学、有效的目标体系。

6.4.2 目标展开的过程和要求

(1)上级在制定总安全目标时要发扬民主,在征求下级意见并充分协商后才正式确定。与此同时,下级也应参照企业总安全目标的制定原则和方法初步酝酿本级的安全目标和对策措施。

(2)上级宣布企业安全目标和保证对策措施,并向下一级分解,提出明确要求。下一级根据上级的要求制定自己的安全目标。在制定目标时,上下级要充分协商,取得一致。上级对下级要充分信任并加以具体指导;下级要紧紧围绕上级目标制定自己的目标,必须做到自己的目标能保证上级目标的实现,并得到上级的认可。

(3)按照同样的方法和原则将目标逐级展开,纵向到底,横向到边,不应有哪个部门和个人被遗漏。

(4)目标展开要紧密结合落实安全生产责任制,在目标展开的同时要逐级签订安全生产责任状,将目标内容纳入其中,确保目标责任的落实。

6.4.3 目标展开图和目标管理卡

为了直观、形象、简明地显示目标和目标对策,明确目标责任,实现目标的协调,以及便于领导者对众多的目标项目实现有效地综合管理、控制,应该编制目标展开图。目标展开图还能起到动员群众、督促提醒和鼓舞士气的作用。

目标展开图的格式没有统一的规定。不同的企业、不同的管理层次都可以根据自己的情况自行编制目标展开图。但是,无论用什么格式,都应该体现有效综合的原则,要在展开图中明确显示出目标内容、目标责任、目标协调以及实施的进度等方面内容和要求。图 6.6是一种目标展开图的格式,可供参考。

安全目标方针											
……											
总体目标											
序号			目标项目				目标值				
⋮			⋮				⋮				

对策措施			进度（月）					责任者					
序号	内容	要求	1	2	3	…	12	××办	××处	××部	…	××车间	××车间
1								△	×			△	×
2									×	△		×	△
3								△	△	×		△	×
⋮													

△—主要责任;×—协同责任。

图 6.6　某企业安全目标展开图

在安全目标分解的实践中,人们编制了各种形式的安全目标管理责任书,也叫作安全目标管理卡。制作与填写安全目标管理卡是目标分解的重要内容。目标管理卡分为单位目标管理卡(表6.1)和个人目标管理卡(表6.2)。其内容一般包括:目标项目、目标值、权限和保障条件以及对策、成果评价、签发日期、签发人等。目标管理卡的应用明确了目标、责任、权力与利益,便于自我管理,也便于检查、评比以及部门间、人员间的协调与配合。

表 6.1　单位目标管理卡

存档号:＿＿＿＿＿＿

责任单位			授权单位			签发日期		
目标项目	权限	目标值	对策措施	目标要求	奖惩规定	自我评价	领导评价	
						签名:	签名:	

表 6.2　个人目标管理卡

存档号:＿＿＿＿＿＿

目标项目				
责任者			签发者	
目标单位	权限及保障条件	奖惩办法	领导评价	自我评价

6.4.4 目标展开的注意事项

目标分解与展开工作要注意以下几点：

（1）要形成一套完整的目标管理体系。企业目标展开方案下达后，各部门应制定部门目标展开方案。各部门根据展开方案落实到各责任岗位，进行"自我控制"。

（2）要充分发挥协调职能。厂部领导对目标展开方案中涉及的技术、经营、劳动、教育卫生等业务部门，要组织反复讨论和协商，沟通思想，统一认识。

（3）要讲究实效。企业各级制定的目标不是抽象的，而是具体的。目标中要明确工作进展要求，并尽可能定量化。

（4）要注重考核。《目标任务书》中所列目标应纳入考核项目范围，按企业内部经济责任制的规定具体考核。

（5）要以全体职工为主体。目标展开方案确定后，必须经职工代表大会讨论通过。召开企业职工大会反复宣讲，激励个人能动性。企业各部门按照目标展开方案制定对应措施，尽可能使全体职工参加目标管理，促进企业统一目标的实现。

6.5 安全目标的实施

安全管理目标的制定目的在于实现。安全管理目标的实现贯穿于安全管理的全过程，涉及方方面面的安全管理工作。

6.5.1 制订周密的实施计划

安全管理目标虽然包括预期结果和管理措施的内容，但它毕竟只是一种纲领性的文件。要将这种纲领性文件付诸实施，使其变为企业各部门、各单位及每个人的实际行动，还必须进一步制订周密的实施计划。安全管理目标的实施计划应当包括以下内容：

（1）根据管理目标本身的要求及目标实施中的主要矛盾，确定目标实施的战略重点。

（2）根据目标实施的战略重点及每个时期所可能提供的条件和达到的水平，确定目标实施的战略步骤。目标实施战略步骤的确定实际就是将总目标划分为阶段目标，从而使目标的实施时间更加具体化。

（3）将安全管理目标从内容上分解为各种不同层次的分目标，并按各部门、各单位、各岗位直至每个职工承担的任务和责任进行层层落实，使整个安全管理系统成为一个既有分工又有协作的目标责任系统，调动一切积极因素，为总目标的实现而共同奋斗。

（4）制定合理的安全奖惩政策，采取有效的调控手段，保证安全生产管理目标的实施能够协调平衡地进行。

6.5.2 建立精简、高效的安全组织机构

建立精简、高效的安全组织机构是企业安全管理目标实现的组织保证。其内容主要包括：

（1）根据安全管理目标实施所应担负的任务和职能来设置组织机构。凡是与安全目标实施任务关系密切的机构，要予以加强；凡是与安全目标实施任务关系不大或根本无关的机构，要坚决予以精简或撤销。

（2）将合适的人安排在合适的安全工作岗位上，使每个人都能为安全管理目标的实现

尽其力、负其责,对自己所承担的安全工作有一种满足感和自豪感。

(3)根据安全管理目标实施的复杂程度和周期长短来决定安全组织机构的规模和形式。安全管理目标比较单一,实施比较简单,一般可采用直线制组织形式;相反,可采用直线职能制。安全管理目标是临时突击性质的,实施又比较复杂,可采取矩阵制安全组织形式。

(4)建立灵敏的安全信息系统,为安全管理目标的实施提供及时、适用的安全信息。

6.5.3 目标实施中的控制

控制是管理的一项基本职能,是指管理人员为保证实际工作与计划相一致而采取的管理活动。通过对计划执行情况的监督、检查和评比,发现目标偏差,采取措施纠正偏差;发现薄弱环节,进行自我调节,保障目标的顺利实施。

1)控制

控制要以实现既定目标为目的,在不违背企业工作重点的前提下,不强调目标责任者对目标实施过程采取相同的方式。鼓励目标责任者的创造精神,目标责任相关的部门和人员要相互协调、配合,遇到影响目标实施的重大问题应及时向上级汇报。控制分为以下3种:

(1)自我控制。它是目标实施中的主要控制形式,通过责任者自我检查、自行纠偏达到目标的有效实施。自我控制便于人人参与安全管理,人人关心安全工作,激发个人的主人翁责任感,可以充分发挥每个人的聪明才智,可以使领导者摆脱繁琐的事务性工作,集中精力把握全局工作。

(2)逐级控制。它是指按目标管理的授权关系,由下达目标的领导逐级控制被授权人员,一级控制一级,形成逐级检查、逐级调节、环环相扣的控制链。逐级控制可以使发现的问题及时得到解决。逐级控制时非直接上级不要随意插手或干预下级工作。例如,企业厂长是企业安全工作的第一责任者,企业安全工作逐级控制关系如图6.7所示。

图6.7 安全工作逐级控制关系

(3)关键点控制。关键点是指对实现安全总目标有决定意义和重大影响的因素。关键点可以是重点目标、重点措施或重点单位等。例如,水泥厂的重点目标是含游离二氧化硅粉尘的达标率,重点措施是作业点的密闭化,重点单位是均化库。不同企业、同一企业不同车间、不同作业环境,关键点一般均不相同。因此,应以总目标实现为最终目的,具体问题具体分析。

2)安全目标的实施

安全目标的实施是安全目标管理的关键。具体来讲,在这个阶段还要注意做好以下3个方面的工作。

(1)权限下放、自我管理。在这个阶段,企业从上到下的各级领导、各级组织、直到每一个职工都应该充分发挥自己的主观能动性和创造精神,围绕着追求实现自己的目标,独立自主地开展活动,抓紧落实,实现所制定的对策措施。要将实现对策措施与开展日常安全管理和采用各种现代化安全管理方法结合起来,以目标管理带动日常安全管理,促进现代安全管理方法的推广和应用。要及时进行自我检查、自我分析,及时把握目标实施的进度,发现存在的问题,应积极采取行动,自行纠正偏差。在这个阶段,上级对下级要注意权限下放,充分给予信任,要放手让下级自己去实现目标,对下级权限内的事,不要随意进行干预。为了搞好这一阶段的自我管理,可以采取下面 2 项措施:

① 编制安全目标实施计划表。安全目标实施计划表的格式如表 6.3 所列,可以按照 PDCA 循环方式进行编制。该表在具体实施过程中,还应进一步展开,使每项对策措施更加详细具体。对 PDCA 循环过程也应加以详细记录,以取得更好的效果,也有利于为成果评价阶段奠定基础。

表 6.3　安全目标实施计划表

安全目标	对策措施 (P)	试验(D)					检查(C)				处理(A)			
		实施进度(月)				单位	负责人	检查结果(月)			单位	负责人	处理结果	遗留问题
		1	2	…	12									

② 旗帜管理法。旗帜管理法即对实施安全目标的各级组织分别画出类似旗帜的管理控制图,彼此连锁,形成一个管理控制图的体系,并据此来进行动态管理控制。当某级发现管理失控时,即可循着图示的线索逐级往下寻找看在哪里出了问题,便可及时采取措施恢复控制。旗帜管理图的形式如图 6.8 所示。

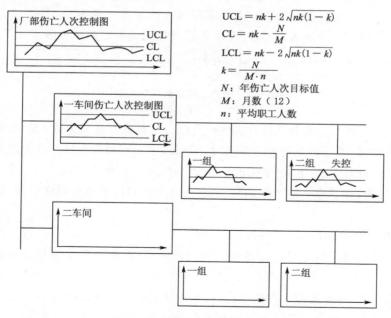

$$UCL = nk + 2\sqrt{nk(1-k)}$$
$$CL = nk - \frac{N}{M}$$
$$LCL = nk - 2\sqrt{nk(1-k)}$$
$$k = \frac{N}{M \cdot n}$$

N:年伤亡人次目标值
M:月数(12)
n:平均职工人数

图 6.8　旗帜管理

(2) 监督检查。目标实施主要依靠各级组织和广大职工的自我控制,但也不能放松上级对下级的指导、帮助、协调和控制工作。要实行必要的监督和检查,通过监督检查,对目标实施中好的典型要加以表扬和宣传;对偏离既定目标的情况要及时指出和纠正;对目标实施中遇到的困难要采取措施给予关心和帮助。总之,要使上、下级的积极性有机地结合起来,从而提高工作效率,保证所有目标的圆满实现。

(3)信息交流与协调。目标实施要注重信息交流,建立健全信息管理系统,以使上情能及时下达,下情能及时反馈,从而使上级能及时有效地对下级进行指导和控制,也便于下级能及时掌握不断变化的情况,及时做出判断和采取对策,实现自我管理和自我控制。

协调是目标实施过程中的重要工作,总目标的实现需要各部门、各级人员的共同努力、协作配合。通过有效的协调可以消除实施过程中各阶段、各部门之间的矛盾,保证目标按计划顺利实施。目标实施中协调的方式大致有以下3种:

① 指导型协调。它是管理中上、下级之间的一种纵向协调方式。采取的方式主要有指导、建议、劝说、激励、引导等。该方式的特点是不干预目标责任者的行动,按上级意图进行协调。这种协调方式主要应用于以下情况:需要调整原计划时;下级执行上级指示出现偏差,需要纠正时;同一层次的部门或人员工作中出现矛盾时。

② 自愿型协调。它是横向部门之间或人员之间自愿寻找配合措施和协作方法的协调方式。其目的在于相互协作、避免冲突,更好地实现目标。这种方式充分体现了企业的凝聚力和职工的集体荣誉感。

③ 促进型协调。它是各职能部门、专业小组或个人,相互合作,充分发挥自己的特长和优势,为实现目标而共同努力的协调方式。

6.6 安全目标的考评

目标考评是安全目标管理的最后一个阶段。在该阶段要对实际取得的目标成果做出客观的评价,对达到目标的给予奖励,对未达到目标的给予惩罚,从而使先进的受到鼓舞,使后进的得到激励,进一步调动全体职工追求更高目标的积极性。通过考评还可总结经验和教训,发扬成绩,克服缺点,明确前进的方向,为下期安全目标管理奠定基础。

6.6.1 安全目标的考评原则

1)自我评价与上级评定相结合

安全目标考评要充分体现自我激励的原则。要以自我评价为主,就要在各个层次的评价中首先进行自我评价。个人在班组内,班级在车间内,车间在全厂内,对照自己的目标,总结自己的工作,本着严格要求自己的精神,实事求是地对实现目标的情况做出评价。由于目标责任者对自己目标的实施过程和目标成果了解得最清楚,是应该比较容易做出正确的评价的。

在自我评价的基础上,还要参照上级领导的评价,而且要以领导的评定结果作为最终的结果。在领导评定时,要与下级充分交换意见;产生分歧时,要认真听取和考虑下级的申诉,使最后评定的结果力求公正准确。

在上级评定的同时,也要征求下级对自己的评价,因为目标成果的取得是上下级共同努力的结果。征求下级对自己的评价就可以为上级的自我评价奠定基础,为改进今后的工作提供依据。

2)重视成果与综合评价相结合

目标成果评价应重视成果,以目标值的达到程度作为主要的依据,要用事实和数据说话,切忌表面印象。但是,要考虑不同组织和个人实现目标的复杂程度和在达标过程中的主观努力程度,还要参考目标实施的措施的有效性和单位之间的协作情况。另外,应该对所有这些方面的内容区别主次,综合评价,力求得出客观公正的结果。

为了做好安全目标的考评工作,考评中还应遵循以下原则:

第一,考评要公开、公正。考评标准、考评过程、考评内容和考评结果及奖惩要公开,要增加考评的透明度,不搞领导裁决,不搞神秘化,不搞发红包。考评要有统一的标准,标准要定量化,无法定量的要尽可能细化,使考评便于操作,也避免因领导或被考评人不同,而有不同的考评标准。

第二,以目标成果为考评依据。目标管理是强调结果的管理,对达到目标的过程和方法不作规定。因此,不论你付出的努力有多大,考评的是成果的大小、质量和效果。这一方法激励人们的创造精神,工作中讲究实效,避免形式主义。

第三,考评标准简化、优化。考评涉及的因素较多,考评结果应最大限度表明目标结果的成效,标准尽量简化,避免项目过多,引起考评工作的繁琐和复杂。考评标准要优化,要抓反映目标成果的主要问题,评定等级要客观。

第四,实行逐级考评。安全目标的设定和分解是逐级进行,进而构成目标体系,由上至下逐级考评,有利于考评的准确性。

6.6.2 安全目标考评的方法

安全目标成果评价要采取自我评价与领导评价相结合。首先由单位和职工进行自我评价,自觉地按安全目标要求检查实际安全工作成果,总结经验教训;其次,上级对下级以民主协商的方式进行指导,共同总结经验、找出差距、分析原因,提出改进方法。

安全目标成果评价主要从以下3个方面进行:

1) 评定目标的完成程度

目标完成程度是指实际完成的目标值与计划值之比。具体方法如下:

(1) 用定量表示目标完成程度,可按目标的完成率分为若干等级进行评定。

(2) 用定性表示目标的完成程度,可按目标预先规定的成果评定要点进行评定,同样划分为几个等级,对于有些只有定性表示的目标,如"改善安全服务条件,提高安全服务质量"之类的目标,可以结合民意测验进行评定。

2) 评定目标的复杂难易程度

目标的难度是指由于目标任务本身的性质和客观条件、环境的变化、实现目标任务所付出的代价大小。其中,有些在制定目标时已经考虑在内,但在目标实施过程中,由于情况和条件的变化,也可能同预计的成果产生一定的差距,因而要对成果做出公正评价。由于各项具体安全生产目标任务的难度不同,因而只看"完成程度",不看"困难程度"就不能正确地衡量一个单位或个人的安全工作成绩。

3) 评定完成目标的主观努力程度

主观努力程度主要是评定个人在完成安全目标中发挥主观能动性的情况。在实施安全目标过程中,人们会遇到各种不利条件或有利条件,此时目标责任者的主观努力程度是不同的。在有利的条件下,用较小的气力就可以完成目标;在不利的条件下,需要付出很大的努力才能完成目标。因此,为了正确评定成果,必须对主观努力程度进行评价。

上述3个方面是评价安全目标成果的3个重要因素,但三者的自重要性是不一样的。

由于安全成果是安全目标管理的出发点,所以目标完成程度占主要地位。三者的比例一般规定为 5∶3∶2。随着安全管理层次的不同,其比例也会发生变化。上层安全管理部门主要是谋求提高安全管理成果,因而评定的重点应放在"完成程度"上;相反,基层安全工作人员主要是努力提高安全工作效率,从而评价重点应放在"努力程度"上。

在进行上述 3 个要素评定中,可按表 6.4 进行综合成果评价。

表 6.4　安全目标管理综合成果评价表

目标序号					目标内容				责任单位		责任者
目标完成程度					目标复杂难易程度			主观努力程度		修正值	综合评价	
目标值	实际值	达到程度	评价比重	比重分数	复杂程度	评价比重	比重分数	努力程度	评价比重	比重分数	±20%	成绩	等级
(1)	(2)	(3) $=\dfrac{(2)}{(1)}$	(4)	(5) $=(3)$ $\times(4)$	(6)	(7)	(8) $=(6)$ $\times(7)$	(9)	(10)	(11) $=(9)$ $\times(10)$	(12)	(13) $=(3)\times(6)$ $\times(9)\pm(12)$	(14)

注:表中的修正值是指在实施安全目标过程中可能出现的各种情况。修正值一般以不超过三要素评定总分的 ±20% 为宜。"+"号是指目标实施中出现不利条件,依靠本人努力不能排除,使"完成程度"下降;"-"号是指本人没有努力,由其他原因,促使条件好转,而使"完成程度"上升的情况。

综合评价成果计分法,可用下列公式:

$$综合评价 = 目标完成程度 \times 目标复杂难易程度 \times 完成目标努力$$

也可用三个因素比重分数之和再加减修正值来表示,则:

$$(13)=(5)+(8)+(11)\pm(12)$$

在表 6.4 中,目标成果评定以后,要根据评定结果做出相应处理。例如:根据评定成果,按原定责任制兑现安全奖惩政策;将安全评定情况整理记载归档,作为每个职工评先进、定等级、调工资、安排职务的依据等。

根据我国的实际情况,安全目标管理的成果考评有与安全工作的考评评价结合起来进行的趋势。实际上,有些企业不仅将二者统一起来,还将其他目标项目也纳入安全工作考核评价的范围,将这些目标项目的目标值就作为安全工作的考评指标,并给出标准分数,确定评分标准。在考核评价时,根据实际达标情况逐项定分,所有项目得分的总和就是安全工作考评的得分,即目标成果的总分。

6.6.3　奖惩与总结

在综合评定的基础上,要根据预先制定的奖惩办法进行奖惩,使先进的受到鼓励,落后的受到鞭策。既要有经济上的奖惩,也要注意精神上的表彰,使达标者获得精神追求的满足,也使未达标者受到精神上的激励。对待奖惩,上级领导一定要说话算数,兑现诺言,严格执行奖惩规定。领导不能言而无信,也不能搞"照顾情绪""平衡关系",否则会失信于民,给下期安全目标管理造成困难。在目标考评的全过程中,要注意引导全体职工认真总结经验教训,从而发扬成绩,克服缺点,明确前进的方向。

总之,要以鼓励为主,即使对未达标者也应充分肯定其达到的目标成果和为达标所做出的努力,同时热情地帮助他们分析研究存在的问题,提出改进的措施。

1)在成果考评中应注意的事项

为了搞好目标成果考评,应注意做好下列事项:

(1)建立好评价组织。要在统一领导下建立企业、车间、班组三级评价小组。要选作风正、懂业务、会管理、有威信的人参加,使之具有权威性。各级领导是评价小组的成员。

(2)要在民主协商的基础上,预先制定好考核细则、评价标准、奖惩办法,并在安全目标管理开始时就向全体职工明确宣布。

总之,安全目标管理对企业实现安全生产具有重要的作用。

2)企业要推行安全目标管理并取得理想的成果应注意的其他事项

(1)全员参与。安全目标管理具有"自我控制"的特点,实行全员、全过程管理,且通过目标的层层分解与措施的层层落实来实现,因而必须充分发动全员参与,让企业的全体员工都合理科学地组织在安全目标管理体系内。在制定目标时,要充分与员工协商。

(2)强化员工与主管层的思想教育。为了统一全员对安全目标管理的认识,必须强化思想教育,充分发挥全员在目标管理中的积极作用。在推行目标管理的过程中,要认真研究员工心理变化的规律,做好对员工的激励与引导工作。主管层是企业安全管理中主要的管理与监督层,也是促进目标管理的重要因素。

(3)管理高层理解与支持。倘若企业管理高层对安全目标管理不理解,不支持,则难以有效地制定企业的总体目标、展开部门直至个人的目标,难以有效地对整个目标进行组织、计划、指挥、监督与调节工作,也难以公正地以最终成果作为考核评价的标准。

(4)要有安全管理基础。企业管理基础工作是否良好直接决定着制定企业安全目标的完整性与先进性。为了制定既先进又可行的员工工伤频率指标和保证措施,必须要有企业历年来事故统计资料、员工接触尘毒情况、有毒有害岗位监测情况与治理结果等基础。只有这样,才能将安全目标管理建立在可凭借的基础上。

(5)要责、权、利相结合。企业实行安全目标管理时,要明确员工在目标管理上的职责,同时要赋予其一定的权力。至于个人权限的大小,要据各人所担负的目标责任的大小与完成目标任务的实际需要来确定。同时,应该给予员工应得的利益,这样就能持久地调动员工在安全目标管理上的积极性。

思 考 题

6.1 什么是目标、目标管理、安全目标管理?

6.2 目标设置的原则有哪些?

6.3 目标和安全目标管理的作用有哪些?

6.4 目标、目标管理、安全管理目标的特点分别是什么?

6.5 简述目标设置理论。

6.6 安全目标的制定依据有哪些?

6.7 简述目标设定的主要程序和内容。

6.8 安全目标是如何层层展开的?

6.9 如何实施安全目标?

6.10 简述安全目标考核的原则和方法。

7　系统安全管理

　　事故预防是事故控制的最主要的手段,也是安全管理工作最主要的内容,但技术手段是事故预防的最好方法。随着系统的复杂化、大型化,人失误行为的不可避免性会越来越严峻,而通过严格的管理制度束缚人的行为,也不是现代安全管理追求的目标。通过系统安全管理,在系统设计阶段对系统的安全问题进行系统、全面、深入的分析和研究,并合理地采取相应措施,这样不仅能较好地解决这一问题,而且在提高系统的安全性的同时,还降低了对人的行为的约束和限制,从而实现以较低的代价获取较好的安全效果的目的。

7.1　系统安全概述

　　系统安全是人们为解决复杂系统的安全性问题而开发、研究出来的安全理论、方法体系。其基本原则就是在一个新系统的构思阶段就必须考虑其安全性的问题,制订并执行安全工作规划(系统安全活动),并且将系统安全活动贯穿于生命整个系统生命周期,直到系统报废为止。

7.1.1　系统安全的由来

　　任何一个企业,其经营的主要目标是获得经济效益,而经济效益是通过为市场提供高质量的产品及服务来获得的,高质量的产品及服务又为企业带来巨大的无形资产和更大的经济效益。安全性是产品质量的主要性能指标之一,其重要性是不言而喻的。没有人会忽略产品的安全性问题,或者冒着生命危险去购买一个不安全的产品。一个企业的产品如果造成了对其使用者的伤害,对企业的市场开发、社会信誉、经济效益的影响都是相当巨大的,而且有些是不可挽回的。可见,无论是消费者(使用者)还是制造者,安全问题都是不容忽视的重要问题。

　　在产品的研制、设计、试验、生产、销售、使用以及退役处理的整个寿命周期中,都可能存在着导致事故发生的潜在危险,导致事故发生。一般而言,产品作为一个系统是由不同的子系统组成的,每一产品都涉及不同的学科,如光、电、机械、化学等,这些都增加了产品(系统)的复杂性,给产品(系统)安全性带来不同程度的影响。例如,雷管和炸药组成的系统就比单独的雷管或炸药危险得多。

　　因此,为了提高产品或系统的安全性,就需要对其寿命周期和子系统之间关联进行研究,识别潜在危险并做出定性和定量评价,提出在设计制造和使用装备中消除潜在危险或控制这些危险、使之降低到可接受的程度的措施,达到保证产品或系统安全的目的。

7.1.2 系统安全的发展

工业生产中传统的安全技术工作已有 150 多年的历史。其间，预防事故的理论与实践也取得了较大的进展。但现代大多数产品都是多学科发展的成果，传统的单项的安全防护或单一学科的安全研究都难以解决整个产品系统的安全问题。大型产品（如飞机或大型复杂的工业设备）的开发、使用过程中多次灾难性事故的经验教训，促使人们认识到安全工作必须从系统整体的角度去研究，从而使系统安全的理论与应用技术得到长足发展。

1957 年，苏联发射了第一颗人造地球卫星后，美国急于保护其空间技术优势，匆忙地发展导弹武器。在 20 世纪 50 年代末到 60 年代前半期，为了缩短开发时间，在发展井下弹道导弹发射系统时，采取了构思、设计、制造与使用齐头并进的方针。当时，安全问题仅依靠各专业技术人员单独研究，忽视了发射系统的各子系统间的接口的安全问题，在最初的运行试验的一年半时间内，在导弹地下储存库和发射基地连续发生 4 次重大事故，每次损失都达到数百万美元，因而推迟试验计划。事故调查结果表明，主要原因在于产品安全性存在重大问题，不得不将该产品报废重新设计。因此，美国空军于 1962 年 4 月明确地提出了以系统工程的方法研究导弹系统安全性的文件，即《空军弹道导弹系统安全工程》（BJD 第 62-41 文件），该文件成为研制民兵式导弹时实现系统安全性的依据。同年 9 月，美国又将系统安全作为独立工程项目发布了《武器系统安全标准》（WS133B），为发展多弹头火箭的成功创造了条件。1963 年 9 月，美空军制定了《系统及有关子系统以及设备的安全工程通用要求》，作为系统和设备的设计指导。1966 年 6 月，美国国防部对空军的标准做了修改，颁布了《安全标准》（MIL-S-3813），并作为美军所有军事装备必须遵守的标准。后来国防部再次修订了该标准，并于 1969 年 7 月发布了《系统、有关子系统与设备的系统安全大纲》（"MIL-STD-882）。这项标准建立了较为完整的系统安全的概念以及安全分析、设计和评价等的基本原则。1977 年、1984 年、1987 年、1993 年和 2000 年分别做了 5 次修订，系统安全工作的要求在产品全寿命周期内得到了明确全面的规定，成为目前不少国家引用的比较成熟的系统安全标准，是系统安全管理的经典之作。

除了颁布军用标准外，20 世纪 70 年代后期，美国国防部颁发和修订了一系列指令和指示，对武器采办中的系统安全工作提出了高层次的规定：将系统安全性列入与装备作战效能同等重要目标的作战适应性内容之一，并从训练经费与保障等方面给予支持，如安全预算成为采办计划的重要组成部分；各类武器系统要严格按照 MIL-STD-882 规定的管理要求执行，并明确指出各军种要结合各自装备的特点制定系统安全目标与管理职能等。1991 年，在重新发布的《国防部采办政策与规划》的第 6 部分中，从政策上再次明确要求将系统安全、健康危险和环境影响综合到装备设计研制的系统工程中去；同时，规定在设计和研制过程中应采用科学方法，减少与装备使用和保障有关的危险。其目的是：设计符合任务要求、费效好、尽可能安全的系统；系统安全工程要和其他工程专业，如可靠性、可维修性、人员和培训、软件质量保证等互相协调；系统安全性应按照国家环境法规条例和行政指令所推荐的系统潜在环境影响进行分析；建立风险评估准则，并对高风险的管理和决策制定专门的文件，明确高风险批准权限等。指令中还规定了一系列管理要求，这些指令和指示从行政法规上为有效地开展系统安全工作打下良好的基础。

20 世纪 70 年代，美国在核武器和核工业领域相继提出了保证安全的问题。1975 年，美国核能委员会（NRC）发表了《商用核电站轻水反应堆的风险评价》（WASH-1400）报告，它是在麻省理工学院诺曼（Norman C. Rasmussen）教授领导下，组织数十名人员经历 3 年完成的。该报告收集了核电站各部位历年发生的事故类型及其频率，应用事件树（ETA）和故障树（FTA）分析技术成功地做出了核电站定量安全评价。这是核能安全分析技术发展的一个重要里程碑。它说明概率安全评价（PSA）是复杂系统进行安全评价的重要方法，受到世界各国从事系统安全工作的人员的普遍重视。与上述工作同步发展，国际上建立了专门研究安全性的学术团体——国际系统安全学会。近年来，该委员会每两年举办一次年会，极大地促进了系统安全工程技术的发展。

此外，为保证系统的安全性，特别是大型复杂系统，如飞机的安全性，同时满足 MIL-STD-882 提出的系统安全要求，许多生产企业纷纷设立相应的机构和编制，专门从事产品安全性的研究和管理工作。例如，波音飞机公司设立了系统安全工作部，对产品的构思及设计进行全面的分析和评价，在系统寿命周期的早期阶段控制和预防事故及损失，取得了良好的效果。

中华人民共和国成立以来，我国的安全工作取得了巨大的进步，特别是 20 世纪 70 年代末期以来，引进了许多系统安全的理论与方法，并在应用中取得了一系列的成果。值得指出的是，由于各方面的原因，特别是我国企业传统的产品设计体制的影响，系统安全的理论与方法还大多应用于生产过程的安全问题之中，而对在产品全寿命周期的初级阶段——设计阶段，进行全面的安全分析评价，从而保证产品在全寿命周期的安全性的研究。但在应用方面却进展甚微，即使在集高、精、尖技术于一身的航空工业、军事工业中，除了参照国外的模式颁布了几部有关的系统安全标准、手册外，在应用中几乎没有体现。

7.1.3　系统安全的定义及概念

1）系统安全的定义

所谓系统安全，是指在系统的寿命周期的所有阶段，以使用效能、时间、成本为约束条件，应用工程和管理的原理、准则、技术，使系统获得最佳的安全性。

从上述定义可以看出以下 3 点：

（1）提高系统的安全性，并非不计代价。首先，要考虑到产品的成本，保证产品的性能，使产品及时地投入应用。其次，只有在这个基础上，通过设计提高系统的安全性才具有真正的现实意义，企业才可能有最大的发展，达到其最高的目标，获得更大的经济效益。

（2）追求产品的安全性。应考虑产品全寿命周期的安全性，即力争产品在其寿命周期的各个阶段，总的安全性能最佳。

（3）使产品达到最佳的安全性。应力争产品的各个子系统结合在一起时的总体安全性能最佳，而不是某一个子系统的安全性能最佳。

2）系统安全的主要特点

利用系统安全的方法不仅保证了产品的安全性，也体现了系统安全的主要特点。

（1）早。在系统的设计和构思阶段，分析整个系统寿命周期的安全问题。

（2）快。由于早期分析，只对图纸加以修改即可，这比在试验甚至使用阶段发现问题后再采取措施自然要快得多。

（3）省。由于只需对图纸加以修改（如果在构思阶段，只需修改设计方案即可），这与在试验、生产甚至使用阶段发现问题后再进行全面的更改所付出的代价具有天壤之别。

（4）好。通过设计方案的选择保证安全性，比在产品投入使用后再因安全问题附加安全装置的效果好得多。比如，操作车床进行切削加工，存在着将头发较长者，特别是女工头发卷入丝杠或其他部位的可能性,而且迄今没有较好附设于车床之上的安全装置能保证操作者不受危害。如果在车床设计时充分考虑这一问题,并使得丝杠不暴露于人容易接触的地方或根本不用丝杠,则其安全效果要比靠安全操作规程来限制操作者的行为要好得多。

(5)接口。由于子系统间既有分工又有合作,使每一个子系统达到最佳的安全性并不一定能使整个系统达到最佳的安全性。只有所有子系统相互结合在一起达到最佳,才会使系统的总体安全性能达到最佳。因此,关注子系统间的接口(界面)、注意子系统间的相互影响,正是系统安全的主要特点之一。

系统安全是从根本上提高产品或系统的安全水平的有效的技术工作方法,它是在企业生产的传统技术安全工作基础上发展起来的,也是人们对安全问题深化认识的产物。人们对付事故是从事故发生后吸取经验教训进行预防开始的,也就是查找事故原因、采取措施、防止事故重复发生。措施的内容通常包括:在生产和使用部门设立专职机构,如技术安全处、科,颁发安全法规,设置安全防护设备及用具,监督安全生产和使用、进行安全生产和使用的宣传和教育等,这些都是传统的安全技术工作。这种工作方式虽然在防止事故中起到重大作用但总是事故后的管理,很难做到防患于未然。特别是其事故预防的方法,很难跟上产品、系统技术上的迅猛发展。面对日益复杂化大型化的产品和系统及其伴生的事故隐患,传统的技术安全显得力不从心,很难适应现代生产和现代化产品系统发展的需要。然而,只有发生一次甚至多次事故后才能找出防止事故的措施和方法,在经济上付出的代价在绝大多数情况下也是企业难以承受的。

3)系统安全与传统技术安全的区别

系统安全与传统的技术安全的目的虽然都是实现系统的安全,但它们的工作范围和实施方法都有较大区别,具体体现在以下5个方面:

(1)技术安全的工作范围主要是在生产和使用场所,其目的是保证操作人员和设备不致受到伤害和损坏,它并不直接涉及产品或系统的设计。而系统安全则主要研究产品全寿命过程,包括方案论证、设计、试验、制造、使用直至报废处理等各方面的安全问题,并且将重点放在研制阶段。

(2)传统的技术安全工作大多凭经验和直觉来处理安全问题,而且较少由表及里地深入分析,因而难以彻底改善安全状态。然而,系统安全正是利用系统工程的方法,从系统、子系统和环境影响以及它们之间的相互关系来研究安全问题,从而能够比较深入且全面地找到潜在危险,预防事故的发生。

(3)传统的技术安全多从定性方面进行研究,一般只提出"安全"或"不安全"的概念,对安全性没有定量的描述,因而难以做出准确的判断和评价,也不便于控制和管理。然而,系统安全利用危险严重性、可能性等参数和指标来定量评价安全的程度,从而使预防事故的措施有了客观的度量,安全程度更加明确。

(4)传统的技术安全是从局部,或者处于被动状态来解决安全问题,因而不能从根本上提高系统的安全水平。然而,系统安全从产品或系统论证设计起就开始做系统的安全分析,它考虑到产品全系统中所有可能的危险,如危险源、各子系统接口、软件对安全的影响等,并随着研制工作的进展,逐步细化安全分析的内容,使安全主动而全面地得以实现。

(5)传统的技术安全目标值不明确、不具体。究竟到什么程度才算安全问题解决得好,才能控制重大事故发生? 显然,目标值不明确,则工作盲目性较大。系统安全通过安全分析、试验、评价和优化技术的应用,可以找出最佳的减少和控制危险的措施,使产品或系统的各子系统之间以及设计、制造和使用之间达到最佳配合,用最少投资获得最好的安全效果,从而在最大程度上提高产品的安全水平。

7.2 系统安全管理的基本概念

7.2.1 系统安全管理的定义

系统安全由系统安全管理和系统安全工程两部分组成。系统安全管理是确定系统安全大纲要求,保证系统安全工作项目和活动的计划、实施与完成与整个项目的要求相一致的一门管理学科。

任何管理工作,都是由计划、组织、协调、控制4大部分工作组成。所谓系统安全管理,实际上就是对产品全寿命周期的安全问题的计划、组织、协调与管理。也就是说,通过管理的手段,合理地选择危险控制方法,合理地分配危险风险到产品寿命周期的各个阶段,使产品在满足性能、成本、时间等约束条件的前提下取得最佳的安全性。因此,系统安全管理是产品或系统寿命周期工程管理的组成部分,其主要任务是在寿命周期内规划、组织、协调和控制应进行的全部系统安全工作。系统安全管理的核心是建立并实施系统安全大纲。

7.2.2 系统安全管理与系统安全工程

系统安全工程则是应用科学和工程的原理、准则和技术,识别和消除危险,以减少有关风险所需的专门业务知识和技能的一门工程学科。

从系统安全工程和系统安全管理各自的定义可以看出,系统安全工程与系统安全管理是系统安全的两个组成部分,它们一个是工程学科,一个是管理学科,二者相辅相成。前者为后者提供各类危险分析、风险评价的理论与方法及消除或减少风险的专门知识和技能,后者则选择合适的危险分析与风险评价的方法,确定分析的对象和分析深入的程度,并根据前者分析评价的结果做出决策,要求后者对危险进行相应的消除或控制。因此,要想使系统达到全寿命周期最佳的安全性,二者缺一不可,应有机地结合在一起。

7.2.3 系统安全管理与传统安全管理

传统安全管理方法基本上是纵向学科,单向业务保安,事后追查处理,侧重于操作者责任安全,凭经验和感觉处理安全问题,从宏观方面查找危险因素。其特点主要是:依靠方针、政策、法规、制度;凭经验;靠人治;以"事后"为主。这种管理方法虽然能总结事故教训,防止同类事故重复发生,促进安全生产,但具有局限性、事后性、表面性等缺陷。

系统安全管理方法是将系统科学和系统工程理论引入安全工作领域,从性能、费用、时间等整体出发,针对系统生命周期的所有阶段,实施综合性安全分析、评价、预测可能性的故事,并采取措施,以获得最佳的安全性。其主要特点是:注重系列化、整体化、横向综合化;运用现代新科技和系统工程原理、方法进行安全管理工作;以"事前"为主。系统安全管理是从风险识别入手,通过对系统风险的分析、预测、评价去认识问题,从而采取相应措施,消除危险因素,使系统优化,达到最佳安全程度。

区别系统安全管理与传统安全管理可从以下4点入手:

1）从安全的属性看

一些传统的管理思想认为"安全附属于生产"，这就导致无安全保障下进行生产的情况经常发生。以"产量、质量为主""安全为辅"的思想普遍存在，而对安全规定、作业规程要求却知之甚少或一无所知。系统安全管理则特别强调"安全指导生产，安全第一"，它要求一切经济部门必须高度重视安全，将"安全第一"作为一切工作的指导思想和每个人的行为准则，并要求将安全贯穿于生产全过程。

2）从管理类型看

传统安全管理方法的主要类型是事后追查型——事故分析型，待事故发生之后，才对事故加以分析，找出原因，采取措施防止类似事故再次发生，属于被动管理型。而系统安全管理方法是事先预测型——安全评价型，从系统工程的观点分析，查找事故影响因素，并通过对风险评估、分析，制定消除或控制风险的管理措施。

3）从管理实质看

传统安全管理方法的实质是"强制安全—被动的事故管理—治标之策"。在这种管理模式下，事故没有从根本上得到遏制，属于典型的"头痛医头，脚痛医脚"做法。而现代系统安全管理方法则追求"本质安全化—主动的条件管理—治本之道"。通过实施全员、全方位、全过程的风险预控管理，形成有机协调。自我控制、自我完善的安全管理运行模式，有效控制危险源，消除人的不安全行为和物的不安全状态，保证系统的安全运行。

4）从工作重点看

传统安全管理重点是对已发生事故的统计分析及同类型事故的预防。系统安全管理的主要内容是风险因素的分析、评价、预测，并采取预防措施，杜绝事故的发生或尽可能将事故损失降到最低限度。

7.3 系统安全管理的实施

系统安全管理的实施过程，实际上就是通过管理的手段，将系统安全要求结合到系统全寿命周期的过程。系统安全要求一般来说分为两类：一类为一般要求，即产品设计应满足的基本系统安全要求，也就是必须满足的必要条件；另一类为详细要求，即产品的承制方和订购方经讨论协商认为有必要满足的条件或要求。这类条件或要求随产品的复杂性、危险性、成本、使用环境等多种因素的变化而变化，是可选择的要求。但是，当双方经协商达成一致、形成系统安全要求后，两类要求同样都必须得以满足，才有可能保证产品的安全性达到订购方期望的水平。

7.3.1 系统安全一般要求

1）系统安全大纲

为了保证及时、有效地达到系统安全的目标，产品承制方必须建立和实施一个系统安全大纲。该大纲的主要内容包括：

（1）管理系统。产品承制方应建立一个系统安全管理系统，旨在保证产品的安全性能符合有关要求。在该管理系统中，应由承制方主要负责建立、控制、结合、指导和实施系统安全大纲，并应保证将事故风险消除或控制在已建立的可接受风险范围内。此外，该系统中还应设有事故及与安全有关的事件，包括尚未发生事故或与安全相关的事件的潜在的危险条件的报告、调查、处理程序。

（2）关键的系统安全人员。为了保证所建立的系统安全大纲达到上述目标，在管理系统中应选择合适的人选负责系统安全大纲的建立及实施管理过程，并在产品安全性方面直接对承制方主要负责人负责。该人选为关键的系统安全人员，通常限制为对系统安全工作有管理职责和技术认可权的人员。为了保证该类关键人员能够胜任这一重要角色，根据产品或系统复杂性的高低，对该产品安全负责人的资质要求也有所差异。有关资料提供了一个可供参照的关键的系统安全人员的资质要求，见表7.1。

表 7.1　关键系统安全人员的最低资格要求

项目复杂性	教育	经历	证书
高	工程、自然科学或其他学科理工类学士[①]	系统安全或相关学科 4 年以上	要求 CSP[②] 或专业工程师
中	学士＋系统安全培训	两年以上系统安全或相关学科	要求 CSP[②] 或专业工程师
低	高中证书＋系统安全培训	系统安全 4 年以上	无

注：① 管理部门可能在工作说明中规定其他学位或证书；
　　② 通过美国全国性的专业资格认证的安全专业人员。

2）系统安全大纲目标

在系统安全大纲中，应定义一种系统的方法以保证下列目标得以实现：

（1）及时、经济地将符合任务要求的安全性设计到系统中。

（2）在系统整个寿命周期内识别、跟踪、评价和消除系统中的危险，或者将相应的风险减少到管理部门可接受的水平。

（3）考虑并应用以往的安全资料，包括其他系统的经验、教训。

（4）在采纳和使用新的工艺、材料、设计和新的生产、试验和操作技术时，寻求最小风险。

（5）将消除危险或将风险减少到管理部门可接受水平所采取的措施记录成文。

（6）在系统的研究、研制和订购中及时地考虑安全特性，以尽量减少为改善安全性而进行的改装。

（7）在设计、建造中或任务要求发生更改时，所采用的方法应使风险保持在管理部门可接受的水平。

（8）在寿命周期内尽早考虑与系统有关的任何有害材料的安全性，并使之易于报废和退役处理（包括爆炸性武器的报废处理）。应采取措施尽可能少地使用有害材料，使与使用有害材料有关的风险和寿命周期费用减到最小。

（9）将重要的安全数据作为经验记录下来，并记入数据库，或者用于更改设计手册和说明书的建议。

3）系统安全设计要求

为实现系统安全大纲目标，产品承制方必须在设计过程中满足系统安全设计要求，即满足核心目标需要的一般设计要求。这类要求是在具备了系统设计所采用的有关标准、规范、条例、设计手册、安全设计检查表和其他设计指南类资料后确定的。产品承制方应依据所有可使用的资料，包括通过初步危险分析建立安全设计准则，并以该准则作为编制系统规范中安全要求的基础,同时在其后的研制阶段、研制规范中继续扩充该准则和要求。

一般地,系统安全设计要求具体如下:

(1)通过设计,包括原材料的选择和代用,消除已识别的危险或减少相关的风险。若必须使用有潜在危险的原材料时,应选择那些在系统寿命周期内风险最小的原材料。

(2)将有害物质、零部件和操作与其他活动、区域、人员及不相容的原材料相隔离。

(3)设备的位置安排应使工作人员在使用、保养、维护、修理和调整过程中尽可能少地暴露于危险环境中(如危险的化学药品、高压电、电磁辐射、切削刃口或尖锐部位等)。

(4)使因恶劣的环境条件所导致的风险最小(如温度、压力、噪声、毒性、加速度和振动等)。

(5)系统设计应使在系统使用和保障中由于人的差错所导致的风险最小。

(6)考虑采取补偿措施,将不能消除的危险所导致的风险减少到最低程度。这类措施包括:联锁、冗余、故障安全设计、系统防护、灭火设备和防护服装、设备、装置和规程等。

(7)用物理隔离或屏蔽的方法,保护冗余子系统的电源、控制装置和关键零部件。

(8)当各种补偿设计措施都不能消除危险时,应提供安全和报警装置,并在装配、使用、维护和修理说明书中给出适当的警告和注意事项,在危险零部件、原材料、设备和设施上标出醒目标记,以确保人员和设备得到保护。对于已有的标准尚未顾及的问题,通常应按照为生产方和订购方所共同接受的方式或按照管理部门要求的条件予以标准化,并且向管理部门提供全部警告、注意和提示标志的复印件,供检查、评审使用。

(9)使意外事故中人员伤害或设备损坏的程度最小。

(10)设计软件控制或监测的功能,使危险事件或事故的发生概率达到最小。

(11)评审设计准则中的对安全不足或过分限制的要求,根据研究、分析或试验数据推荐新的设计准则。

4)系统安全优先次序

系统安全大纲的最终目标就是让系统的风险控制在可接受的范围内。考虑到于大多数系统的复杂性,将其设计成完全没有危险是不可能的或不切实际的。系统安全优先次序指出了满足系统安全要求和减少风险所要遵循的采取措施的先后顺序。通过评估消除具体危险或控制其相关的风险的措施,确定可接受的减少风险的方法。满足系统安全要求和处理已识别危险的优先次序如下:

(1)最小风险设计。在设计上消除危险,若不能消除已识别的危险,应通过设计方案的选择将其风险减少到管理部门规定的可接受的水平。

(2)应用安全装置。若不能消除已识别的危险或不能通过设计方案的选择充分地降低相应的风险,则应通过使用固定的、自动的或其他安全防护设计或装置,使风险减少到管理部门可接受的水平。在可能情况下,应规定对安全装置作定期的功能检查。

(3)提供报警装置。若设计和安全装置都不能有效地消除已识别的危险或充分地降低相关的风险,则应采用报警装置检测危险状况,并向有关人员发出适当的报警信号。报警信号及其使用应设计成使人对信号做出错误反应的可能性最小,并在同类系统中标准化。

(4)制定专用规程进行培训。若通过设计方案的选择不能消除危险,或者采用安全装置和报警装置也不能充分地降低有关风险,则应制定规程进行培训。除非管理部门放弃要求,对于Ⅰ级和Ⅱ级危险决不能仅仅使用报警、注意事项或其他形式的书面提醒作为唯一的减少风险的方法。规程可以包括个人防护装备的使用。警告标志应按管理部门的规定标准化。若管理部门认为是安全关键的工作和活动,则应要求考核人员的熟练程度。

当然,在遵循系统安全优先次序的过程中,在选择某类方法后仍不能降低危险风险到可接受的水平时,也可以采用同时选择两类以上方法以尽可能地减少危险的风险,但前提是必须遵循优先次序的基本原则。

此外,由于危险识别、分类及纠正措施是在整个研制阶段中的设计、研制和试验中实施的,因而必须结合风险评价以确定必须采用的纠正措施。无论采用何种水平的纠正措施,都应在各类情况下加以全面验证。

5) 风险评价

为了确定消除或控制已识别危险所采取的措施,必须建立系统所含风险评价模型。一个好的风险评价模型应能使决策者正确了解风险的大小,及为了将该风险降低到可接受水平所要付出的代价。

在风险评价方法中,应用最为广泛的方法为风险分析矩阵(RAC)方法,即用危险的可能性和严重性来表征危险的特性,进而建立相应的评价矩阵。

按系统安全优先次序,首先应是通过设计消除危险。在设计阶段初期,通常在风险评价中只考虑危险的严重性。若在设计初期未能消除相应危险,则应综合考虑危险严重性和可能性以及风险影响的风险评价方法,从而确定纠正措施和处理已识别危险的优先次序。

危险可能性是指危险事件发生的概率。危险可能性可用单位时间事件、人数、项目或活动中可能产生危险的次数来表示。危险严重性是描述某种危险可能引起事故的严重程度。危险严重性等级给出了由人的失误、环境条件、设计缺陷、规程缺陷或系统、子系统或部件故障或失效引起的最严重事故的定性度量。

RAC 方法将危险的严重性划分为 4 级、可能性划分成 5 级,见表 7.2 和表 7.3。按可能性和严重性 2 个因素建立二维矩阵,矩阵的每个元素都对应一个可能性和严重性等级,并用一个数值或代码表示,称为风险评价指数,用来表示风险的大小。最为常见的 2 种风险评价矩阵分别见表 7.4 和表 7.5。在 2 种评价矩阵中,均将风险评价指数按风险的大小分为 4 类,并建议采取不同的控制原则。

表 7.2 危险严重性分类表

说明	等级	定义
灾害性	Ⅰ级	伤亡、系统报废、严重环境破坏
严重性	Ⅱ级	严重伤害、严重职业病、系统或环境的较严重破坏
轻度性	Ⅲ级	轻度伤害、轻度职业病、系统或环境的轻度破坏
可忽略性	Ⅳ级	轻于轻度伤害及轻度职业病、轻于系统或环境的轻度破坏

表 7.3 危险可能性等级表

说明[①]	等级	单个项目	总体[②]
频繁	A级	可能经常发生	连续发生
很可能	B级	在寿命期内出现若干次	频繁发生
偶然	C级	在寿命期内可能有时发生	发生若干次
很少	D级	在寿命期内不易发生、但可能发生	不易发生、但有理由可能预期发生
不可能	E级	不易发生、可认为不会生在	不易发生、但可能发生

注:① 说明词的定义可根据有关数值进行修改;
　　② 应定义总体的大小。

表 7.4　危险风险评价矩阵示例一

危险等级	Ⅰ/灾难性的	Ⅱ/严重性的	Ⅲ/轻度的	Ⅳ/可忽略的
（A）频繁（$X>10^{-1}$）①	1A	2A	3A	4A
（B）很可能（$10^{-1}>X>10^{-2}$）①	1B	2B	3B	4B
（C）偶然（$10^{-2}>X>10^{-3}$）①	1C	2C	3C	4C
（D）很少（$10^{-3}>X>10^{-6}$）①	1D	2D	3D	4D
（E）很少（$10^{-6}>X$）①	1E	2E	3E	4E

注:危险风险指数　　　　　　　　　建议准则
1A,1B,1C,2A,2B,3A　　　　　　　不可接受
1D,2C,2D,3B,3C,　　　　　　　　不希望(需要由 MA 评审)
1E,2E,3D,3E,4A,4B　　　　　　　可接受,但需要由 MA 评审
4C,4D,4E　　　　　　　　　　　　不需评审即可接受

表 7.5　危险风险评价矩阵示例二

危险类别	灾难性的	严重性的	轻度的	可忽略的
频繁	1	3	7	13
很可能	2	5	9	16
偶然	4	6	11	18
很少	8	10	14	19
不可能	12	15	17	20

注:危险风险指数　　　　　　　　　建议准则
1~5　　　　　　　　　　　　　　　不可接受
6~9　　　　　　　　　　　　　　　不希望(需由 MA 评审)
10~17　　　　　　　　　　　　　　可接受,但需 MA 评审
18~20　　　　　　　　　　　　　　不需评审即可接受

此外,为了评价所选择的危险控制措施,还可采用控制程度指数（control rating code, CRC）。按能量控制优先顺序构成一个 6×4 的二维矩阵,见表 7.6。

表 7.6　CRC 矩阵

类别	设计Ⅰ	被动安全设施Ⅱ	主动安全设施Ⅲ	警告设施Ⅳ
A 消除能量源	1	1	2	3
B 限制能量源	1	1	2	3
C 防止逸散	1	2	2	3
D 提供屏障	2	2	3	4
E 改变逸散方式	2	3	4	4
F 使伤害最小化	3	3	4	4

在进行产品或系统的危险风险评价时,可将 RAC 与 CRC 结合一起使用。使用时, RAC 采用的形式见表 7.7。

表 7.7　危险系统风险评价矩阵示例

控制类型	危险类别			
	灾难性的	严重的	轻度的	可忽略的
Ⅰ	1	1	3	5
Ⅱ	1	2	4	5
Ⅲ	2	3	5	5
Ⅳ	3	4	5	5

注:危险风险指数　　　　　建议准则
1　　　　　　　　　　高度风险——重点分析和测试
2　　　　　　　　　　中度风险——进行要求与设计分析及进一步测试
3~4　　　　　　　　　适度风险——进行 MA 认可可打接受的高层次分析与测试
5　　　　　　　　　　低度风险——可接受

采用 RAC 或 CRC 结合在一起进行风险评价时,应遵循以下规则。

(1) CRC≤RAC。

(2) 单点故障的严重性不允许达到Ⅰ级或Ⅱ级。

(3) RAC=1,2 的危险不能只采用"注意""报警"或个体防护设备来进行控制。

采用 RAC 和 CRC 进行危险风险评价的过程如图 7.1 所示。

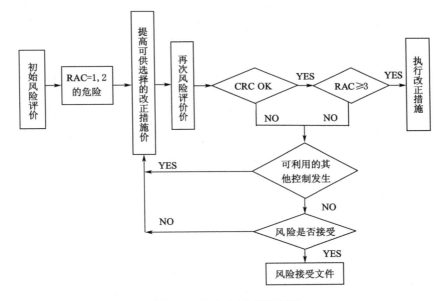

图 7.1　CRC,RAC 评价过程

另一种风险评价方法是总风险暴露指数(TREC)法,它是对 RAC 评价矩阵加以改进得到的。该方法将严重性等级扩充为 10 级,用指数 1~10 表示,而且给出了每级对应的损失费用(美元),同时用暴露指数(exposure codes)代替危险的可能性等级。这里,危险的暴露是指在系统寿命周期中暴露该危险的总时数内导致相应严重性指数所表示的可能的次数。

严重指数及暴露指数分别见表 7.8 和表 7.9。

表 7.8　严 重 性 指 数

指数	范围/美元	平均值/元	指数	范围/美元	平均值/元
10	$>10^{10}$	50 000 000 000	5	$10^5 \sim 10^6$	500 000
9	$10^9 \sim 10^{10}$	5 000 000 000	4	$10^4 \sim 10^5$	50 000
8	$10^8 \sim 10^9$	500 000 000	3	$10^3 \sim 10^4$	500
7	$10^7 \sim 10^8$	50 000 000	2	$10^2 \sim 10^3$	500
6	$10^6 \sim 10^7$	5 000 000	1	$10^1 \sim 10^2$	50

表 7.9　暴 露 指 数

指数	范围/美元	平均值/元	指数	范围/美元	平均值/元
10	$>1\,000$	5 000	5	$0.01 \sim 0.1$	0.05
9	$1\,000 \sim 100$	500	4	$0.001 \sim 0.01$	0.005
8	$10 \sim 100$	50	3	$0.000\,1 \sim 0.001$	0.000 5
7	$1 \sim 10$	5	2	$0.000\,01 \sim 0.000\,1$	0.000 05
6	$0.1 \sim 1$	0.5	1	$<0.000\,01$	0.000 005

按严重性指数及暴露指数构成一个二维矩阵,阵中每一元素即为 TREC 值,见表 7.10。

表 7.10　TREC 值

		可 能 性 表								
		10	9	8	7	6	5	4	3	2	1
	10	20	19	18	17	16	15	14	13	12	11
	9	19	18	17	16	15	14	13	12	11	10
	8	18	17	16	15	14	13	12	11	10	9
	7	17	16	15	14	13	12	11	10	9	8
严重性指数	6	16	15	14	13	12	11	10	9	8	7
	5	15	14	13	12	11	10	9	8	7	6
	4	14	13	12	11	10	9	8	7	6	5
	3	13	12	11	10	9	8	7	6	5	4
	2	12	11	10	9	8	7	6	5	4	3
	1	11	10	9	8	7	6	5	4	3	2

采用 TREC 进行风险评价时,可求出以下数据:

总风险暴露 TRE(Total Risk Exposure):

$$TRE = 5 \times 10^{(TREC-5)}$$

年风险暴露 ARE(Annual Risk Exposure):

$$ARE = \frac{TRE}{项目寿命(a)}$$

单位风险暴露 URE(Unit Risk Exposure):

$$URE = \frac{TRE}{装置总数}$$

风险暴露率 RER(risk exposure rate)：

$$RER = \frac{TRE}{总投资}$$

6) 已识别危险的处理

对已识别的危险,应采取措施将其消除或把相应的风险减少到可接受的水平。对灾难性的、严重性的和产品订购方指定的危险的风险,不能仅依赖警告、提示和规程、培训的手段。如果难以实现上述目标,则应向主管部门推荐替代的方法。

在采取了上述措施后,仍存在一些危险,这包括无合适的控制措施的危险、不打算采取控制措施的危险和控制措施尚不完善的危险,这 3 类危险的风险称之为剩余风险。产品承制方应将每个剩余危险的现状和解决方法不完善的原因及时告知产品订购方或有关主管部门。如果剩余风险仍不能满足订购方的要求,则承制方必须选择是进一步采取措施,还是放弃对该产品或系统的投标或承制。

7.3.2 系统安全详细要求

系统安全详细要求是由产品订购方和承制方经协商选择所确定的系统安全要求,这主要是双方在考虑了资金、进度及技术水平限制等因素的基础之上所确定的。系统安全要求一旦确定后,与一般要求具有同样的约束力。

系统安全详细要求可分为 4 大类,即大纲的管理与控制、设计和综合、设计评估和符合与验证。各类的主要内容,见表 7.11。

表 7.11　系统安全详细要求明细

项　目	主　要　内　容
大纲的管理与控制	① 系统安全大纲；② 系统安全大纲计划；③ 对转承制方、供应方和建筑工程单位协调和管理；④ 系统安全大纲评审；⑤ 对系统安全工作组的保障；⑥ 危险跟踪和风险处理；⑦ 系统安全进展报告
设计与综合	① 初步危险表；② 初步危险分析；③ 安全要求/准则分析；④ 子系统危险分析；⑤ 系统危险分析；⑥ 使用和保障危险分析；⑦ 健康危害分析
设计评估	① 安全评价；② 试验和评估安全；③ 工程更改、规范更改、软件问题和偏离/废弃申请的安全审查
符合与验证	安全验证安全符合评价爆炸物危险分类和特性资料

系统安全详细要求的选择,取决于被研制助产品或系统的复杂程度,资金投入和产品或系统所处的研制阶段。制定系统项目的应用矩阵(表 7.12)和设施采办的应用矩阵(表 7.13)是通用的详细要求选择指南,它们可以用来初步确定在某一特定的阶段,一个有效的系统安全大纲应包括的典型的系统安全详细要求的内容。在使用该表时,可参照表中指定的具体的详细要求,根据对该详细要求的描述,确定是否将该详细的要求列入大纲之中。

表 7.12　制定系统项目的应用矩阵

工作项目	题目	类型	项目阶段				
			0	I	II	III	IV
101	系统安全大纲	MGT	G	G	G	G	G
102	系统安全大纲计划	MGT	G	G	G	G	G
103	转承包商、子承包商及建筑工程单位协调/管理	MGT	S	S	S	S	S

表 7.12（续）

工作项目	题 目	类型	项目阶段				
			0	Ⅰ	Ⅱ	Ⅲ	Ⅳ
104	系统安全大纲评审/审查	MGT	S	S	S	S	S
105	对系统安全组/系统安全工作组织的保障	MGT	G	G	G	G	G
106	危险跟踪和风险消除	MGT	S	G	G	G	G
107	系统安全进展报告	MGT	S	G	G	G	G
201	初步危险表	ENG	G	S	S	S	N/A
202	初步危险分析	ENG	G	G	G	G	G
203	安全要求/准则分析	ENG	G	S	S	S	G
204	子系统危险分析	ENG	N/A	GG	GG	GC	GC
205	系统危险分析	ENG	N/A	G	GG	GC	GC
206	使用和保障危险分析	ENG	S	GG	GG	GC	GC
207	健康危害分析	ENG	G	G	GG	GC	GC
301	安全评价	ENG	S	GG	GG	GC	GC
302	试验和评估安全	ENG	G	G	G	G	G
303	工程更改建议、规范修改通知,软件问题报告和偏离/废弃申请的安全审查	ENG	N/A	G	G	G	G
401	安全验证	ENG	S	G	G	S	S
402	安全符合评价	ENG	S	G	G	S	S
403	爆炸物危险分类和特性数据	MGT	S	S	S	S	S
404	爆炸性武器处理的原始数据	MGT	S	S	S	S	S

注:工作项目类型:ENT 表示系统安全工程,MGT 表示系统安全管理。
项目阶段:0 表示方案探索;Ⅰ表示论证和批准;Ⅱ表示工程/研制;Ⅲ表示生产/部署;Ⅳ表示使用/屏障。
适用性代码:S 表示可选用;G 表示一般适用;GC 表示一般仅适用于设计更改;N/A 表示不适用。

表 7.13 制定设施采办的应用矩阵

工作项目	题 目	类型	项目阶段			
			Ⅰ	Ⅱ	Ⅲ	Ⅳ
101	系统安全大纲	MGT	G	G	G	G
102	系统安全大纲计划	MGT	S	G	G	S
103	转承包商、子承包商及建筑工程单位协调/管理	MGT	S	S	S	S
104	系统安全大纲评审/审查	MGT	G	G	G	G
105	对系统安全组/系统安全工作组织的保障	MGT	G	G	G	G
106	危险跟踪和风险消除	MGT	G	G	G	G
107	系统安全进展报告	MGT	S	S	S	S
201	初步危险表	ENG	G	N/A	N/A	S
202	初步危险分析	ENG	G	S	N/A	S
203	安全要求/准则分析	ENG	G	S	S	GC
204	子系统危险分析	ENG	N/A	S	G	GC

工作项目	题 目	类型	项目阶段			
			I	II	III	IV
205	系统危险分析	ENG	N/A	G	S	GC
206	使用和保障危险分析	ENG	S	G	G	GC
207	健康危害分析	ENG	G	S	N/A	N/A
301	安全评价	ENG	N/A	S	G	S
302	试验和评估安全	ENG	G	G	G	G
303	工程更改建议、规范修改通知，软件问题报告和偏离/废弃申请的安全审查	ENG	S	S	S	S
401	安全验证	ENG	N/A	S	S	S
402	安全符合评价	ENG	N/A	S	S	S
403	爆炸物危险分类和特性数据	MGT	N/A	S	S	S
404	爆炸性武器处理的原始数据	MGT	N/A	S	S	S

注：项目阶段：I 表示制订计划与要求；II 表示初步设计；III 表示最终设计；IV 表示建造。

　　此外，在详细要求选择中还应考虑资金等方面的限制。表 7.14 提供了典型的根据规模和资金选择系统安全详细要求的模式。当然，上述各表只是一种参考，具体制定系统安全大纲时，还应考虑订购方需要，有关法规标准及技术水平等具体情况。

表 7.14　基于资金或风险程度的典型项目的工作项目选择示例

低资金或低风险项目		中等资金或中等风险项目		高资金或高风险项目	
工作项目	题 目	工作项目	题 目	工作项目	题 目
101	系统安全大纲	102	系统安全大纲	102	系统安全大纲
102	系统安全大纲计划	104	系统安全大纲计划	103	系统安全大纲计划
201	初步危险表	105	评审/审查	104	系统安全大纲计划
202	初步危险分析	106	系统安全组/系统工作组	105	评审/审查
205	系统危险分析	201	危险跟踪	106	系统安全组/系统工作组
301	安全评价	202	初步危险表	107	系统安全进展报告
		204	子系统危险分析	202	初步危险表
		205	系统危险分析	203	安全要求/准则分析
		206	使用与保障危险分析	204	子系统危险分析
		207	健康危险分析	205	系统危险分析
		402	安全符合评价	206	使用与保障危险分析
				207	健康危险分析
				301	安全评价
				302	测试与评估安全
				303	安全工程更改建议
				401	安全验证
				403	爆炸物危险分类

7.3.3 系统安全大纲计划

在实施系统安全大纲过程中,最主要的工作包括制定、完成工作计划,提出执行工作计划的合格人选,赋予各级管理人员应有的权力及合理地分配人力、物力资源。特别是制订系统安全大纲计划,对于为使整个系统寿命周期内识别、评价及消除或控制危险,或将相应的风险减少到管理部门可以接受的水平,系统安全管理和系统安全工程各部门应进行的工作等进行了详尽的描述,这也为产品订购方与承制方之间在怎样执行系统安全大纲以满足各项系统安全要求,建立了相互理解沟通的基础。

系统安全大纲计划(SSPP)应包括11方面的内容,见表7.15。

表 7.15　系统安全大纲计划(SSPP)内容

项　目	内　容
1. 大纲的范围和目标	① 整个大纲及相关的系统大纲的范围;② 系统安全管理和系统安全工程的工作内容;③ 所有合同上要求的工作和责任
2. 系统安全组织	① 阐明在整个系统组织机构中的系统安全组织及其职能;② 阐明系统安全人员,其他涉及系统安全工作的部门及系统安全部门的责任和权力;③ 阐明系统安全机构的人员构成、包括人力分配、资源控制及主要负责人;④ 阐明产品承制方综合和协调系统安全工作的过程;⑤ 阐明产品承制方制定管理决策的过程;⑥ 阐明有关主管部门采取与系统安全有关的决策和措施的详情
3. 系统安全大纲关键点	① 确定系统安全大纲的关键点,并将它们与整个项目的关键点相联系;② 提供整个系统安全工作的日程安排;③ 为避免重复性工作,确定在其他产品研究和开发工作中进行的各项与系统安全大纲的执行有关的工作;④ 提出完成各项系统安全工作的人力需求
4. 一般系统安全要求和准则	① 阐明对安全的一般工程要求和设计准则;② 阐明对保障设备的安全要求和系统寿命周期各阶段,包括报废阶段的安全要求;③ 列出应服从的安全标准和含有安全要求的系统规范;④ 描述风险评价过程、确定危险严重性和可能性水平及为满足产品的安全要求所应遵循的系统安全优先次序;⑤ 阐述在风险评价中应用的定性或定量评价方法及可接受的安全水平;⑥ 阐述采取措施解决已确定的不可接受风险的过程
5. 危险分析	① 阐明为确定危险及其原因与后果,确定危险消除方法或危险降低措施而进行的定性或定量分析中所采用的分析技术;② 阐明每项分析技术在分析中应用的深度和广度;③ 阐明转承制方所做的危险分析与整个系统危险分析的结合;④ 阐明识别和控制与在系统全寿命周期内使用的材料相关的危险的工作
6. 系统安全资料	① 阐明应收集和处理的与以往有关的危险、事故的资料和已有的安全方面的经验教训等;② 确定资料的交付方式;③ 确定资料的获取方式及保存方法
7. 安全验证	① 阐明通过试验、分析、检查等手段进行安全验证的要求,以保证所有安全问题都经过适当的验证;② 确定对软件安全装置或其他特殊的安全性能(如应急处理过程)的鉴定要求;③ 阐明保证将与安全相关的验证信息发送到有关部门以供评审和分析所用的规程;④ 阐明保证所有试验安全进行的规程
8. 大纲审查	阐明产品承制方采用的方法程序以保证能达到系统安全大纲的目标和要求
9. 培训	阐明对工程、技术、维修人员应进行的安全培训
10. 事故报告	阐明事故和事故征兆的通知和调查、报告过程
11. 系统安全接口	① 系统安全与所有其他应用安全学科之间的接口,包括电气安全、核安全、爆炸物安全、化学和生物安全等安全学科;② 系统安全与系统工程及其支持学科,如可维修性、质量控制、可靠性、软件开发、人机工程、医疗保障等之间的接口;③ 系统安全与所有其他系统综合和试验学科之间的接口

7.4　全寿命周期各阶段的系统安全工作

无论是产品还是工程项目,全寿命周期总的系统安全目标都是一致的。但是,在寿命周期的各个阶段,其具体的系统安全工作还是各有不同。深入地了解这一点对于搞好系统安全管理工作还是十分必要的,尤其是在产品研制阶段。

7.4.1　技术指标论证阶段

技术指标论证阶段的大部分工作集中在设计方案的评价。在评价每个备选的设计方案时,系统安全是一个很重要的因素。在该阶段,系统安全工作有两个主要作用:一是对于系统的设计,即确定各备选方案的安全状态和安全要求,以作为选择设计方案的基础;另一个是对于大纲的管理、主要为使系统安全工作贯穿系统的寿命周期而制订总体的,特别是本阶段的系统安全工作计划。本阶段的具体的系统安全工作包括以下 10 个方面的内容:

(1) 制订 SSPP,以阐明本阶段要进行的系统安全工作。

(2) 评价考虑采用的而且在寿命周期内会影响系统的安全性的材料,设计特性,维修、保养、使用方案和环境。考虑在整个系统、其部件或其专用保障设备的最终处理时因其含有有害材料与物质所可能遇到的危险。

(3) 运用预先危险因素列表(preliminary hazard list,PHL)或预先危险性分析法(preliminary hazard analysis,PHA)确定各备选方案相关的危险。

(4) 确定可能的安全接口问题,包括与软件控制的系统功能相关的问题。

(5) 强调特殊的安全问题,如系统限制条件,风险和人员等级要求等。

(6) 考察与备选方案类似的在安全方面获得成功的系统。

(7) 根据类似系统的经验确定系统安全要求。

(8) 确定所有对安全设计的分析、测试、论证与批准的要求。

(9) 将有希望的备选方案的系统安全分析及其结果和建议记录成文。

(10) 制定下一阶段的系统安全大纲,包括合同文件中的详细大纲要求。

7.4.2　方案论证及初步设计阶段

在方案论证及初步设计阶段,系统研制的重点转向初始的硬件设计。本阶段系统安全工作的目标是论证并确认系统的设计方案能达到并维持在满意的安全水平,包括危险分析、危险控制措施的选取等。

(1) 制订或修订 SSPP,阐明本阶段要进行的系统安全工作。

(2) 参与与系统安全要求和风险影响有关的综合权衡研究,并根据研究结果提出系统设计改进意见,以确定获得符合性能和系统要求的最佳安全水平。

(3) 采用或修改 PHL(PHA)报告评估要被测试的系统结构,并根据计划的测试环境和测试方法进行结构测试的系统危险分析(SHA)。

(4) 建立系统设计的系统安全要求及验证的原则,并确定这些要求已被纳入相应规范之中。

(5) 对设计进行详细的危险分析[分系统危险分析(SSHA)或系统危险分析(SHA)]以评价在系统硬件和软件试验中的风险,获取在系统论证试验中要采用的其他承制方提供的设备以及所有接口和辅助设备的风险评价结果,确定论证、评估安全性所需的特殊试验要求。

(6)确定可能影响安全性的关键零件、组件、生产技术、组装程序、设施、试验和检查要求,确保:在生产线的规划和布局设计中已包括了适当的安全保障措施,以建立对在生产过程和使用中系统的安全控制方法;在为所生产的设备实施质量控制所做的检查、测试、规程和检查表中包括充分的安全保障措施,以使设计中的安全考虑在生产中得以保证;生产技术手册或制造规程中包含了所需的警告、提示及专门的安全规程;尽早地运用试验和评价手段检测和矫正安全方面的缺陷;在采用新设计、新材料及新的生产和试验技术中,涉及的风险最小化。

(7)确定对订购方或其他承制方提供的设备的分析、检查与试验要求,以确认在使用前系统已满足相关的系统安全要求。

(8)对每项试验进行使用和保障危险分析,并评审所有的试验计划和规程。在试验系统的装配、调试、使用、出现可预见的紧急情况,或拆卸、拆除时,评估试验系统与人员、保障设备、专用试验设备、试验设施及测试环境之间的接口,确保通过分析和测试识别出的危险被消除或使相关的风险最低,确定论证和评估试验功能安全性所需的特殊试验。

(9)评审培训大纲和培训计划,以确保充分考虑了安全性问题。

(10)评审系统在使用和维护方面的规程、规范是否充分考虑了安全问题,并确保其符合职业安全卫生方面的法规要求。

(11)评审后勤保障方面的规程、规范,以确保其符合国家有关环保、职业安全卫生方面的要求。

(12)评估在本阶段所做的安全测试、故障分析和事故调查的结果,并提出设计更改或其他矫正措施。

(13)确保已将系统安全要求纳入基于最新的系统安全研究、分析及试验的系统规范与设计文件之中。

(14)编写在本阶段所进行的系统安全工作的总结报告,以保障决策过程。

(15)继续完善系统安全大纲,并制定或修改下阶段的 SSPP。

(16)进行初步的使用和保障危险分析,以识别所有与环境、人员、规程及设备相关的主要风险。

(17)确定系统寿命周期中可能需要废弃或偏离的安全要求。

7.4.3 工程研制阶段

工程研制阶段的系统安全工作大多是前阶段工作的延续。本阶段的重点工作是使用和维修的安全性,具体包括以下内容:

(1)制订或修订本阶段系统安全工作计划,在设施的最后设计阶段继续及时有效地实施 SSPP。

(2)评审初步工程设计,以确保充分考虑了安全设计要求,并且前两个阶段识别出的危险已被消除或将其风险降低到可接受水平。

(3)修改系统规范及设计文件中的系统安全要求。

(4)应用或修改系统危险分析、子系统危险分析、使用和保障危险分析及与设计、试验工作同时进行的安全研究,以确定设计和使用与保障危险,并提出必要的设计更改和控制措施。

(5)进行每项试验的使用和保障危险分析,并评审所有的试验计划和规程。在试验系统结构的装配、调试、运行、出现可预见的紧急状况及拆卸和拆除过程中,评估试验系统与人员、保障设备、专用试验设备、试验设施及测试环境之间的接口;确保消除经过分析和试验识别出的危险或控制其相关内风险;确定论证或评估系统安全功能所需的专门试验;确定对其他承制方或订购方提供的设备的分析、检查和试验要求;确保在使用前这类设备已满足了相应的安全要求。

（6）参与技术设计和项目评审,并提交子系统危险分析、系统危险分析、使用和保障危险分析的结果。

（7）确定和评估储存、包装、运输、装卸、试验、使用和维护等各项工作对系统及其部件安全性的影响。

（8）评估安全性试验、其他的系统试验、失效分析和事故调查的结果,并提出设计更改方案或其他矫正措施。

（9）确定、评估并提出对安全性的考虑或权衡研究。

（10）评审有关工程文件,如图纸、规范等,确保其充分考虑了安全问题。

（11）确定系统寿命周期可能需要废弃或偏离的安全要求。

（12）评审后勤保障方面的规程、规范、确保其充分考虑了安全性问题,并保证它们符合国家有关环境保护、职业安全卫生方面的要求。

（13）验证安全和告警装置、生命保障设备和人员防护设备是否完备。

（14）确定安全培训需求,并且为培训提供安全资料。

（15）为了给生产和全面投产规划提供系统安全监督和保障,确定可能影响安全的关键零部件、生产技术、装配规程、设施、试验及检查的要求,应确保以下方面:在生产线的规划和布局中充分考虑了安全要求,确认在生产过程或运行中实施了安全控制;对制造中的设备进行质量控制,充分考虑了检查、试验、规程及检查表中的安全要求,在生产过程中充分实现了设计中对安全性的考虑;生产和制造过程控制的手册和规范中含有所需的告警、提示及专门的安全规程;及早采用试验和评估方法检测和矫正安全缺陷;在采用新设计、新材料及新的生产和试验技术时应使风险最小。

（16）确保为系统试验、维修、使用和保养制定的规程中考虑了对有害材料的安全处理方法;在计划的使用、拆除或维修工作中,或者在有理由预见到的由操作引起的意外事件中人员可能接近的所有含有有害物质的材料或部件。在子系统危险分析、系统危险分析和职业卫生危险分析中得出的和在安全评价报告中汇总的安全资料也必须确定在系统或其部件在最终退役或清除时必须考虑的所有危险。

（17）编写在本阶段实施的系统安全工作的总结报告,以保障决策过程。

（18）完善系统安全大纲,制定或修改下阶段的系统安全大纲要求。

7.4.4　生产阶段

1）产品或系统的生产阶段

生产阶段的系统安全工作的主要目的是确保按批准的规范和设计进行产品或系统的生产。本阶段的系统安全工作包括以下内容:

（1）制定或修改 SSPP,以反映对本阶段的系统安全大纲要求。

（2）确定可能影响安全性的关键部件、生产技术、装配规程、设施、试验和检查要求,并确保以下方面:在生产线的规划和布局中采取了合适的安全措施、建立了对在生产和使用中的系统的安全控制;在对所生产的设备实施质量控制而进行的检查、试验、规程和检查表中,充分考虑了安全问题,使设计中的安全考虑得以实现;在生产技术手册和制造规程中包括了必要的告警、提示及专门的安全规程;在采用新设计、新材料及新的生产和试验技术时,涉及的风险最小。

(3)保证在生产初期完成相关的试验和评价工作,以尽早检测和矫正安全方面的缺陷。

(4)对各次试验进行操作和保障危险分析,并评审所有的试验和规程。评估在试验系统的装配、调试、运行、可能发生的紧急情况及拆卸或拆除期间,试验系统与人员、保障设备、专用试验设备、试验设施从试验环境之间的接口,确保经分析和试验识别出的危险被消除或将相应风险降低到可接受水平。

(5)评审在操作与保障危险分析中为保证安全地操作、维护、服务、储存、包装、装卸、运输和处理所采用的技术资料,主要有告警、注意事项和特殊规程3个方面的内容。

(6)实施安装过程的操作与保障危险分析,评审安装方案和规程。在运输、储存、装卸、装配、安装、调试以及演示/试验运行期间,评估正在安装的系统与人员、保障设备、包装材料、设施和安装环境之间的接口,确保经分析识别出的危险已被消除或将相应风险降低到可接受的水平。

(7)评审各项规范并监控现场定期检查和测试的结果,以确保其达到安全的可接受水平,并确定关键的安全部件随时间、环境条件或其他因素而降低的主要或关键特性。

(8)实施或修改危险分析,确定所有可能由设计更改引起的新的危险,并确保在所有的状态控制措施中考虑了更改对安全性的影响。

(9)评价失效分析和事故调查的结果,提出矫正措施。

(10)对系统进行监测以确定设计的适用件及使用、维护和应急措施,对已有的安全资料进行分析评估,并向主管部门推荐更改或矫正措施。

(11)对新提出的操作和维修规程或更改措施进行安全评审,确保这些规程、告警和注意事项适当,并且不降低原有的安全水平。同时,应将评审结果记录成文,作为操作和保障危险分析的补充和修改。

(12)记录系统的危险状况和安全缺陷,并据此确定对新系统或改型系统的安全要求。

(13)对诸如设计手册、标准和规范等安全文件予以适当修改,并及时反映安全方面的经验教训。

(14)评价安全与告警装置、生产保障设备和人员防护设备的完备程度。

2)工程项目或设施建设的施工阶段

上述内容适用于产品的生产阶段,但对于工程项目或设施建设的施工阶段,系统安全工作则应包括以下内容:

(1)确保符合所有相关的建筑安全法规的要求以及其他与设施有关的安全要求。

(2)进行危险分析以确定对设施和计划安装的系统之间的所有接口的安全要求。

(3)评审设备安装、使用及维护方案,确保其满足所有设计和规程的安全要求。

(4)继续改进从设计阶段就开始的危险矫正、跟踪工作。

(5)评估事故及其他损失,以确定它们是否是由于安全缺陷或疏忽造成的。

(6)修改危险分析,以识别所有由更改订单而导致的新的危险。

7.4.5 使用和保障阶段

使用和保障阶段的系统安全工作主要是保证系统的安全使用并收集处理使用中存在的

危险与事故信息。本阶段的主要工作包括以下内容：

（1）评估失效分析和事故调查的结果，并提出改进措施。

（2）根据对于系统或设施的实际经验，修改危险分析以反映风险评价中的变化及识别所有新的危险，确保在所有系统状态控制措施中都考虑了变化对安全性的影响。

（3）对诸如设计手册、标准和规程等安全文件进行修改，以反映安全方面的新的经验教训。

（4）评审有关规程、监测定期的现场检查或试验的结果，以确保系统保持在可接受的安全水平；确定安全关键的部件随时间、环境条件或其他因素而降低的主要的或关键的特征。

（5）在整个寿命期内监测该系统以确定设计、使用、维护及应急等措施的适合程度。

（6）记录系统的危险状况和安全缺陷，并据此确定对新系统或改型系统的应遵循的安全要求。

（7）评审和修改报废处理方案及分析结论。

7.4.6 报废或退役处理阶段

报废或退役处理是系统寿命周期的最后一个阶段。SSPP中应包括系统及其有潜在危险的部件的安全处理措施。

系统报废或退役处理需要重点考虑的是安全和环境污染的问题，如含有爆炸物、毒性或腐蚀性化学物质或放射性物质等的系统在处理时会产生特殊的安全和环境问题，带有强力弹簧、液压装置、高压容器、封闭容器的系统在处理时也会产生危险。因此，本阶段的主要工作包括以下内容：

（1）确定子系统、部件或组件的危险及其相关风险。

（2）确定需制定的针对上述设备危险部分报废和退役处理的专用规程。

（3）确定危险部分的特性和数量。

（4）确定在处理中应采取的安全措施。

（5）确定在处理时可能产生的社会影响。

（6）确定是否有危险部分的处理场所。

7.5 实施系统安全管理的要点

系统安全管理是实现系统安全的必要手段，而系统安全管理的成功与否的关键是如何解决好五方面的问题。

7.5.1 建立健全的系统安全组织机构

系统安全组织机构的健全与否决定了能否有效地实施系统安全管理。安全问题是产品或系统设计、生产过程中必须关注的问题。因此，需要赋予系统安全组织机构以适当的职权。一方面，无论单位的系统安全机构大小，在管理上应该能够直通本单位的最高管理机构；另一方面，无论是订购方或承制方，都应建立健全系统安全机构。只有这样订购方才能提出科学合理的系统安全要求，并且监督和控制承制方实现这些要求，承制方也才能应用科学的方法去实现订购方的要求，使产品或系统获得所需的安全性，这是开展系统安全工作最基本的条件。

7.5.2　强调系统安全设计的重要性

安全性是一种设计特性,必须在设计中充分地考虑全寿命周期的安全问题,这样才能获得安全的系统。产品或系统的安全性不应在事故发生后或危险已十分明显时才去研究、分析,这样的损失十分巨大,而且有时是无法弥补的。如果在生产和使用中才考虑采取安全措施,则会付出比设计阶段大得多的代价,有时还可能是无法解决的。因此,在产品或系统研制的早期阶段就进行系统安全分析,充分地考虑安全问题,确定出系统中存在的危险,采取适当的矫正措施控制危险;这是最有效、最经济解决安全问题的方法。

7.5.3　危险分析是系统安全大纲的核心

进行系统安全设计,首先要确定系统中存在的危险,只有这样才能找出事故发生的原因和采取有效的矫正措施。这就要依赖于各类危险分析的方法与手段,如初步危险分析、子系统危险分析、系统危险分析、操作和保障危险分析等。危险分析是系统安全工程师的主要工具,将危险分析得出的结论,即产品或系统中存在的安全问题及解决的方法提供给设计师,就能获得符合安全要求的设计方案。此外,危险分析还可以作为验证设计更改后的系统安全效果的一种方法。

7.5.4　系统安全大纲计划是实施大纲的关键

有效的系统安全大纲的实施必须依靠良好的大纲计划予以保障。系统安全大纲计划是系统安全工作中最重要的文件,它决定了系统安全工作的广度和深度,周密的大纲计划能协调好系统安全与其他工程领域的关系,及时获取有效的信息,经济、有效地实现系统安全目标。

7.5.5　信息是系统安全工作的基础

从系统安全要求的提出到实现这个目标的整个过程,安全信息是必不可少的。只有拥有了相似系统的信息,才有可能准确地提出安全要求;没有信息,危险分析工作就无法进行。安全准则的确定同样也需要足够的信息。可以说,没有信息,系统安全工作就无法进行。所需的安全信息可以从以往相似系统的历史资料和经验教训中获得,也可以从系统的研制与生产中获得。因此,必须建立安全信息管理系统,收集、处理故障、事故、职业卫生、危险源、应急措施等方面的信息,并与其他专业工程有信息交换的渠道;否则,系统安全工作难以做到深入细化。

思 考 题

7.1　系统安全管理与安全管理有何异同?

7.2　试述系统安全管理与系统安全工程间的相互关系。

7.3　遵循系统安全优先次序的主要目的是什么?

7.4　全寿命周期各阶段的系统安全工作要求有哪些?

7.5　实施系统安全管理的要点有哪些?

8 职业健康安全管理体系

职业健康安全管理体系是将现代管理思想应用于职业健康安全工作所形成的一整套科学、系统的管理方式。建立与实施职业健康安全管理体系能有效提高企业安全生产管理水平,有助于生产经营单位建立科学的管理机制,有助于生产经营单位积极主动地贯彻执行相关职业健康安全法律法规,有助于大型生产经营单位的职业健康安全管理功能一体化,有助于生产经营单位对潜在事故或紧急情况作出响应,有助于生产经营单位满足市场要求,有助于生产经营单位获得注册或认证。

8.1 职业健康安全管理体系基本运行模式

职业健康安全管理体系(OHSMS)是指为建立职业健康安全方针和目标以及实现这些目标所制定的一系列相互联系或相互作用的要素,它是职业健康安全管理活动的一种方式。

职业健康安全管理体系的基本运行模式主要是将戴明(William Edwards Deming)的PDCA(策划,实施,评价,改进)思想与职业健康安全管理活动的特点相结合,不同的职业健康安全管理体系标准提出了基本相似的OHSMS运行模式,如国际劳工组织ILO-OSH2001的运行模式为"方针、组织、计划与实施、评价、改进措施"(图8.1);英国标准协会(BSI)、挪威船级社(DNV)等13个组织OHSAS18001的运行模式为"职业健康安全方针、策划、实施与运行、检查与纠正措施、管理评审"(图8.2)。其目的是为生产经营单位建立一个动态循环的管理过程,以持续改进的思想指导生产经营单位系统地实现其既定的目标。

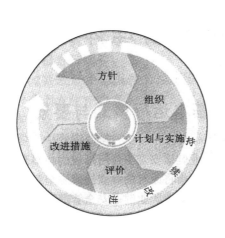

图8.1 ILO-OSH2001 的运行模式

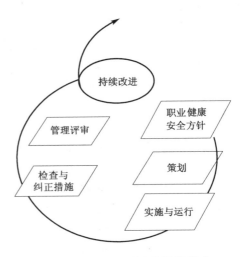

图8.2 OHSAS18001 的运行模式

8.2　OHSMS 的基本要素及其逻辑关系

职业健康安全管理体系作为一种系统化的管理方式,在一些发达国家得到普遍认同。各个国家依据其自身的实际情况提出了不同的指导性要求,但基本遵循了 PDCA 的思想。本节主要依据 OHSAS18001 运行模式的框架,介绍现有职业健康安全管理体系的基本要素。

8.2.1　总要求

生产经营单位应建立并保持职业健康安全管理体系。其基本要求如下:

(1)建立。生产经营单位从决定按规范要求建立 OHSMS 开始,到形成体系的过程,包括体系的策划,目标、指标的设定,体系文件的编写,生产经营单位机构的配置以及人员、资源的安排等。

(2)保持。体系按规定的要求运行,并在运行过程中实施、实现生产经营单位的职业安全健康方针,并通过审核、评审等方法加以改进提高,还包括在新情况出现时对体系的调整、修订及必要的支持活动等。

(3)生产经营单位应建立和保持遵从规范全部要求的 OHSMS。

(4)生产经营单位建立与保持的 OHSMS 的复杂性和详细程度、文件编制的范围和为建立与保持 OHSMS 所用的资源,取决于生产经营单位的规模和其活动的性质。

8.2.2　职业健康安全方针

生产经营单位应有一个经最高管理者批准的职业健康安全(OHS)方针,该方针应阐明职业健康安全总目标和改进职业健康安全绩效的承诺。方针应该符合下述条件:

(1)适合生产经营单位职业健康安全风险的性质和规模。

(2)包括对持续改进(事故预防、保护员工健康安全)的承诺。

(3)包括生产经营单位至少遵守现行的职业健康安全法规和生产经营单位接受的其他要求的承诺。

(4)形成文件,实施并保持。

(5)传达到全体员工,使其认识各自的职业健康安全义务。

(6)可为相关方所获取。

(7)定期评审,以确保其与生产经营单位保持相关和协调。

8.2.3　策划

策划阶段是建立管理体系的启动阶段,包括:危险源(害)辨识、风险评价和风险控制计划、法律法规及其他要求、目标和职业安全健康管理方案。

1)危险源(害)辨识、风险评价和风险控制策划

(1)生产经营单位应建立和保持程序,以持续进行危险源(害)辨识、风险评价和实施必要的控制措施。这些程序应包含以下内容:

① 常规和非常规的活动。

② 所有进入工作场所人员(包括合同方和访问者)的活动。

③ 工作场所的设施(无论由本生产经营单位,还是由外界所提供)。

生产经营单位应确保在建立职业健康安全目标时,考虑这些风险评价的结果和控制的效果,将此信息形成文件并及时更新。

(2) 生产经营单位的危险源(害)辨识和风险评价方法应符合以下条件:

① 依据风险的范围、性质和时限进行确定,以确保该方法是主动的而不是被动的。

② 规定风险分级,识别可通过③和④项中所规定的措施来消除或控制的风险。

③ 与运行经验和所采取的风险控制措施的能力相适应。

④ 为确定设施要求、识别培训需求和(或)开展运行控制提供输入信息。

⑤ 规定对所要求的活动进行监测,以确保其及时、有效地实施。

2) 法律、法规及其他要求

生产经营单位应建立并保持程序,以识别和获得适用法律法规和其他职业健康安全要求。

(1) 本要素与其他要素的关系(图8.3)。

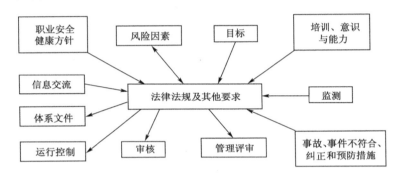

8.3 "法律法规要素及其他要求"要素与 OHSAS18001 其他要素的关系

(2) 要求。

① 建立并保持程序:

a. 识别对其适用的 OHS 法律法规及其他要求。

b. 找到获取这些信息的最适宜的手段和渠道,包括有关媒体。

② 生产经营单位应清楚哪些要求适用,适用于何处,谁需要接受哪类信息。

③ 传达给员工和其他相关方。

生产经营单位应及时更新有关法规和其他要求的信息,并将有关这些信息传达给员工和其他相关方。

(1) 保持最新。OHS 法律法规是在不断更新和变化的,生产经营单位必须建立有效畅通的渠道,对法律法规进行定期评审,以及时、持续地获取并跟踪最新适用的法律法规。

(2) 其他要求:

① 应遵守的其他要求。

② 产业协会、行业规范、民间机构制定的各种规范或实施指南。

③ 各级地方政府关于职业健康安全的规定、地方标准及有关文件要求。

④ 上级部门的要求。

⑤ 生产经营单位自身内部标准、规范或操作规程等。

⑥ 相关方的要求或生产经营单位对外界的承诺等。

（3）"法律法规及其他要求"要素活动的结果：

① 识别与获取法律和其他要求的程序（保持渠道）。

② 确认采用哪些要求适用、适用于何处（可采取登记表的形式）。

③ 现有的要求及在何处存放（应建立法律法规和其他要求目录清单）。

④ 监测与法律、法规要求控制措施相关的实施程序。

3）目标

生产经营单位应针对其内部各有关职能和层次，建立并保持文件（化）的职业健康安全目标。如果可行，应予以量化。

生产经营单位在建立和评审职业健康安全目标时，应考虑：

（1）法律法规及其他要求。

（2）职业健康安全危险源和风险。

（3）可选技术方案。

（4）财务、运行和经营要求。

（5）相关方的意见。

目标应符合职业健康安全方针，并体现对持续改进的承诺。目标的重点应放在持续改进员工的职业健康安全防护措施上，以达到最佳的职业健康安全绩效。

4）职业健康安全管理方案

生产经营单位应制定并保持职业健康安全管理方案，以实现其目标。方案应予以文件化，并包含下列内容：

（1）为实现目标所赋予生产经营单位有关职能和层次的职责和权限。

（2）实现目标的方法（资源）和时间表。

生产经营单位应定期并在计划的时间间隔内对职业健康安全管理方案进行评审，必要时应针对生产经营单位的活动、产品、服务或运行条件的变化对职业安全健康管理方案进行修订。

生产经营单位制定 OHS 管理方案需考虑的因素包括：OHS 方针和目标；法律法规及其他要求；危险源辨识、风险评价与风险控制计划的结果；生产经营单位实现生产与服务的过程；获取新的或不同的可选技术方案的机会；持续改进活动；资源的可利用性。

8.2.4 实施与运行

生产经营单位应开发实现生产经营单位方针、目标和指标所需的能力和支持机制，以确保体系的有效运行和策划内容的有效实施。具体包括：结（机）构和职责，培训、意识和能力、协商和交流、文件（化）、文件与资料控制、运行控制和应急预案与响应。

1）结（机）构与职责

对生产经营单位的活动、设施和过程的职业健康安全风险有影响的从事管理、执行和验证的工作人员，应确定其作用、职责和权限，形成文件，并予以沟通，以便于职业健康安全管理。

职业健康安全的最终责任由最高管理者承担，并在健康安全管理活动中起领导作用。

生产经营单位应在最高管理者（层）中指定一名成员（如某大生产经营单位内的董事会或执委会成员）作为管理者代表承担特定的职业健康安全管理职责，以确保职业健康安全管理体系正确实施,并在生产经营单位内所有岗位和运行范围执行各项要求。管理者代表应有明确的作用、职责和权限,以满足以下条件:

(1) 确保本生产经营单位建立、实施和保持职业健康安全管理体系。

(2) 确保向最高管理者提交职业安全健康管理体系的绩效报告,以供评审,并为改进职业健康安全管理体系提供依据。

管理者(层)应为实施、控制和改进职业健康安全管理体系提供必要的资源(包括人力资源,专项技能、技术和财力资源)。如果设有职业安全健康委员会,则生产经营单位应做出有效的安排,以保证员工及其代表能全面地参与委员会的各项工作。

所有承担管理职责的人员都应表明其对职业健康安全绩效持续改进的承诺。

2) 培训、意识和能力

生产经营单位应对可能影响工作场所内职业健康安全的人员,制订并保持培训计划,以及在教育、培训和经历方面对其能力做出适当的规定。

生产经营单位应建立并保持程序,确保处于各有关职能和层次的员工都意识到:

(1) (遵循)职业健康安全方针、程序和职业健康安全管理体系要求的重要性。

(2) 在工作活动中实际或潜在的职业健康安全状况的改善,以及个人行为的改进所带来的职业健康安全效益。

(3) 在执行职业健康安全方针和程序,实现职业健康安全管理体系要求,包括应急准备与响应要求方面的作用与职责。

(4) 偏离规定的运行程序的潜在后果。

培训程序中应考虑不同层次的员工的职责、能力及文化程度以及所承受的风险。

在确定培训需求时主要考虑:不同职能所需的 OHS 意识和技能;现有能力;文化教育水平;岗位(作业)风险;法律法规要求及特殊工种作业人员的培训需要。

在制订培训计划时应主要考虑:职业安全健康管理体系要求;OHSMS 及个人所承担的职责、管理者及最高管理者的职责和作用;新岗、转岗及复岗培训、继续教育;职业健康安全方针、各层次相关 OHS 法律法规的培训;对各层次相关人员进行危险源辨识评价的培训及应急演练;承包方、临时工、访问者的培训。

3) 协商与沟通

生产经营单位应具有程序,确保与员工和其他相关方就相关职业健康安全信息进行相互沟通。

生产经营单位应将员工参与和协商安排形成文件,并通报相关方。

员工及其代表有权参与职业安全健康管理体系的各项活动,并享有如下权利:

(1) 参与风险管理方针和程序的制定和评审。

(2) 参与商讨影响工作场所职业健康安全的任何变化。

(3) 参与职业健康安全事务。

(4) 了解谁是职业健康安全的员工代表和指定管理代表(见 4.1)。

4) 文件(化)

生产经营单位应以适当的媒介(如纸质或电子形式)建立、保持下列信息,并按有效性和效率要求使文件数量尽可能地少。

(1) 描述管理体系核心要素及其相互作用。

① 管理体系核心要素描述,即对标准中所要求的 17 个体系要素的描述(如管理手

册),以及要素对其具体指导 OHS 行为翔实内容的描述(如程序文件和其他支持性文件)。

② 体系核心要素相互作用的描述,即对 17 个体系要素是如何互为补充、相互支撑、相互渗透,组成了实现生产经营单位的 OHS 方针,改善生产经营单位的 OHS 行为,具有自我约束、自我调节、自我完善的运行机制,并有机地结合形成一个完整的 OHSMS。

(2) 提供查询相关文件的途径。OHSMS 或要素与生产经营单位现有的其他管理体系存在整合,故在体系文件上可能出现交叉、重合的情况;OHSMS 自身各核心要素之间、各文件层次之间存在相互支撑、相互引用、互为补充的关系。

5) 文件和资料控制

生产经营单位应建立并保持程序,控制本标准 OHSAS18001 所要求的所有文件和资料,以满足下列要求:

(1) 文件和资料易于查找。

(2) 对它们进行定期评审,必要时予以修订,并由授权人员确认其适宜性。

(3) 凡对职业健康安全管理体系的有效运行具有关键作用的岗位,都可得到有关文件和资料的现行版本。

(4) 及时将失效文件和资料从所有发放和使用场所撤回,或者采取其他措施防止误用。

(5) 对出于法规和保存信息的需要而留存的档案文件和资料予以适当标志。

6) 运行控制

生产经营单位应识别与所认定的、需要采取控制措施的风险有关的运行和活动,并针对这些活动(包括维护工作)加以策划,通过以下方式确保它们在规定的条件下执行:

(1) 对于因缺乏形成文件的程序而可能偏离职业健康安全方针、目标的运行情况,建立并保持形成文件(化)的程序。

(2) 在程序中规定运行准则。

(3) 对于生产经营单位所购买和使用的货物、设备和服务中已标志的职业健康安全风险,建立并保持程序,并将有关的程序和要求通报供方和合同方。

(4) 建立并保持程序,用于工作场所、过程、装置、机械、运行程序和工作生产经营单位的设计,包括考虑与人的能力的相适应,以便从根本上消除或降低职业健康安全风险。

7) 应急预案与响应

生产经营单位应建立并保持计划和程序,以识别潜在的事件或紧急情况,并做出响应,以便预防和减少可能随之引发的疾病和伤害。

应急预案和响应计划应该与用人单位的规模和活动的性质相适应,并符合下列要求:

(1) 保证在作业场所发生紧急情况时,能够提供必要的信息、内部交流和协作以保护全体人员的安全健康。

(2) 通知并与有关当局、邻居和应急响应部门建立联系。

(3) 阐明急救和医疗救援、消防和作业场所内全体人员的疏散问题。

生产经营单位评审其应急准备和响应的计划和程序,尤其是在事件或紧急情况发生后。如果可行,生产经营单位还应定期测试这些程序。

8.2.5 检查与纠正措施

生产经营单位应经常和定期地监督、测量和评价管理体系的运行情况,对发生偏离

OHS 方针、目标和指标的情况及时加以纠正,并防止不符合事项的再次发生。具体包括:绩效测量与监视(测),事故、事件、不符合、纠正和预防措施,记录和记录管理,审核。

1) 绩效测量和监视(测)

生产经营单位应建立和保持程序,对职业健康安全绩效进行监测和测量。程序应规定:

(1) 适用生产经营单位所需要的定性和定量测量。

(2) 对生产经营单位的职业健康安全目标的满足程度的监视(测)。

(3) 主动绩效测量,即监视(测)是否符合职业健康安全管理方案、运行标准和适用的法规及其他要求。

(4) 被动测量,即监视(测)事故、疾病、事件和其他不良的职业健康安全绩效的历史证据。

(5) 记录充分的监视(测)和测量的数据和结果,以便于后面的纠正和预防措施分析。

如果绩效测量和监视(测)需要设备,生产经营单位应建立并保持程序,对此类设备进行校准和维护,并保存校准和维护活动及其结果的记录。

2) 事故、事件、不符合、纠正和预防措施

生产经营单位应建立并保持程序,确定有关的职责和权限,以满足下列要求:

(1) 处理和调查:事故、事件或不符合。

(2) 采取措施减小因事故、事件或不符合产生的影响。

(3) 采取纠正和预防措施,并予以完成。

(4) 确认所采取的纠正和预防措施的有效性。

这些程序应要求,对于所有拟定的纠正和预防措施,在其实施前应先通过风险评价过程进行评审。

为消除实际和潜在不符合原因而采取任何纠正和预防措施,应与问题的严重性和面临的职业健康安全风险相适应。

生产经营单位应实施并记录因纠正和预防措施而引起的对形成文件的程序的任何更改。

3) 记录和记录管理

生产经营单位应建立并保持程序,以标志、保存和处置职业健康安全记录以及审核和评审结果。

职业健康安全记录应字迹清楚、标志明确,并可追溯相关活动。职业健康安全记录的保存和管理应便于查阅,避免损坏、变质或遗失,应规定并记录保存期限。

记录应按照适于体系和生产经营单位的方式保存记录,用来证实符合本标准OHSAS18001 的要求。

4) 审核

生产经营单位应建立并保持审核方案和程序。定期开展职业安全健康管理体系审核,目的是:

(1) 确定职业健康安全管理体系是否符合职业健康安全管理的策划安排,包括满足OHSAS18001 的要求,是否得到正确的实施和保持,是否有效地满足生产经营单位的方针和目标。

(2) 评审以往审核的结果。

（3）向管理者提供审核结果的信息。

生产经营单位的审核方案，包括日程安排，应基于生产经营单位活动的风险评价结果和以往审核的结果。审核程序应既包括审核的范围、频次、方法和审核人员的能力要求，也包括实施审核和报告审核结果的职责和要求。

如有可能，审核应由与所审核活动无直接责任的人员进行。这里所指的"无直接责任的人员"并不意味着必须来自生产经营单位外部。

8.2.6 管理评审

生产经营单位的最高管理者应按照规定的时间间隔对职业健康安全管理体系进行评审，以确保体系的持续适宜性、充分性和有效性。管理评审过程应确保收集到必要的信息以供管理者进行评价。另外，管理评审应形成文件。

管理评审应根据职业健康安全管理体系审核的结果、环境的变化和对持续改进的承诺，指出可能需要修改的职业安全健康管理体系方针、目标和其他要素。

评审工作应形成文件，并将有关结果向负责职业安全健康管理体系相关要素的人员、职业安全健康委员会、职工及其代表通报，以便他们能采取适当措施。

8.2.7 持续改进

生产经营单位为改进职业安全健康管理总体绩效，根据职业健康安全方针，通过策划、实施与运行、检查与纠正措施、管理评审一系列周而复始、螺旋上升的动态循环过程，使生产经营单位整体 OHS 绩效得到持续改进。该"过程"不必同时发生于所有的活动领域。"持续改进"既指体系的改进，又指对绩效的改进，绩效改进是体系改进的结果，如图 8.4 所示。

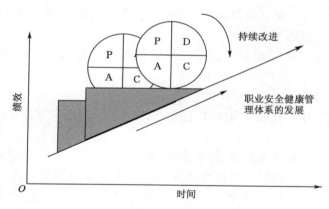

图 8.4 OHSMS 持续改进绩效

根据 OHSAS18001 的基本内容及运行机制，建立 OHSMS 逻辑结构，如图 8.5 所示。

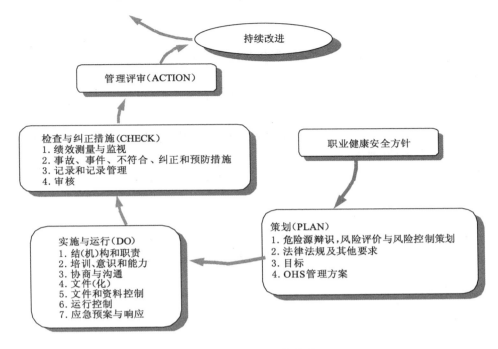

图 8.5 OHSMS 逻辑结构

8.3 OHSMS 的建立与保持

建立与实施职业健康安全管理体系分 6 个主要步骤。

8.3.1 学习与培训

在企业建立和实施职业健康安全管理体系,需要企业所有人员的参与和支持。建立和实施职业健康安全管理体系既是实现系统化、规范化的职业健康安全管理的过程,也是企业所有员工建立"以人为本"的理念,贯彻"安全第一、预防为主、综合治理"方针的过程。因此,体系的建立与实施需要通过不同形式的学习和培训使所有员工能够接受职业健康安全管理体系的管理思想,理解实施职业健康安全管理体系对企业和个人的重要意义。培训的对象主要分 3 个层次:管理层培训、内审员培训和全体员工的培训。管理层培训是体系建立的保证。培训的主要内容是针对职业健康安全管理体系的基本要求、主要内容和特点,以及建立与实施职业健康安全管理体系的重要意义与作用。培训的目的是统一思想在推进体系工作中给予有力的支持和配合。

内审员培训是建立和实施职业健康安全管理体系的关键。应该根据专业的需要,通过培训确保他们具备开展初始评审、编写体系文件和进行审核等工作的能力。全体员工培训是体系建立和顺利实施的根本,其目的是使员工了解职业健康安全管理体系,并在今后工作中能够积极主动地参与职业健康安全管理体系的各项实践。

8.3.2 初始评审

初始评审的目的是为职业健康安全管理体系建立和实施提供基础,为职业健康安全管理体系的持续改进建立绩效基准。

初始评审主要包括以下内容：

（1）相关的职业健康安全法律、法规和其他要求，对其适用性及需遵守的内容进行确认，并对遵守情况进行调查和评价。

（2）对现有的或计划的作业活动进行危害辨识和风险评价。

（3）确定现有措施或计划采取的措施是否能够消除危害或控制风险。

（4）对所有现行职业健康安全管理的规定、过程和程序等进行检查，并评价其对管理体系要求的有效性和适用性。

（5）分析以往企业安全事故情况以及员工健康监护数据等相关资料，包括人员伤亡、职业病、财产损失的统计、防护记录和趋势分析。

（6）对现行组织机构、资源配备和职责分工等情况进行评价。初始评审的结果应形成文件，并作为建立职业健康安全管理体系的基础。为实现职业健康安全管理体系绩效的持续改进，企业还应参照上述初始评审的要求定期进行复评。

8.3.3　体系策划

根据初始评审的结果和本企业的资源，进行职业健康安全管理体系的策划。策划工作主要包括：

（1）确立职业健康安全管理方针。

（2）制定职业健康安全体系目标及其管理方案。

（3）结合职业健康安全管理体系要求进行职能分配和机构职责分工。

（4）确定职业健康安全管理体系文件结构和各层次文件清单。

（5）为建立和实施职业健康安全管理体系准备必要的资源。

8.3.4　文件编写

按照职业健康安全管理体系的要求，以适用于企业自身管理的形式，对职业健康安全管理方针和目标，职业健康安全管理的关键岗位与职责，主要的职业健康安全风险及其预防和控制措施，职业健康安全管理体系框架内的管理方案、程序、作业指导书和其他内部文件等以文件的形式加以规定，以确保所建立的职业健康安全管理体系在任何情况下均能得到充分理解和有效运行。在大多数情况下，职业健康安全管理体系文件的编写结构是采用手册、程序文件和作业指导书的方式。

8.3.5　体系试运行

各个部门和所有人员都按照职业健康安全管理体系的要求开展相应的健康安全管理和活动，对职业健康安全管理体系进行试运行，以检验体系策划与文件化规定的充分性、有效性和适宜性。

8.3.6　评审完善

通过职业健康安全管理体系的试运行，特别是依据绩效监测和测量、审核以及管理评审的结果，检查与确认职业健康安全管理体系各要素是否按照计划安排有效运行，是否达到预期的目标，并采取相应的改进措施，使所建立的职业健康安全管理体系得到进一步的完善。

8.4 OHSMS 的审核与认证

8.4.1 职业健康安全管理体系审核的类型

职业健康安全管理体系审核是指依据职业健康安全管理体系标准及其他审核准则,对企业职业健康安全管理体系的符合性和有效性进行评价的活动,以便找出受审核方职业健康安全管理体系存在的不足,使受审核方完善其职业健康安全管理体系,从而实现职业健康安全绩效的不断改进,达到对工伤事故及职业病有效控制的目的,保护员工及相关方的安全和健康。

根据审核方(实施审核的机构)与受审核方(提出审核要求企业或个人)的关系,可将职业健康安全管理体系审核分为内部审核和外部审核两种基本类型。内部审核又称为第一方审核,外部审核又分为第二方审核及第三方审核。

1)第一方审核

第一方审核是由企业的成员或其他人员以企业的名义进行的审核。这种审核为企业提供了一种自我检查、自我纠正和自我完善的运行机制,可为有效地管理评审和采取纠正预防措施提供有用的信息。

第一方审核的审核准则主要依据自身的职业健康安全管理体系文件,必要时包括第二方或第三方要求。

2)第二方审核

第二方审核是在某种合同要求的情况下,由与用人单位(受审核方)有某种利益关系的相关方或由其他人员以相关方的名义实施的审核。例如,某企业的采购方或企业的总部对该企业职业健康安全管理体系进行的审核。这种审核旨在为企业的相关方提供信任的证据。

第二方审核可以采用一般的职业健康安全管理体系审核准则,也可以由合同方进行特殊规定。

3)第三方审核

第三方审核是由与其无经济利益关系的第三方机构依据特定的审核准则,按规定的程序和方法对受审核方进行的审核。

在第三方审核中,由第三方认证机构依据认可制度的要求实施的,以认证为目的的审核又称为认证审核。认证审核旨在为受审核方提供符合性的客观证明和书面保证。

8.4.2 职业健康安全管理体系认证

职业健康安全管理体系认证的实施程序包括:认证申请及受理、审核策划及审核准备、审核的实施、纠正措施的跟踪与验证以及审批发证及认证后的监督和复评,如图 8.6 所示。

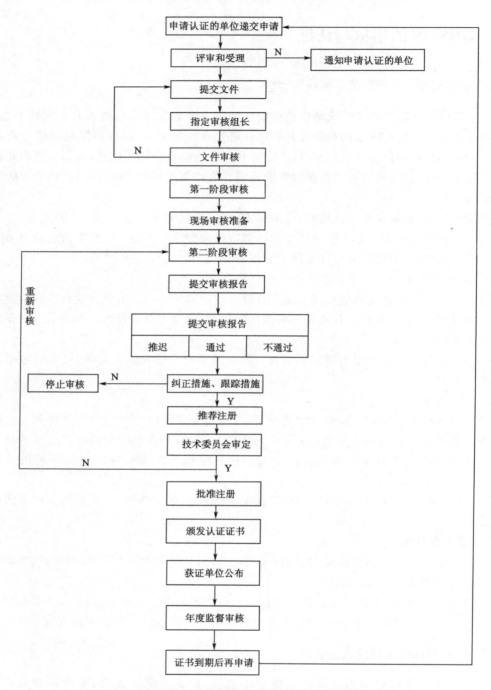

图 8.6 职业健康安全管理体系审核认证程序流程

1）职业健康安全管理体系认证的申请及受理

（1）职业健康安全管理体系认证的申请。符合体系认证基本条件的生产经营单位如果需要通过认证，则应以书面形式向认证机构提出申请，并向认证机构递交以下材料：

① 申请认证的范围。

② 申请方同意遵守认证要求，提供审核所必要的信息。

③ 申请方一般简况。

④ 申请方安全情况简介,包括近两年中的事故发生情况。

⑤ 申请方职业健康安全管理体系的运行情况。

⑥ 申请方对拟认证体系所适用标准或其他引用文件的说明。

⑦ 申请方职业健康安全管理体系文件。

(2)职业健康安全管理体系认证的受理。认证机构在接到申请认证单位的有效文件后,对其申请进行受理。申请受理的一般条件是:

① 申请方具有法人资格,持有有关登记注册证明,具备二级或委托方法人资格也可。

② 申请方应按职业健康安全管理体系标准建立了文件化的职业健康安全管理体系。

③ 申请方的职业健康安全管理体系已按文件的要求有效运行,并至少已做过一次完整的内审及管理评审。

④ 申请方的职业健康安全管理体系有效运行,一般应将全部要素运行一遍,并至少有3个月的运行记录。

(3)职业健康安全管理体系认证的合同评审。在申请方具备以上条件后,认证机构应就申请方提出的条件和要求进行评审,确保:

① 认证机构的各项要求规定明确,形成文件并得到理解。

② 认证机构与申请方之间在理解上的差异得到充分的理解。

③ 针对申请方申请的认证范围、运作场所及某些要求(如申请方使用的语言、申请方认证范围内所涉及的专业等),对本机构的认可业务是否包含申请方的专业领域进行自我评审,若认证机构有能力实施对申请方的认证,双方则可签订认证合同。

2)审核的策划及审核准备

职业健康安全管理体系审核的策划和准备是现场审核前必不可少的重要环节。其主要包括:确定审核范围;指定审核组长并组成审核组;制订审核计划以及准备审核工作文件等。

(1)确定审核范围。审核范围是指受审核的职业健康安全管理体系所覆盖的活动、产品和服务的范围。确定审核范围实质上就是明确受审核方做出持续改进及遵守相关法律法规和其他要求的承诺,保证其职业健康安全管理体系实施和正常运行的责任范围。准确地界定和描述审核范围,对认证机构、审核员、受审核方、委托方以及相关方都是非常重要的,从申请的提出和受理、合同评审、确定审核组的成员和规模、制订审核计划、实施认证到认证证书的表达均涉及审核范围。

(2)组成审核组。组建审核组是审核策划与准备中的重要工作,也是确保职业健康安全管理体系审核工作质量的关键。认证机构在对申请方的职业健康安全管理体系进行现场审核前,应根据申请方的具体情况,指派审核组长和成员,确定审核组的规模。

(3)制订审核计划。审核计划是指现场审核人员的日程安排以及审核路线的确定(一般应至少提前1周由审核组长通知被审核方,以便其有充分的时间准备和提出异议)。审核计划应经受审核方确认。如果受审核方有特殊情况时,那么审核组可适当加以调整。

职业健康安全管理体系审核一般分为两个阶段,由于这两个阶段审核工作的侧重点不同,需要分别制订审核计划。

(4)编制审核工作文件。职业健康安全管理体系审核是依据审核准则对受审核方的职业健康安全管理体系进行判定和验证的过程。它强调审核的文件化和系统化,即审核过程要以文件的形式加以记录。因此,审核过程中需要用到大量的审核工作文件,实施审核前应认真进行编制,以此作为现场审核时的指南。

现场审核中需用到的审核工作文件主要包括:审核计划、审核检查表、首末次会议签到表、审核记录、不符合报告、审核报告。

3)审核的实施

职业健康安全管理体系认证审核通常分为两个阶段,即第一阶段审核和第二阶段现场审核。第一阶段审核又由文件审核和第一阶段现场审核两部分组成。

(1)文件审核。文件审核的目的是了解受审核方的职业健康安全管理体系文件(主要是管理手册和程序文件)是否符合职业健康安全管理体系审核标准的要求,从而确定是否进行现场审核。同时通过文件审查,了解受审核方的职业健康安全管理体系运行情况,以便为现场审核做准备。

(2)第一阶段现场审核。第一阶段现场审核的目的主要有 3 个方面:一是在文件审核的基础上,通过了解现场情况,充分收集信息,确认体系实施和运行的基本情况和存在的问题,并确定第二阶段现场审核的重点;二是确定进行第二阶段现场审核的可行性和条件,即通过第一阶段审核,审核组提出体系存在的问题,受审核方应按期进行整改,只有在整改完成以后,方可进行第二阶段现场审核;三是现场对受审核方的管理权限、活动领域和限产区域等各个方面加以明确,以便确认前期双方商定的审核范围是否合理。

(3)第二阶段现场审核。职业健康安全管理体系认证审核的主要内容是进行第二阶段现场审核,其主要目的是:证实受审核方实施了其职业健康安全管理方针、目标,并遵守了体系的各项相应程序;证实受审核方的职业健康安全管理体系符合相应审核标准的要求,并能够实现其方针和目标。通过第二阶段现场审核,审核组要对受审核方的职业健康安全管理体系能否通过现场审核做出结论。

4)纠正措施的跟踪与验证

现场审核的一个重要结果是发现受审核方的职业健康安全管理体系是否存在的不符合事项。对这些不符合项,受审核方应根据审核方的要求制订纠正措施计划,并在规定时间实施和完成纠正措施。审核方应对其纠正措施的落实和有效性进行跟踪验证。

5)证后监督与复评

审核通过后,要给受审单位颁发认证证书和认证标志。随后,定期对取得证书的单位进行监督。证后监督包括监督审核和管理,对监督审核和管理过程中发现的问题应及时处置,并在特殊情况下组织临时性监督审核。获证单位认证证书有效期为 3 年,有效期届满时,可通过复评,获得再次认证。

(1)监督审核。监督审核是指认证机构对获得认证的单位在证书有效期限内所进行的定期或不定期的审核。其目的是通过对获证单位的职业健康安全管理体系的验证,确保受审核方的职业健康安全管理体系持续地符合职业健康安全管理体系审核标准、体系文件以及法律、法规和其他要求,确保持续有效地实现既定的职业健康安全管理方针和目标,并有效运行,从而确认能否继续持有和使用认证机构颁发的认证证书和认证标志。

(2)复评。获证单位在认证证书有效期届满时,应重新提出认证申请,认证机构受理后,重新对获证单位进行的审核称为复评。

复评的目的是证实获证单位的职业健康安全管理体系持续满足职业健康安全管理体系

审核标准的要求,且职业健康安全管理体系得到了很好的实施和保持。

8.5 职业健康安全管理体系的局限性及其发展趋势

8.5.1 职业健康安全管理体系的局限性

1) OHSMS 审核规范中存在问题

OHSMS 审核规范具有 5 大特点:相互联系的系统性、方针指导的原则性、程序规范的控制性、辨别评价的预防性和持续改进的求实性。

(1) 不同的管理层次对标准的条款有不同程度的理解和认识,层次越高,理解和认识的程度应该越高。因此,只要求具体负责 OHS 管理的人员和实际操作人员学习审核规范是不够的,单位的高级管理层必须都理解和掌握。否则,所建立的管理体系无法保证有效的实施。

(2) OHSMS 审核规范所提供的只是管理标准,或者说这是一种管理方法,如果没有最高管理层的承诺,如果离开了各级管理人员的责任心、能力、态度和主观能动性,按照该标准所建立的管理体系文件写得再好,也达不到预期的目的。

(3) 任何单位都要充分认识到企业之间的区别和具体生产条件的不同,都不能照搬或照抄其他单位所建立的 OHS 管理体系。

(4) OHSMS 审核规范是认证性的标准。

OHSMS 审核规范是企业通过自身的体系建立、运行、审核和持续改进,并经过外部第三方认证机构的评审或审核,实现和认证自身的 OHSMS 绩效(定义:组织根据职业安全健康方针和目标,在控制和消除职业安全健康危险方面所取得的成绩和达到的效果)水平。因此,采取系统化的管理方法,强化企业内部的 OHS 管理已成为许多单位的实践。OHSMS 审核规范以帮助企业改善 OHSMS 管理,推动安全生产和持续改进,并为第三方提供了国际通用的评审或审核的依据。显然,第三方认证机构在进行 OHSMS 认证时,应以国家、行业和地区性法律法规与 OHSMS 审核规范为审核和评审的依据。

(5) OHSMS 审核规范未对企业的 OHS 绩效提出绝对的要求,实施审核规范也不一定取得最优的结果。

OHSMS 审核规范要求企业在其 OHS 方针中做出遵守有关法律法规和持续改进的承诺,并不增加或改善企业应承担的法律法规责任。审核规范的条款至今没有提出 OHS 绩效的绝对要求,不包含任何劳动条件、危害治理技术与水平的内容。因此,企业的技术水平和 OHS 绩效的水平可根据单位的自身状况确定,因而两个从事类似活动、却具有不同 OHS 绩效的单位,可能都满足本审核规范的要求。

各类企业单位实施 OHSMS 时,可根据自身的经济技术能力和管理水平提出 OHS 绩效的指标要求。而标准本身则着重于系统地采用和实施一系列管理手段,并未提出改进的具体措施与方法要求。因此,采用 OHSMS 审核规范有利于提高企业的 OHS 绩效,但不一定取得最优的结果。

2) 企业推行 OHSMS 存在的问题

目前,OHSMS 在企业运行中存在的问题主要表现在以下 4 个方面:

(1) 思想认识不到位,全员参与程度不高。主要表现为一些企业管理层及员工对体系建设意义认识不深刻,对体系文件理解不透彻,对体系运行监管不严格,致使政令不畅,执行不力,体系运行情况不佳,持续改进效果不太理想。

(2)文件编写脱离实际,对工作指导作用不大。一些企业的体系文件框架虽然已构建起来,对工作流程、岗位职责、应急响应等环节进行了规范要求。但从体系运行效果来看,存有职责界定不具体、管理权限不清晰、规章制度可操作性不强等问题,导致标准文件执行效果不够理想,体系运行存在偏差,标准化、规范化管理水平较低。

(3)内容更新不及时,缺乏动态管理意识。OHSMS 是自我监督、自我发现、自我完善的动态科学管理体系,企业只有根据实际情况及时更新,才能确保体系得到持续改进;企业如果缺乏动态管理意识,机械地更换日期而不变更内容,就会影响体系的运行质量。

(4)对内审人员管理不到位,缺乏行之有效的激励机制。主要表现在一些企业的内审人员素质参差不齐,内审队伍不稳定,人员更换频繁,缺乏对内审工作的绩效考核,或考核内容不切实际,致使内审人员工作积极性不高。

8.5.2 OHSMS 的发展趋势

据 ILO(国际劳工组织)统计,全球每年发生的各类伤亡事故大约为 2.5 亿起,这意味着每天发生 68.5 万起,每小时发生 2.8 万起,每分钟发生 475.6 起。全世界每年死于工伤事故和职业病危害的人数约为 110 万(其中约 25% 为职业病引起的死亡),这比媒体所报道的每年交通事故死亡 99 万人、暴力死亡 56.3 万人、局部战争死亡 50.2 万人和艾滋病死亡 31.2 万人都要多。在这些事故中,死亡事故比例还是很大的,初步估算每天有 3 000 人死于工作。在这些工伤事故和职业危害中,发展中国家所占比例较高,如印度的事故死亡率比发达国家高出 1 倍以上,比其他少数国家或地区高出 4 倍以上。面对严重的全球化职业健康安全问题,国际劳工组织呼吁,经济竞争加剧和全球化发展不能以牺牲劳动者的职业健康安全利益为代价,而是到了维护劳动者人权、对生命质量提出更高要求的时候了。

现代安全科学理论认为,一起伤亡事故的发生是人的不安全行为和物的不安全状态所致。控制人的不安全行为,需要在总结心理学、行为科学等成果的基础上,通过教育、培训等来提高人的意识和能力;物的不安全状态需采纳实用安全技术来改善。随着经济的发展、科学技术的进步,出现了很多工业复杂系统,即指技术密集,包括技术设备、人以及组织三类元素的社会——技术系统,如化工与石油化工、电力、铁路、矿山、核电等工业组织。生产实践表明,对于工业复杂系统,完全依靠安全技术系统的可靠性和人的可靠性,还不足以完全杜绝事故,而直接影响安全技术系统可靠性和人的可靠性的组织管理因素,已成为是否导致复杂系统事故发生的最深层原因。复杂系统的特点是因素众多、结构复杂、整体性强,而且具有随机性、非线性、不稳定、非平衡和多种发展可能等特点。系统思想是解决复杂系统问题的科学方法,传统方法是无能为力的。

系统化管理是现代职业健康安全管理的显著特征。系统化的职业健康安全管理是以系统安全的思想为基础,从企业的整体出发,将管理重点放在事故预防的整体效应上,实行全员、全过程、全方位的安全管理,使企业达到最佳安全状态。所谓系统安全,是指人们为预防复杂系统事故而开发(研究)出来的安全理论和方法体系。在系统寿命期间内,可应用系统安全工程和管理方法辨识系统中的危险源,并采取控制措施使其危险性最小,从而使系统在规定的性能、时间和成本范围内达到最佳的安全程度。

　　同样,国际贸易需要职业健康安全管理体系标准。人们在贸易活动中关注企业的职业健康安全行为的原因如下:一方面,职业健康安全问题威胁人类共同的生命利益,是人类社会面临的可持续发展问题;另一方面,企业产品或服务中所包含的职业健康安全成本问题。关贸总协定乌拉圭回合谈判协议中要求,不应由于各国法规和标准的差异,而造成国际经济活动中的非关税贸易壁垒;强调在可能情况下,尽量采用国际标准。欧美等工业化国家提出,由于国际贸易的发展和发展中国家在世界经济活动中参与越来越多,各国职业健康安全的差异使发达国家在成本价格和贸易竞争中处于不利地位,只有在世界范围内采取统一的职业健康安全标准才能从根本上解决此问题。

　　世界各国早就认识到职业健康安全管理体系标准化是一种必然的发展趋势,并着手本国或本地区的职业健康安全管理体系标准化工作。据不完全统计,世界上已有 30 多个国家有相应的职业健康安全管理体系标准,最为典型的当属澳大利亚,其国家内部有较为完整的标准系列、正规的培训机构和初步完善的国家认证制度。职业健康安全管理体系标准化在国际区域范围内发展也较为迅速,亚太地区职业健康安全组织(APOSHO)在近年来的几次年会上都组织各成员国对此进行研讨。ISO、ILO 等国际组织也就此问题进一步开展工作。

　　职业健康安全管理体系标准已经迅速被企业所采纳。例如,美国的很多企业正在引进职业健康安全管理体系。其原因主要如下:在起初考虑引进时,企业往往担心成本上的问题,但实际引进以后,企业感到该系统能够极大地提高企业自身的功能,逐渐地被企业所接受和理解;职业健康安全管理体系是组织严密、切实可行的文件形式,能够和美国目前各企业现存的检审系统(该系统是定期和评价企业的实施程序是否遵守国家和地方州政府的法令、标准)相匹配。因此,在各个企业竞争的条件下,采用职业健康安全管理体系可以使企业处于有利的位置。

　　我国作为 ISO 的正式成员国,在职业健康安全管理体系标准化问题刚提出之时就十分重视。原国家经济贸易委员会于 1999 年 10 月颁布了《职业健康安全管理体系试行标准》,并在国内试点实施。2001 年 12 月,我国正式颁布了《职业健康安全管理体系—规范》(GB/T 28001—2001),使得我国职业健康安全管理体系标准的实施工作全面、正规化地展开。2019 年 1 月 1 日正式实施《职业健康安全管理体系—规范》(GB/T 28001—2019)。

　　随着我国加入世界贸易组织(WTO)之后,企业在国际贸易活动中会面临更多的职业健康安全的要求与挑战。企业通过实施职业健康安全管理体系,能够系统化、规范化地管理其职业健康安全行为,提高其职业健康安全绩效,进而在国际贸易活动中处于主动地位。

思 考 题

8.1　什么是职业健康安全管理体系?建立职业健康安全管理体系有什么意义?

8.2　职业健康安全管理体系的基本运行模式有哪些?请做简要说明。

8.3　生产经营单位建立并保持职业健康安全管理体系(OHSMS)的基本要求是什么?

8.4　生产经营单位应有一个经最高管理者批准的职业健康安全(OHS)方针,该方针应该满足哪些条件?

8.5 建立职业健康安全管理体系的策划阶段包括哪些程序？请做具体分析。

8.6 为了确保职业健康安全管理体系的有效运行和策划内容的有效实施,生产经营单位应该如何做？

8.7 建立与实施职业健康安全管理体系分为哪几个步骤？请做简要介绍。

8.8 什么是职业健康安全管理体系的审核以及职业健康安全管理体系审核的分类？

8.9 职业健康安全管理体系认证的实施程序包括哪些？

8.10 请简要论述职业健康安全管理体系的局限性及其发展趋势。

9　安全管理信息系统

　　安全信息是安全管理的基础,有效的安全管理要求对与企业活动安全有关的信息进行全面收集、正确处理和及时利用。随着信息时代的到来,许多企业都借助于计算机技术建立了多种多样管理信息系统,使企业的生产管理步入了现代化的行列。但是,生产安全管理问题日益严重,传统的安全管理模式已成为制约企业发展的突出问题。除了采用安全系统工程等现代安全管理方法外,还必须利用计算机作为重要技术手段,建立完善的安全管理信息系统,使安全信息管理更加科学化、规范化和标准化。

9.1　概　　述

　　安全管理信息系统的建立是根据安全管理科学的基本原理,利用系统论的观点,结合现代科学技术来调整人与机的关系,从而使系统的安全状态达到最佳。在安全信息管理系统中,作为高效率数据处理的电子计算机,能将反映企业生产经营活动中的安全情况和环境因素影响的数据,按照一定的处理程序加工成安全管理部门决策所需要的信息,不仅加快信息反馈速度、提高决策质量,而且还能节省处理费用。

9.1.1　基本概念

9.1.1.1　信息

1) 信息的概念

　　信息是一个十分普遍而复杂的概念。信息广泛存在于自然界、生物界和人类社会的各个方面。现在有人把物质、能量和信息称为构成客观世界的3大基本要素。人们从不同的角度对信息有不同的理解和认识。

　　信息是物质的一种普遍属性。不同的物质具有不同的本质、特征和运动规律。事物的特征通过一定的媒介或传递形式(如声波、电磁波、图像、文字、符号等)使其他事物感知。这些能被其他事物感知的表征该事物的信号的内容就是该事物向其他事物传递的信息。所以,信息是事物本质、特征和运动规律的反映。不同的事物有不同的本质、特征和运动规律,人们就是通过事物发出的信息来认识事物,区别于其他事物。

2) 信息的形成与物化过程

　　信息的形成与物化过程一般分为6个步骤:

　　(1) 观测现象:对物理原物或物理现象进行实际观察或测定,获取有关原始数据。

　　(2) 初始化信息:对观测获取的原始数据通过识别装置进行数据初始化。

　　(3) 量化信息:对初始信息通过数学模型和量化装置进行量化。

　　(4) 编码信息:应用编码理论用编码装置对量化过的信息进行信息编码。

（5）转化信号：对编码后的信息应用物理模型将其转化为可供传输的信息。

（6）信息利用：用户根据自己的需要，使用信息。

3）信息与决策

在生产经营活动中，管理者面临不断发现问题和解决问题的过程。在此过程中需要大量决策行为，决策是由信息来支持的，管理工作的关键和核心在于决策。信息是决策的依据，决策实施后又得到新的信息，其中包括成功的和失败的经验教训等。信息能改变决策中预期结果的概率，信息与决策之间存在一定的关系。

不同决策使用的信息特点不同，日常业务活动的决策往往具有经常性和重复性，有一定的规律可循，可事先进行设计和安排。因此，需要比较具体和详尽的信息，数据结构严谨。但是，越接近战略决策，其所需的信息一般要经过分类、压缩和过滤，其概括性、综合性强。在信息处理中如何将适当的信息提供给不同的决策者，这是信息系统的一个重要问题。

4）信息的作用

信息对于人类社会的基本作用是增强世界的有序性，对人类社会的生存与发展有着十分重要的作用。其主要表现在以下 4 个方面：

（1）信息是人类社会生存的条件。人类的活动并不是孤立的个体活动，通常是以个人活动为基础的社会性。人类活动的社会性赖以形成、维持和发展的根本保证是人与人之间能够进行有效的信息交流。信息是人类社会的黏合剂。

社会是各种各样组织的有序集合，这种有序和组织是基于信息交流之上的。组织内部的有效交流越多，其组织的有序程度就越高，反之亦然。组织的形成、完善和运行，离不开对组织的管理，从根本上讲，对任何系统（组织）的管理过程都是一种信息的管理过程，任何管理系统都可看成是一个包括信息输入、处理、测量、控制、输出、反馈等多个组成部分（子系统）的信息管理系统。信息和信息交流是社会组织存在的条件，是管理的基础。

（2）信息是人类认识世界的媒介。信息是事物表象、本质、特征和运动规律的反映。信息是客观事物与认识主体的中介。信息对于认识主体的基本作用就是减少、消除人们认识上的不确定性。不同的事物有不同的信息，同一事物在不同的运动状态也会产生不同的信息。人类就是在接收、感知信息的基础上区别事物的差异，从而认识事物。所以，信息是人类发挥认识能力的必要条件。人在接收、感知客观事物信息的基础上由大脑进行思维活动，即对信息进行加工处理，从而认识事物的本质、特征和运动规律，指导自己的行动。思维与行动的结果又会产生新的信息，它又成为自己或他人的信息材料，再经过思维变换、加工，并导致某种行为，于是又产生更新的信息。

（3）信息是重要的、活跃的生产要素。从历史发展的过程可以看出，信息技术的进步有力地促进了劳动工具的进步，从而极大地推动了社会生产力的提高。现代信息技术给社会生产力带来的不是一般意义上的功能加强和效率提高，而是从量到质的深刻革命。

（4）信息是社会、经济发展的资源。在当代社会，信息已成为重要的战略资源。信息化越发展，越能用信息资源代替物质资源和能源资源。当前发达国家的经济增长已从主要依赖于能源、材料，转变为主要依赖于信息及其转换，信息经济正在蓬勃发展。物质、能量和信息成为当代社会发展的 3 大支柱。物质向人类提供材料，能量向人类提供动力，信息向人类提供的是知识和智慧。

9.1.1.2　信息系统

什么是信息系统呢？目前，国内外并无公认统一的定义，对其理解也是因人而异的。例如,《大英百科全书》对信息系统是这样解释的:有目的、和谐地处理信息的主要工具是信息系统,它对所有形态(原始数据、已分析的数据、知识和专家经验)和所有形式(文字、视频和声音)的信息进行收集、组织、存储、处理和显示。

也有人认为,信息系统大体上是人员、过程、数据的集合,有时候也包括硬件与软件。它收集、处理、存储和传递在业务层次上的事务处理数据和支持管理决策的信息。

信息系统还被认为是"包括信息处理所有方面的一种系统,其中涉及人员、机器和方法组织等内容,以实现对数据进行指定的操作。"

根据众多对信息系统的定义可以看出,信息系统的概念具有层次性。它具有 3 层含义:

(1) 从广义上讲,信息系统就是可以提供信息处理的系统。据此,信息系统涉及的领域是非常广泛的。如通信系统、广播系统等,安全管理信息系统也是其中一例。

(2) 所谓信息系统是指能够对信息进行收集、组织、存储、加工、传递功能的系统,为一个组织机构提供信息服务以支持管理决策活动。对信息系统的研究不仅涉及计算机科学,而且涉及管理科学、决策科学、组织行为学等多个领域。

(3) 从狭义的角度理解,信息系统可以认为是计算机系统,它由人、规程、设备组成的集合体,经过设计与装配,进行操作及维护用以收集、处理、存储、检索及显示信息。

信息系统作为一门综合性的边缘学科是为了适应社会高速发展的需要,并借助于现代科学技术发展起来的。特别是计算机的广泛应用,为信息系统的发展开辟了一个新天地,数据库、数据网络等已成为信息管理的重要手段和方法。

9.1.1.3 管理信息系统

管理信息系统(MIS)主要包括对信息的收集、录入、信息的存储、信息的传输、信息的加工和信息的输出(含信息的反馈)5 种功能。它将现代化信息工具——电子计算机、数据通信设备及技术引进管理部门,通过通信网络把不同地域的信息处理中心连接起来,共享网络中的硬件、软件、数据和通信设备等资源,加速信息的周转,为管理者的决策及时提供准确、可靠的依据。

在一个国家里,MIS 能否得到广泛应用,标志着这个国家近代科学技术的水平。美、日等国的 MIS 已在企业中得到普及。在我国,一些大中型企业,事业及政府管理部门也建立了管理信息系统,并取得了较显著的成效。至于将 MIS 单独应用到安全管理上,还是很少见的。近年来,有些企业正在推行事故控制技术,其中的事故隐患检查方法是一种积极的、也比较适合我国企业生产条件的安全管理手段,它是根据危险源辨识和系统安全分析的结果,将主要的潜在事故隐患作为检查和控制对象,编制各类标准安全检查表。

在实际生产中,人们每天获取的事故信息量非常大,都需要及时处理和综合分析、判断,靠人是很难在短时间内完成这些工作的,这就需要应用计算机建立管理系统。因此,管理信息系统在企业管理中的应用具有现实意义,其应用前景广阔。

9.1.1.4 安全管理信息系统

安全管理信息系统是信息系统在安全管理方面的应用。随着人类社会的发展,对安全管理的要求越来越高,信息系统的形成与发展为安全管理提供了强有力的信息支持。应用信息系统的原理、方法,以计算机等高新技术信息产品和现代通信技术为基本的安全信息处理手段和信息传输工具,为安全管理提供信息服务和决策支持的人机系统,这就是安全管理信息系统。

9.1.2　安全管理信息系统的特点和基本功能

1）安全管理信息系统的特点

（1）开放性。若系统与外界环境之间存在物质、能量、信息的交换，则称之为开放系统。安全管理信息系统有其自身的结构，这种结构要想发挥其功能，只能对用户开放，对其他系统开放。安全管理信息系统必然与企业的其他子系统（如生产系统、调度系统、教育系统、运输系统、劳资系统等）存在着广泛的联系。

（2）人工性。安全管理信息系统是为了帮助人们利用信息进行安全管理和安全决策而建立起来的一种人工系统，它具有明显的人工痕迹。

（3）社会性。信息系统是为了满足人们信息交流的需要而产生的。信息交流实质上是一种社会交流形态，具有很强的社会性。信息活动起源于人类的认识活动，信息交流现象普遍存在于人类社会生活的各个方面，人类的社会属性和自然属性要求人们传播和吸收信息。安全管理信息系统的建立和发展是人类社会活动的结果，它具有社会性。

（4）系统行为的模糊性。安全管理信息系统是个比较复杂的系统，其边界条件复杂多变，系统内部也存在着许多干扰。申农（C. Shannon）在信息传播理论中指出，信息在传播过程中有"噪声"存在，这种"噪声"是系统本身所无法克服的。另外，安全管理信息系统是一种人机系统，人作为系统的主体，在安全管理信息系统中起着决定因素，而人的行为不同于机器的运作，易受感情和外界环境的影响与制约，具有意向性、模糊性。由于上述原因，造成安全管理信息系统行为的模糊性。

2）安全管理信息系统的基本功能

（1）输入功能。能量、物质、信息、资金、人员等由环境向系统的流动就是信息系统的输入。输入功能决定于系统所要达到的目的及系统的能力和信息环境的许可。信息系统的输入最主要的内容是用户的信息需求和信息源。用户的信息需求决定着安全管理信息系统的存在和发展，信息源的种类很多，不论如何划分，它都是安全管理信息系统必需的基本物质条件。

（2）处理功能。安全管理信息系统的处理功能就是对输入量进行处理。从本质上讲，信息系统的处理功能就是对信息的整理过程。信息处理功能的大小，取决于系统内部的技术力量的设备条件。现在由于对信息源的整理加工利用了机械设备，使得信息的处理能力大幅度提高，能够对大量的信息源进行加工处理。但应注意的是，信息系统的处理功能无论怎样提高，还需要人的介入。

（3）存储功能。安全管理信息系统的存储功能是指系统存储各种经过处理后有用的信息的能力。对信息的存储应该考虑存储方式、存储时间、安全保密等问题，它们都会影响到系统的存储速度。随着信息量的日益增长，信息处理方法的改善，文件内容的充实，信息的存储取得了极大的发展。存储容量越来越大，存储能力越来越强。但是，大量的存储带来了系统输出上的困难，造成了系统服务效率的降低。因此，信息的存储必须在扩大存储量与保证系统输出这一对矛盾上寻求最佳解决方案。

（4）输出功能。安全管理信息系统的输出功能是指满足信息需求的能力，是将经过处理操作的信息或其变换形式以各种形式提供服务。信息输出就是信息系统的最终产品。信息系统的输出功能取决于输入功能、存储功能、处理功能、信息系统的服务效率、用户满意程度、系统整体功能的发挥。

（5）传输功能。当安全管理信息系统规模较大时，信息的传输就成为信息系统必备的一项基本功能。信息传输时要考虑信息的种类、数量、效率、可靠性等，实际上传输与存储常常联系在一起。

（6）计划功能。能对各种具体的安全管理工作做出合理的计划和安排，根据不同的管理层次提供不同的信息服务，以提高安全管理工作的效率。

（7）整体化。我国现行的企业安全管理体制和组织机构存在着不少弊端，其中有中间层次工作效率低下的问题，虽能保证纵向的垂直领导，但很难实现横向的业务联系，这就容易造成各部门的各自为政。运用计算机管理将安全信息同时传递到各有关部门，不仅可以在垂直系统中上下沟通，还可以在横向系统之间传达信息，做到纵横结合，使各职能部门在分工的基础上相互协调一致，形成一个有机的整体。

现行的安全管理靠手工收集、加工、存储和传递安全信息，不仅很难保证信息的准确、可靠，而且经常使信息流中断和堵塞，或者反馈不灵，造成各个环节和各项业务活动的不协调，以至于引起整个管理系统的混乱。在计算机的安全信息管理系统中，信息的收集、存储和传递实现了机械化、自动化，企业各环节的安全信息联系是按照预先编制的程序，借助计算机及一系列外围设备和通信设备实现的，因此能够做到协调一致。

（8）前馈与反馈耦合的超前控制。现行的安全管理系统是靠层层下达、层层汇报，经常不能及时发现问题和及时反馈。目前的安全管理特征就是事后管理，即单一的反馈控制，这是典型的"问题管理型"的控制方法，也就是发生问题后，再通过分析问题、制定对策、实施控制来解决问题，这是目前安全管理滞后的根本所在。前馈与反馈耦合的控制就是在原有的反馈基础上，针对生产系统本身的变化，事先将其对安全可能造成的影响进行分析评价，开展事故预测，再根据预测结果采取必要的防范措施。从管理对象当前信息的收集、分析偏差、制定纠正方案到方案的实施等各个环节，都要有一定的处理时间，一个管理循环可能持续几天才能处理完。为了最大限度地压缩信息的滞后性，必须减少管理层次，合理地组织信息的流程路线并采用现代化的处理手段。在计算机管理系统中，提高信息的时效性，使安全信息流与物流趋向于同步化，可实现前馈与反馈耦合的超前控制。

（9）安全管理基础数据的科学化。企业生产中产生的大量有关安全的数据，都是进行安全管理的重要基础，为使其达到准确、可靠，在每次企业安全的整顿中都要花费很大力量，而时间一长，还容易发生数据重复、残缺不全、互不一致等问题。有了数据库技术的应用，就能较容易地实现企业安全数据的完整和统一。计算机的功能之一是能存储大量的数据，同一数据只需一次输入就可能多次使用，而且各单位可以通用。根据安全工作的需要，应用数据库管理系统，可以对数据进行查询和重新组织。修改和更新数据时，也只要有关单位输入修改或更新指令就可以了，这样保证了数据的统一性和科学性。

（10）管理决策的最优化。由于计算机的应用，在企业安全管理系统中可以越来越多地应用系统工程方法、管理科学方法和定量分析技术，减少安全管理决策中主观随意性，尽量少用文字反映各种关系，使安全管理工作越来越细，使安全决策更具科学性。

（11）企业安全管理性质的现代化。在手工信息处理的情况下，各级管理人员都在从事信息的收集、转移和计算工作。应用计算机后，这种情况发生了明显的变化，全部重复的事务性工作都由计算机去执行，从而使安全管理人员从繁琐的事务性工作中解脱出来，使他们有可能去做一些调查研究工作，分析安全生产中存在的问题，制定改进和提高安全管理水平的措施，考虑管理业务在人与计算机之间的最佳分工等问题。这样，安全管理人员才真正从事安全信息的分析、判断和决策等创造性工作。

综上所述,在企业安全管理现代化中,建立安全信息管理系统是企业安全管理的一项重大变革,而且随着计算机应用的不断推广和深入,必将促进企业安全管理向科学化和现代化迈进。

9.1.3 安全管理信息系统的系统结构

9.1.3.1 安全管理信息系统的概念结构

从概念上讲,安全管理信息由4个部件组成,即信息源、信息处理器、信息用户和信息管理者,如图9.1所示。

图9.1 安全管理信息系统的概念结构

信息源是信息的产生地。信息处理器担负着信息的传输、加工、保存等任务。信息用户是信息的使用者,他应用信息进行决策。信息管理者负责信息系统的设计实现,在实现以后,负责信息系统的运行和协调。

9.1.3.2 企业安全管理信息系统的一般结构

安全管理信息系统在不同的企业因其所涉及的信息种类、信息量、管理方式、安全管理目标等的不同,其系统结构形式也有很大的不同。但是,就其基本的系统结构而言,它们是相似的,都是以数据库系统和数据库技术作为安全管理信息系统的系统基础和技术支持。图9.2所示为安全管理信息系统的层次结构。

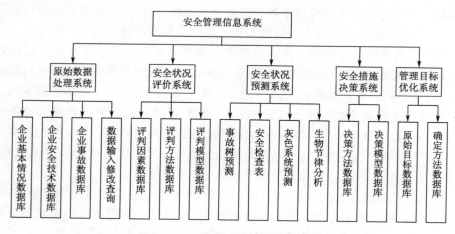

图9.2 安全管理信息系统的系统结构

1)数据库系统

数据库系统是以数据库应用为基础的计算机系统,它是安全管理信息系统的基础。数据库技术是20世纪60年代末兴起的一种数据管理技术,数据库管理是计算机信息管理的主要方式。由于数据库系统具有数据共享、冗余度低且可控制、数据独立性高、整体数据的结构化等特点,使得数据库系统在安全管理上得到广泛的应用。

非关系型数据库系统是第一代数据库的总称,包括"层次"和"网状"两种类型。第一代数据库系统是以记录型为基本的数据结构。第二代数据库是关系型数据库,以二维表为其基本的数据结构,通过公共的关键字段实现不同二维表(关系)之间的数据联系,是目前广泛使用的数据库系统。随着多媒体应用的扩大,人们希望数据库系统除了存储传统的文本信息外,还能存储和处理图形、声音等多媒体对象,这就是第三代数据库系统,它将数据库技术与对象技术相结合。

2) 安全管理信息系统分类

安全管理信息系统的分类主要依据所使用的数据库系统。一般有以下几种分类方法:

(1) 根据数据库的类型分类。根据使用的数据库是单用户还是多用户系统,人们将安全管理系统分为对应的系统。早期的安全管理信息系统都是单用户系统。随着网络应用的不断扩大,多用户的安全管理信息系统开始出现,并很快占据主流。多用户的安全管理信息系统的关键是保证"并行存取"的正确执行。

(2) 根据信息的存储地点分类。根据信息存储的地点是集中还是分布的,人们将安全管理信息系统分为集中式和分布式。例如,一个银行有多个储蓄所,每个储蓄所有许多用户。如果将他们的数据全部存储在一个集中式数据库中,任何储户存取款时都要访问这个数据库,网络通信量必然很大。如果改为分布式数据库,将储户的数据分散存储在各自开户的储蓄所,则大多数情况下就近存取(称为局部应用)。当银行转账或统计全行数据时,才需要将数据通过网络传送(称为分布应用或全局应用)。目前,安全管理信息系统一般采用分布式。

(3) 根据数据库系统是否有逻辑推理功能分类。根据数据库系统是否有逻辑推理功能,人们将安全管理信息系统分为一般系统和智能型系统。传统的数据库存储的数据都代表已知的"事实",而智能型数据库除存储事实外,还存储用于逻辑推理的"规则"。它可以从已知事实,根据逻辑推理"规则"推理出新事实。

例如,在智能型安全管理信息系统中存储有可爆炸气体的爆炸规则,再应用数据自动监测装置将工作现场的有关数据输入系统,安全管理信息系统就可根据这些数据按照爆炸气体的爆炸规则推理出工作现场是否有爆炸危险性,从而实现对工作现场安全的实时控制。

9.2 安全管理信息系统的规划与设计

9.2.1 安全管理信息系统的开发

1) 开发安全管理信息系统的几个基本观点

(1) 系统观点。安全管理信息系统是一个系统,它具备系统的基本特点。一个安全管理信息系统有它的系统目标,整个系统的功能就是为了系统的总目标。系统与外界环境之间的界限称之为系统的边界。系统从外界环境取得信息就是系统的输入,系统对环境送出信息就是系统的输出。安全管理信息系统可以分解为一组相互关联的子系统(图9.2),这些子系统各自有其独立的功能、边界以及输入和输出,它们彼此联系、配合,共同实现系统的总目标。

对子系统进行观察可知,它是一个独立的系统,也有其自身的目标、界限以及输入和输出。一个子系统本身还可以分解为更低一层的子系统,这种逐级分层便构成子系统的层次。作为一个系统的基本特性,即系统的目标性、系统有明确的边界、系统可以分解为各个独立的子系统以及系统的层次性。从安全管理信息系统的基本特点出发,按传统的软件工程方法进行开发时,应注意以下几个问题:

① 必须用系统总体的观点来开发安全管理信息系统。按系统总目标来设置各个子系统,在开发子系统时,必须清楚系统与子系统的关系、子系统与子系统之间的系,即某子系统与其他子系统之间的信息输入、输出关系。

② 用自顶向下的方法开发系统。"自顶向下"是强调由全局到局部,由上层到下层的设计分析方法。要开发一个安全管理信息系统,首先要分析安全管理信息系统的系统环境、系统边界、系统总目标;然后分析系统完成总目标所应具有的功能以及实现功能的信息需求,这是最高层。第二层是子系统,按系统总体的信息需求推断出子系统的设置、子系统的目标与功能。同理,逐级推演更下一层的子系统。这是一种演绎式的分析方法,即"由上而下,由粗而细,逐级分解,逐层细化"的逻辑推理过程。

③ 应用结构化的方法进行安全管理信息系统的分析与设计。系统工程学中强调各个子系统的独立性——独立的目标和独立的功能。因此,要求所设计的功能模块是较小的、独立的功能模块,它们具有相对独立的功能,从而做到每个模块功能的修改不影响或尽可能少地影响与它相互联系的功能模块。这样设计的系统或子系统具有较大的独立性,系统易于掌握和维护。

(2) 系统开发中的用户观点。安全管理信息系统是为安全管理者决策服务的。安全管理者是系统的用户,只有使用户满意的系统才是好的系统。要求系统分析设计人员自始至终与用户一起进行。系统开发人员必须有这样的观点:不是"我来设计,你去用",而是"我来设计,为了你的使用"。

(3) 安全管理信息系统开发工作的阶段性。严格区分安全管理信息系统开发工作的阶段性。每个阶段必须规定明确的任务,审核每个阶段的阶段性文件(成果),因为该文件是下一阶段工作的依据。这些原则都是系统开发过程中积累的工作经验和教训。如不严格按阶段进行开发,将会给工作带来极大的混乱,甚至造成返工。例如,系统分析未完成便匆忙选择机型、确定硬件配置,系统设计未完成就开始编写程序,这些做法都可能造成浪费与返工。

(4) 开发安全管理信息系统要有系统使用单位最高领导者的领导和支持。开发安全管理信息系统是一项周期长、耗资大、涉及面广的任务,它的开发不仅影响安全管理工作的制度和方法,还会影响安全管理机构的变化。这种影响面大的开发工作没有最高层领导的参与和具体领导。以及协调各部门的需求和步调,开发工作就不可能顺利进行。

2) 开发安全管理信息系统的工作特点

(1) 安全管理信息系统是一个大而复杂的系统。安全管理信息系统是基于计算机系统的信息处理系统,它本身是一个庞大的系统,有硬件和复杂的软件系统,安全管理信息系统又是一个人-机系统,由若干子系统组成,彼此之间的信息紧密联系,形成一个庞大而复杂的系统。因此,安全管理信息系统的开发工作自然是一项复杂且工作量大的任务。

(2) 安全管理信息系统要有一个较长的开发周期。安全管理信息系统的开发需要进行系统分析与系统设计,在系统实施时需要编写大量的应用软件,还要经过程序与系统的调试,新老系统还有一个转换的过程,在系统正式运行后,还会发现系统存在的缺点和问题,需要进行系统维护。系统的许多问题不可能在调试时就全部发现和解决,系统是否符合安全管理的需要,只有经过较长时间的使用才能真正得到验证。

由于系统的开发周期长,一旦系统开发完成,系统的环境和安全管理制度、方法又可能有新的变化,这又要求系统做相应的修改。修改系统是一项复杂而艰巨的工作,从而增加了开发工作的复杂性,形成大量的系统维护工作。

(3)安全管理信息系统投资大。安全管理信息系统需要一套庞大的计算机系统和安全监测系统,包括硬件系统和软件系统,这些使安全管理信息系统本身需要巨大的开发费用,随之还有人员的培训费用、系统的运行和维护费用等。因此,要正确认识开发投资与带来的安全效应之间的关系。

(4)开发安全管理信息系统需要一支专业化的开发队伍。出于安全管理信息系统本身的复杂性,它的开发需要一支由各种专业人员组成的开发队伍。不但要有计算机硬件与软件的技术人员、安全管理的技术人员,还要有既懂计算机又熟悉安全管理工作的系统分析人员,以及系统硬、软件的维护人员和操作人员、数据管理人员等。这支来自各部门不同专业和知识结构且开发目标一致的队伍,同样需要有一个善于组织各类人员并一起工作的领导来全面负责系统的开发工作,使全体开发人员分工负责、协同配合,共同完成系统的开发目标。

3)安全管理信息系统的生命周期

任何一个系统都有发生、发展与消亡的过程。新系统在旧系统的基础上产生、发展、老化,最后被更新的系统所取代,这种系统发展更新的过程叫作系统的生命周期。

如图 9.3 所示,安全管理信息系统的生命周期是按照系统开发的过程形成的生命周期。当一个生命周期完成后,这个系统经历了所有的开发阶段,完成系统的开发任务,将系统投入运行。当这个新系统运行了相当一段时间后,系统不适应实际需要时,就要开发一个更新的系统,由此便开始了第二轮生命周期,系统的生命周期就是这样周而复始地进行着。

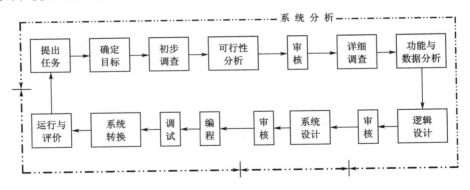

图 9.3　安全管理信息系统的生命周期

按安全管理信息系统的生命周期,系统开发工作分为系统分析、系统设计和系统实施 3 个阶段。每个阶段都有各自的目标,3 个阶段必须依次进行,每个阶段都要有 1 个批准、确认的文件作为下一阶段的工作依据,参见图 9.4。

第一阶段:系统分析。它的主要任务是分析、确定系统的目标,也就是明确系统干什么。这一阶段往往被人们忽视,认为开发系统仅仅是写一批程序、打出一批报表,而不清楚系统在安全管理决策中到底起什么作用。在系统分析阶段一定要深入实际,调查和分析企业的安全管理状况,确定系统目标并设计出系统的逻辑模型。

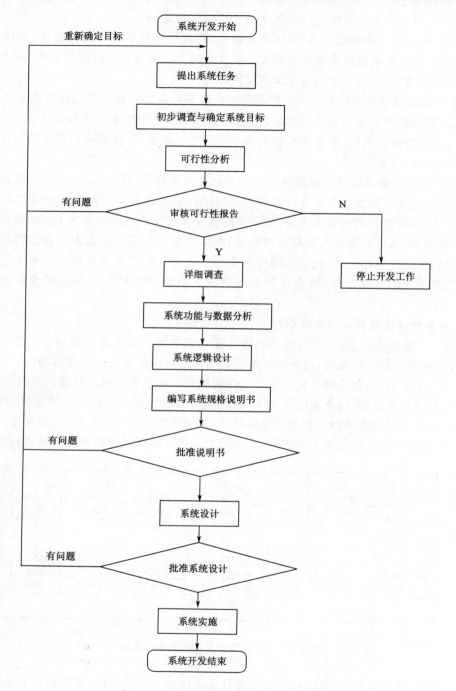

图 9.4 安全管理信息系统的开发阶段

第二阶段:系统设计。根据第一阶段所设计的逻辑模型,具体设计出以计算机为基础的物理模型。

第三阶段:系统实施。经过上述两个阶段,系统的基本设想和设计方案已经明确。系统实施阶段就是按照上述要求编制应用软件,购置计算机有关硬件系统,调试应用软件系统,系统符合用户要求后,即可移交使用。

上述 3 个阶段包括 12 项工作任务:提出安全管理信息系统的开发任务;进行初步调查并明确系统目标;系统的可行性分析;详细调查并分析老系统;提出新系统的逻辑模型;提出系统规格说明;系统设计;程序设计;系统安装与调试;系统转换与运行;系统的维护;系统的评价。

4) 开发安全管理信息系统的组织与计划工作

(1) 开发安全管理信息系统的组织。为了领导和协调安全管理信息系统的开发工作,一般需要两个小组:一是安全管理信息系统开发领导小组,领导整个开发工作,审核开发工作的计划与进度,协调各科室(部门)对安全管理信息系统数据流程、工作制度、数据标准等事项的需求。在审核系统及子系统的逻辑模型、系统设计等事项时,领导小组负责召集有关人员,审核分析与设计方案及其有关的说明书,还负责安排工作小组人员参加开发工作,安排有关科室配合工作小组进行系统分析与设计工作。该小组由企业的最高层领导任组长,各主要业务部门负责人任组员。二是安全管理信息系统开发工作小组,由系统分析与设计人员和安全管理人员组成,是一个具体的开发工作小组,负责开发系统中系统分析、设计与实施工作,还负责编制具体的工作计划与预算工作。

(2) 安全管理信息系统开发的计划。安全管理信息系统是一个大系统,它牵涉若干工作阶段,涉及若干部门,同时必须组织一大批人员进行工作。因此,必须有一个严密的工作计划才能有条不紊地按计划完成系统的开发任务,通过检查计划的完成情况,从而分析计划滞后原因并及时调整计划。

开发工作计划的内容不仅是安排各工作阶段的进度,还要安排各工作阶段的人员。计划工作还要对投资进行预算,制订分期投资的进度计划。

5) 安全管理信息系统开发中的关键问题

要想建立一个完整、有效、功能强大的企业安全管理信息系统,在系统开发过程中必须做好以下工作:

(1) 数据的标准化。由于安全涉及的部门较多,事故类型复杂多样,各部门的具体操作也不尽相同,这就使得基础数据缺乏标准化,因而也影响数据的数量化程度。对事故原因数据项的标准化是事故预测准确进行的重要基础,要做好这项工作,以保证数据的标准化及有效性。

(2) 预测模型的准确性。事故预测的模型是否准确、可靠,是事故预测是否正确的关键,这些是安全决策是否正确的关键。事故预测的方法是目前我国许多安全技术人员研究的主题,其中较成熟的有灰色理论、平滑指数分析、事故树分析等。

(3) 综合评价指标体系的建立与完善。综合评价指标体系是系统安全综合评价的重要基础,如果没有一套完整的、能准确评价一个系统安全状态的评价指标体系,就不可能对系统的安全状态得到全面正确的评价,也就不可能做出正确的安全决策,而综合评价指标体系的建立与完善正是系统开发过程中的难点所在。安全系统是典型的人-机-环境系统,对企业系统安全的综合评价应是:评价人员的安全性,评价机器设备的安全可靠性,评价企业环境对安全的影响以及评价人-机-环境的总体安全状态。因此,企业安全综合评价体系应包括四个方面的内容,即人员行为安全性、设备安全性、环境安全性、综合安全性。其中,人员行为安全性应考虑人员职业适应性和人员操作失误 2 个方面。设备安全性考虑作业条件安全性、危险性、设备可靠性 3 个方面。环境安全性应考虑管理环境、社会环境、自然环境 3 个方面。综合安全性应是对系统安全度的评价,系统综合安全度应是一个无量纲的对系统综合安全水平的量化指标,考察企业常用的一些综合指标如安全天数、事故率、伤亡率等,都可以折算成安全度值,由安全度值作为衡量系统安全程度的统一指标。

企业安全管理信息系统的开发,完善了企业管理信息系统,改变了企业安全管理的落后状态,使企业取得了一定的经济效益和良好的社会效益。

9.2.2 系统的总体结构框架

如图 9.5 所示,SMIS 的总体结构框架可分为 4 大部分:数据系统、评价系统、预测系统和决策系统。

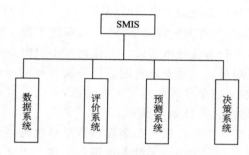

图 9.5 SMIS 的总体结构框架

1)数据系统

数据主要包括数据的获取系统和存储系统。数据获取系统又包括安全监测系统、事故源(危险源)调查系统和安全工程技术经济调查系统等。在每种数据获取系统,都应有检验数据准确性的数据质量控制系统和保证数据代表性的样本时空分布反馈控制系统。在企业生产过程中,安全信息在企业内部一般包括 5 种信息流:组织系统的信息流;以安全检测人员及其他监督人员为中心的信息流;人机系统信息流;机械中的信息流;环境和物质的信息流。

2)评价系统

评价系统主要包括统计分析系统和安全质量评价系统。前者包括从样本数据到总体特征的各种随机和模糊统计软件,后者包括安全质量评价指标的结构软件和指标度量软件。

3)预测系统

预测系统主要包括人类与安全系统相互影响关系的各种模型辨识系统,利用这些模型估计安全变化及其对人类影响的模拟预测软件。从运行逻辑上是一个子系统,在调用中进行参数传递,同时模块又是"积木块",允许模型间组合连接。模型库是由预测模型、评价模型和评价指标组成的。评价模型用于对预测结果的准确性做出评估,评价指标体系包括人的作业安全可靠性、设备安全可靠性和预测结果评价指标体系。

4)决策系统

决策系统包括安全目标评定、安全规划和方案决策等系统。这里,首先依据安全状况的反馈信息和人类本身的要求确定安全目标;然后通过各种规划软件制定达到目标的方案,这些方案又反馈到人类活动计划决策系统进行总体协调;最后通过方案决策系统决定控制策略。这里包括多种规划决策模型以及人工智能专家系统等。

安全管理信息系统以大量安全基本信息作为主要数据基础,以安全信息的录入、查询、修改、打印、基于安全信息的安全分析、安全预测及安全评价为主要功能,如图 9.6 所示。安全管理信息系统由 5 个功能模块构成：安全基本信息数据库模块、安全数据分析模块、安全预测模块、安全评价模块和安全决策模块。

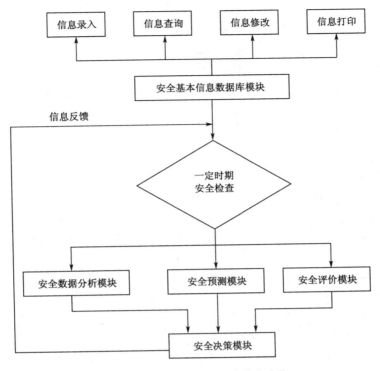

图 9.6 安全管理信息系统基本功能

思 考 题

9.1 信息的定义和特征是什么？

9.2 管理信息系统是什么？

9.3 安全管理信息系统的系统分析阶段包含哪些工作？

9.4 安全管理信息系统的系统设计阶段包含哪些工作？

9.5 安全管理信息系统给企业生产和管理带来哪些改变？

9.6 简述信息系统与管理信息系统的联系及区别。

9.7 为什么安全管理要与管理信息系统结合？

9.8 根据安全管理信息系统的生命周期，系统开发工作可分几个阶段以及各阶段的主要任务是什么？

9.9 SMIS 的内部系统主要包括哪些部分？各部分主要包括哪些系统？

9.10 简述安全信息系统的基本功能。

参 考 文 献

［1］本刊编辑部.我国安全生产方针的演变［J］.劳动保护,2009(10):12-15.

［2］曹琦.铁路安全系统工程简明教程［M］.峨眉:西南交通大学出版社,1988.

［3］崔国璋.安全管理［M］.北京:中国电力出版社,2004.

［4］崔政斌,邱成,徐德蜀.企业安全管理新编［M］.北京:化学工业出版社,2004.

［5］范子武,姜树海.允许风险分析方法在防洪安全决策中的应用［J］.水利学报,2005, 36(5):618-623.

［6］傅贵,陆柏,陈秀珍.基于行为科学的组织安全管理方案模型［J］.中国安全科学学报, 2005,15(9):21-27.

［7］何学秋,等.安全工程学［M］.徐州:中国矿业大学出版社,2000.

［8］黄典剑,李文庆.现代事故应急管理［M］.北京:冶金工业出版社,2009.

［9］霍红.危险化学品储运与安全管理［M］.北京:化学工业出版社,2004.

［10］姬鸣,杨仕云,赵小军,等.风险容忍对飞行员驾驶安全行为的影响:风险知觉和危险态度的作用［J］.心理学报,2011,43(11):1308-1319.

［11］纪明波.当前我国安全管理存在的问题分析及对策探讨［J］.中国安全科学学报,2003, 13(6):1-3.

［12］景国勋,施式亮.系统安全评价与预测［M］.徐州:中国矿业大学出版社,2009.

［13］林柏泉,康国峰,周延,等.煤矿生产安全风险管理机制的研究与应用［J］.中国安全科学学报,2009,19(5):43-50.

［14］林柏泉,周延,刘贞堂.安全系统工程［M］.徐州:中国矿业大学出版社,2005.

［15］刘浪,程运材,陈建宏,等.现代企业安全管理信息系统的构建［J］.中国安全科学学报, 2008,18(3):133-137.

［16］罗新荣,汤道路.安全法规与安全管理［M］.徐州:中国矿业大学出版社,2009.

［17］罗云,程五一.现代安全管理［M］.北京:化学工业出版社,2004.

［18］毛海峰.现代安全管理理论与实务［M］.北京:首都经济贸易大学出版社,2000.

［19］彭冬芝,郑霞忠.现代企业安全管理［M］.北京:中国电力出版社,2004.

［20］彭斯震.化学工业区应急响应系统指南［M］.北京:化学工业出版社,2006.

［21］山东招金集团有限公司.矿山事故分析及系统安全管理［M］.北京:冶金工业出版社,2004.

［22］田水承,景国勋.安全管理学［M］.北京:机械工业出版社,2009.

［23］吴穹,许开立.安全管理学［M］.北京:煤炭工业出版社,2002.

［24］吴宗之,任彦斌,牛和平,等.基于本质安全理论的安全管理体系研究［J］.中国安全科

学学报,2007,17(7):54-58.

[25] 翟成,林柏泉,周延. 控制图分析法在煤矿安全管理中的应用[J]. 中国安全科学学报,2007,17(4):157-161.

[26] 张金钟,吴穹. 系统安全大纲要求[R]. 北京:全国军事技术装备可靠性标准化技术委员会,1996.

[27] 周三多,陈传明,鲁明泓. 管理学:原理与方法[M]. 3 版. 上海:复旦大学出版社,1999.

[28] 庄越,雷培德. 安全事故应急管理[M]. 北京:中国经济出版社,2009.

[29] BOTTANI E,MONICA L,VIGNALI G. Safety management systems:performance differences between adopters and non-adopters[J]. Safety science,2009,47(2):155-162.

[30] GARCÍA HERRERO S,MARISCAL SALDAÑA M A,MANZANEDO DEL CAMPO M A,et al. From the traditional concept of safety management to safety integrated with quality[J]. Journal of safety research,2002,33(1):1-20.

[31] GROTE G,KÜNZLER C. Diagnosis of safety culture in safety management audits[J]. Safety science,2000,34(1/2/3):131-150.

[32] GROTE G. Safety management in different high-risk domains:all the same?[J]. Safety science,2012,50(10):1983-1992.

[33] MAKIN A M,WINDER C. A new conceptual framework to improve the application of occupational health and safety management systems[J]. Safety science,2008,46(6):935-948.

[34] REIMAN T,ROLLENHAGEN C. Human and organizational biases affecting the management of safety[J]. Reliability engineering & system safety,2011,96(10):1263-1274.

[35] VINODKUMAR M N,BHASI M. A study on the impact of management system certification on safety management[J]. Safety science,2011,49(3):498-507.